会计信息系统应用

主　　编　刘秀艳　　王亚楠
副主编　孙艳华　　王久霞　　闫国红
参　　编　袁　悦　　朱　芳
主　　审　崔红敏

北京理工大学出版社
BEIJING INSTITUTE OF TECHNOLOGY PRESS

内容简介

本书以最新《企业会计准则》为准绳，以会计职业岗位实践能力培养为主线，以典型案例为驱动，将新技术、新知识、新流程、新业务以案例形式引入教学。本书以用友 ERP-U8V15.0 为蓝本，将教材内容与职业标准对接，与"业财一体信息化应用"1+X 职业技能等级标准融合，与职业素质养成贯通。本书以项目为导向，以工作任务为核心，以学生为主体，以真实经济业务为载体，以实训为手段，基于工作过程构建内容体系，是融"教、学、做"为一体的项目式教材。

本书配套建设了在线开放课程及包括相关操作视频、PPT 课件、电子教案、实训等在内的丰富的教学资源，大部分资源在书中嵌入二维码链接，读者可通过移动终端随扫随学，完成线下和线上学习的自由转换。

本书既可作为高职高专院校、各类成人院校会计专业或其他相关专业的教材，也可作为在职会计人员的岗位培训教材及自学用书。

图书在版编目（CIP）数据

会计信息系统应用 / 刘秀艳，王亚楠主编 .-- 北京：
北京理工大学出版社，2022.9
ISBN 978-7-5763-1726-8

Ⅰ.①会…　Ⅱ.①刘…②王…　Ⅲ.①会计信息—财
务管理系统　Ⅳ.① F232

中国版本图书馆 CIP 数据核字（2022）第 173318 号

出版发行 / 北京理工大学出版社有限责任公司
社　　址 / 北京市海淀区中关村南大街 5 号
邮　　编 / 100081
电　　话 /（010）68914775（总编室）
　　　　　（010）82562903（教材售后服务热线）
　　　　　（010）68944723（其他图书服务热线）
网　　址 / http：//www.bitpress.com.cn
经　　销 / 全国各地新华书店
印　　刷 / 三河市天利华印刷装订有限公司
开　　本 / 787 毫米 × 1092 毫米　1/16
印　　张 / 19.5　　　　　　　　　　　　　　　　责任编辑 / 钟　博
字　　数 / 470 千字　　　　　　　　　　　　　　文案编辑 / 钟　博
版　　次 / 2022 年 9 月第 1 版　2022 年 9 月第 1 次印刷　　责任校对 / 周瑞红
定　　价 / 89.00 元　　　　　　　　　　　　　　责任印制 / 施胜娟

前　言

本书是遵循教育部最新发布的《高等职业学校专业教学标准》中对本课程的要求，依据最新发布的行业标准、政策、法规等修订而成的。本书的编写目的是使学生掌握信息化环境下企业会计核算业务处理技能，了解大数据和人工智能环境下会计工作岗位的需求变化，掌握业财一体信息化业务处理流程和核算方法，重点培养学生处理企业整体经济业务的基本技能和专业技能。

本书按照校企合作、产教融合的培养模式，将教材内容与职业标准对接，与"业财一体信息化应用"1+X 职业技能等级标准融合，与职业素质养成贯通。本书以职业素质、职业能力培养为目标，以项目为导向，以工作任务为核心，以学生为主体，以真实经济业务为载体，以实训为手段，基于工作过程构建内容体系，是融"教、学、做"为一体的项目式教材。本书共有11 个项目，包括系统管理与基础设置、总账管理、报表管理、薪资管理、固定资产管理、应付款管理、应收款管理等财务管理系统，以及采购管理、销售管理、库存管理、存货核算等供应链管理系统的应用方法，每个项目都包括认知系统、系统初始化、日常业务处理、常见问题分析、项目小结、知识拓展、实训，使学生通过完成工作任务掌握各项业务处理的操作步骤及操作方法，提高信息化环境下的业务处理能力。

本书在内容上体现了高等职业教育改革的最新要求，以立德树人为根本，以服务发展为宗旨，以促进就业为导向，内容贴近企业实际，以企业实际发生的典型经济业务为实训资料，力求做到实训资料准确、规范，实训内容具有一定的启发性、职业性、开放性、综合性，以利于企业会计信息化人才的培养。

本书具有以下特点。

（1）践行课程思政，落实立德树人根本任务。

本书以"诚信为本、操守为重、遵循准则、不做假账"为统领，以塑造高素质技术技能型会计人才为目标，培养学生的工匠精神和职业道德精神。

（2）教材内容理实一体、课证融通。

本书以用友 ERP-U8V15.0 为蓝本，从企业会计信息系统实际应用的角度进行编排，理实一体，真正实现"做中学、做中教"，有效提高学生的职业能力。同时将"业财一体信息化应用"1+X 职业技能等级证书考核内容融入教材，实现教学内容与职业技能等级标准对接。

（3）实训设计独具匠心。

本书的每个项目后都设计了上机操作实训，每个实训都是企业发生的典型业务实例，各实训既可以独立运作，又环环相扣，适应不同教学层次的需要，有效提高学生的岗位操作能力。

（4）排疑解难，注重实效。

本书注重学生实际操作能力的培养，将学生操作中经常遇到的问题进行重点提示和分析，并提出具体的解决方法，从而让学生多加思考，知其然也知其所以然，有效提高实际操作能力。

（5）提供数字化配套资源。

为了满足不同的学习需要，本书对 11 个项目都做了账套备份，学习者可以任意选取所要完成的实训任务进行学习。同时本书还提供了包括每个学习任务的微课视频、电子教案、课件等在内的丰富的教学资源，打造真正的"自主学习型"教材。

本书由唐山职业技术学院刘秀艳、王亚楠担任主编，负责全书的总体设计并对书稿进行总撰；唐山职业技术学院孙艳华、王久霞，河北省地矿局第四地质大队闫国红担任副主编；唐山职业技术学院袁悦和潍坊市技师学院朱芳参编。具体分工如下：项目一、项目二由孙艳华编写；项目三、项目八、项目十由刘秀艳编写；项目四由王久霞编写；项目五、项目六、项目九由王亚楠编写；项目七由袁悦编写；项目十一由潍坊市技师学院朱芳编写；每个项目中的实训由刘秀艳、闫国红编写。崔红敏（唐山职业技术学院）担任主审。

本书在编写过程中得到了用友新道科技股份有限公司的大力支持，同时参考了有关专家、学者编写的教材和专著，在此一并表示衷心的感谢。

由于编者水平有限，书中难免存在疏漏或不妥之处，恳请广大读者在使用过程中提出宝贵意见，以便进一步完善。

编　者

目录
Contents

目录
Contents

目录
Contents

目录 Contents

目录 Contents

目 录
Contents

项目十　库存管理

目录
Contents

项目一

系统管理与基础设置

【知识目标】

◎掌握建立账套的要求及相关参数的意义；

◎掌握用户及其权限设置的意义、方法；

◎掌握账套数据的备份与引入方法；

◎掌握基础档案设置的意义、要点及设计理念。

【能力目标】

◎能进行账套管理；

◎能进行用户及其权限的设置；

◎能进行基础档案的设置。

【素质目标】

◎具有自觉遵守财经法规和企业内部控制制度的良好习惯；

◎具有认真、严谨、细致的工作态度；

◎具有自我学习能力、灵活应变能力、交流沟通能力、团结协作能力。

任务 1.1　认知系统管理与基础设置

1.1.1　认知系统管理

1. 系统管理功能简介

新道 ERP-U8V15.0 软件产品由多个模块组成，各个模块相互联系、数据共享，完全实现财务业务一体化管理。系统管理是新道 ERP-U8V15.0 应用系统中一个非常特殊的组成部分，它的主要功能是对新道 ERP-U8V15.0 管理系统的各个子模块进行统一的操作管理和数据维护，具体包括账套管理、年度账管理、用户及其权限的集中管理、系统数据及运行安全的管理等几个方面。

2. 启动系统管理

新道 ERP-U8V15.0 管理软件允许以两种身份注册进入系统管理模块：一是以系统管理员的身份；二是以账套主管的身份。

1.1.2　认知基础设置

1. 企业应用平台

为了使新道 ERP-U8V15.0 管理软件能够成为连接企业员工、用户和合作伙伴的公共平台，使系统资源能够得到高效、合理的使用，在新道 ERP-U8V15.0 管理软件中设立了企业应用平台。企业应用平台集中了新道 ERP-U8V15.0 应用系统的所有功能，为各个子模块提供了一个公共的交流平台。通过企业应用平台中的"基础设置"功能，可以完成各模块的基础档案管理、数据权限划分等设置。

2. 基础设置

基础设置为应用系统的日常运行打好基础，主要包括基本信息、基础档案、数据权限和单据设置等几个方面。

1）基本信息

在基本信息设置中，可以对建账过程确定的编码方案和数据精度进行修改，并进行系统启用设置。

2）基础档案

基础档案是系统日常业务处理必需的基础资料，是系统运行的基石。一个账套是由若干个子系统构成的，这些子系统共享公用的基础档案信息。在启用新账套之前，应根据企业的实际情况，结合系统基础档案设置的要求，事先做好基础数据的准备工作。

3）数据权限设置

用友新道 ERP-U8V15.0 管理软件中提供了 3 种不同性质的权限管理：功能权限、数据权限和金额权限。

4）单据设置

不同企业各项业务处理中使用的单据可能存在细微的差别，新道 ERP-U8V15.0 管理软件中预置了常用单据模板，并且允许用户对各单据类型的多个显示模板和多个打印模板进行设置，以定义本企业需要的单据格式。

任务1.2　账套管理

1.2.1　任务布置

新星有限公司已经成功完成会计电算化系统的试运行，从 2020 年 1 月 1 日起采用用友新道 ERP-U8V15.0 管理软件代替手工记账，根据企业核算与管理的需要，以系统管理员 admin 的身份启用系统管理并进行账套管理操作。

1. 账套信息

账套号：666；

账套名称：新星有限公司；

账套路径：采用默认路径；

启用日期：2020 年 1 月。

2. 单位信息

单位名称：新星有限公司；单位简称：新星公司；单位地址：唐山市路北区光明路 30 号；法人代表：李佳玉；邮政编码：063000；联系电话及传真：0315-2175431；电子邮件：xx@xxzz.com.cn；税号：100080008000816。

3. 核算类型

该企业记账本位币为人民币（RMB）；企业类型：工业；行业性质：2007 年新会计准则科目；账套主管：陈宇；按行业性质预置科目。

4. 基础信息

该企业有外币核算，供应商不分类核算，存货、客户进行分类核算。

5. 分类编码方案

该企业分类编码方案如下。

科目编码级次：42222；

客户分类编码级次：22；

存货分类编码：13；

其他默认。

6. 数据精度

该企业开票单价小数位定为 5，其余小数位定为 2。

7. 系统启用

启用总账、应收款管理、应付款管理、固定资产、薪资管理等系统，启用日期为"2020-01-01"。

1.2.2　任务实施

1. 启动系统管理

1）以系统管理员的身份进入系统管理模块

（1）执行【开始】/【程序】/【新道 U8+】/【系统服务】/【系统管理】命令，打开【新道 U8[系统管理]】窗口。

（2）在【系统】菜单中，执行【注册】命令，打开新道 U8+ 登录对话框，如图 1-1 所示。

（3）在新道 U8+ 登录对话框中，单击【操作员】文本框，系统默认管理员名为"admin"（初次使用时以 admin 系统管理员进入，密码为空）。

（4）单击【登录】按钮，此时即进入系统管理模块。

2）以账套主管的身份进入系统管理模块

账套主管负责所管理账套的维护工作，主要包括对所管理账套进行修改，对账套库进行管理（包括账套库初始化，账套库数据清空，数据引入、输出以及卸出等），以及设置该账套操作员的权限。其操作步骤同上。

图 1-1　新道 U8+ 登录对话框

温馨提示

系统管理员与账套主管的权限有区别。系统管理员负责整个应用系统的总体控制和维护工作，可以管理 ERP-U8V15.0 管理系统中所有的账套。以系统管理员身份注册进入系统，可以对账套进行管理，设置用户、角色及其权限，设置备份计划，监控系统运行过程以及清除异常任务等。

2. 建立账套

（1）以系统管理员身份进入【新道 U8+ [系统管理]】窗口。执行【账套】/【建立】命令，打开【创建账套】对话框中的【建账方式】界面，如图 1-2 所示。

（2）在【建账方式】界面中单击【新建空白账套】单选按钮，单击【下一步】按钮，进入【账套信息】界面。

（3）在【账套信息】界面，依次输入账套号为"666"；账套名称为"新星有限公司"，启用会计期为"2020 年 1 月"，如图 1-3 所示。

建立账套（微课）

图 1-2　【建账方式】界面

图 1-3　【账套信息】界面

（4）单击【下一步】按钮，进入【单位信息】界面，依次输入单位有关信息，如图1-4所示。

图1-4 【单位信息】界面

（5）单击【下一步】按钮，进入【核算类型】界面。输入本币代码为"RMB"、本币名称为"人民币"；选择企业类型为"工业"、行业性质为"2007年新会计准则科目"、账套主管为"demo"，同时勾选"按行业性质预置科目"复选框，如图1-5所示。

（6）单击【下一步】按钮，进入【基础信息】界面，勾选"存货是否分类""客户是否分类"和"有无外币核算"复选框，不勾选"供应商是否分类"复选框，如图1-6所示。

图1-5 【核算类型】界面

图1-6 【基础信息】界面

（7）单击【下一步】按钮，进入【开始准备建账】界面，单击【完成】按钮，系统提示"可以创建账套了吗？"，单击【是】按钮，打开【编码方案】对话框。根据企业实际情况，依次设置各编码级次，如图1-7所示。

（8）单击【确定】按钮，【确定】按钮变浅色后说明已经保存了编码方案，此时再单击【取消】按钮，打开【数据精度】对话框，根据单位资料，将"开票单价小数位"改为"5"，其余小数位均为默认2。

（9）单击【确定】按钮，系统弹出"新星有限公司：[666]建账成功，您可以现在进行系统启用的设置，或以后从［企业应用平台——基础信息］进入［系统启用］功能，现在进行系统启用的设置？"信息提示对话框，若单击【是】按钮，进入【系统启用】窗口，选中需启用的子系统启用即可，如图1-8所示，启用完毕，单击【退出】按钮，结束建账。系统弹出"请进入企业应用平台进行业务操作！"信息提示对话框，单击【确定】按钮，再单击【退出】按钮，返回系统管理模块。

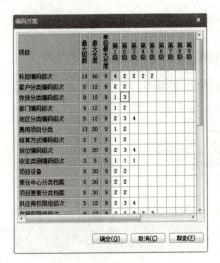

图1-7　【编码方案】对话框　　　　　　图1-8　【系统启用】窗口

温馨提示

启用各子系统时，启用日期必须是启用会计期间的1日，只有如此才能输入整个会计期间的业务。否则填制记账凭证时会出现"日期不能超前建账日期"的提示。

3. 修改账套

（1）以账套主管的身份注册，选择需要修改的账套、年度、操作日期，单击【登录】按钮，打开【新道U8［系统管理］】窗口。

（2）执行【账套】/【修改】命令，打开【修改账套】对话框，即可根据实际情况修改账套信息。

修改账套（微课）

（3）修改完成后，单击【完成】按钮，系统提示"确认修改账套了吗？"，单击【是】按钮，确定"分类编码方案"和"数据精度定义"，单击【确认】按钮，系统提示"修改账套成功！"。

（4）单击【确定】按钮，返回系统管理模块。

温馨提示

只有账套主管才能修改账套。如果此前是以系统管理员的身份进入系统管理模块，那么需要首先执行【系统】/【注销】命令，注销系统操作员，再以账套主管的身份登录。

4. 输出账套

（1）以系统管理员的身份注册，进入【新道U8［系统管理］】窗口，单击需要输出的账套，执行【账套】/【输出】命令，打开【账套输出】对话框。

（2）系统弹出【请选择账套备份路径】对话框，在该对话框中，选择需要将账套数据输出的驱动器及文件夹，并打开文件夹，再单击文件夹进行确定，如图1-9所示。

输出账套（微课）

（3）系统显示需要输出的账套及输出文件的位置，如果要删除账套，则勾选"删除当前输出的账套"复选框，再单击【确认】按钮，系统开始备份，备份完成后，系统提示"输出成功！"，单击【确定】按钮，返回系统管理模块。

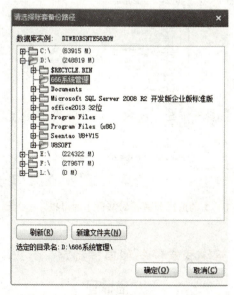

图 1-9 【请选择账套备份路径】对话框（输出账套）

温馨提示

（1）由于计算机在运行时经常会受到来自各方面因素的干扰，如人为的误操作、计算机病毒、自然灾害等因素，有时会造成会计数据破坏，因此需要进行账套输出。

（2）输出账套时，必须双击打开需要存放账套的文件夹，再单击此文件夹进行确认，才能将输出的账套存放其中并不会为空。

（3）当硬盘数据被破坏时，需要将 U 盘、移动硬盘上的最新备份数据引入硬盘。

（4）当硬盘上某年数据已被删除，但又需要查询时，需要将往年的数据恢复到硬盘中。

（5）如果是作为集团公司的管理人员应用本系统，最好在建立账套之前预先为每个子公司分配不同的账套号，避免引入子公司数据时因为账套号相同而覆盖其他账套的数据。

5. 引入账套

（1）以系统管理员的身份注册，进入【新道 U8［系统管理］】窗口，执行【账套】/【引入】命令，打开【账套引入】对话框。

（2）单击【选择备份文件】按钮，打开备份的文件夹，选择"UfErpAct.Lst"，单击【确定】按钮，如图 1-10 所示。

引入账套（微课）

（3）单击【确定】按钮，系统提示"请选择账套引入的目录"，并提示当前默认路径。可以默认，也可以选择账套引入的目录，单击【确定】按钮。

（4）如果系统中已经存在此账套，则系统提示"此项操作将覆盖［666］账套当前的所有信息，继续吗？"，单击【是】按钮。

（5）经过一段时间的恢复过程，系统提示"账套引入成功！"，单击【确定】按钮。

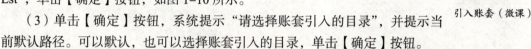

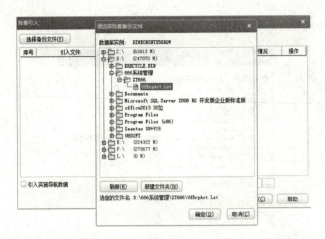

图 1-10　【请选择账套备份文件】对话框（引入账套）

【知识拓展一】清除系统异常任务和单据锁定

清除系统异常任
务和单据锁定
（PDF 文件）

任务 1.3　设置用户及其权限

1.3.1　任务布置

新星有限公司根据企业核算与管理的需要，设置操作人员及其权限，如表 1-1 所示。

表 1-1　软件应用操作员及操作权限分工

编码	姓名	部门	职务	操作分工
01	陈宇	财务部	财务经理	账套主管
02	李佳	财务部	会计	总账、应收款管理、应付款管理、固定资产管理、UFO 报表管理、薪资管理、存货核算的所有权限
03	张怡	财务部	出纳	凭证出纳签字、出纳
04	宋岩	采购部	采购员	采购管理的所有权限
05	常静	销售部	销售员	销售管理的所有权限
06	崔斌	仓管部	库管员	库存管理的所有权限

备注：为避免操作时频繁切换操作员，将"基本信息"权限授予每个用户。

1.3.2 任务实施

1. 用户管理

（1）以系统管理员的身份注册，进入【新道 U8+［系统管理］】窗口，执行【权限】/【用户】命令，打开【用户管理】窗口。

（2）单击【增加】按钮，打开【操作员详细情况】对话框，如图 1-11 所示。

设置用户（微课）

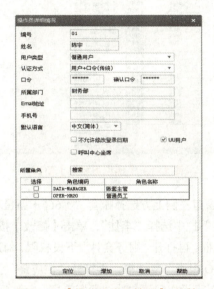

图 1-11 【操作员详细情况】对话框

（3）在【操作员详细情况】对话框中，依次输入编号、姓名、用户类型、认证方式、口令、所属部门、Email 地址、手机号、默认语言等内容，并在所属角色中选择归属的内容。

（4）单击【增加】按钮，保存设置。

（5）重复步骤（2）~（4），继续增加其他操作员。

（6）如果操作员详细信息设置有误，可以单击【修改】按钮，进入修改用户的状态，系统会在"姓名"后出现【注销当前用户】按钮，如果需要暂时停止使用该用户，则单击此按钮。此按钮会变为【启用当前用户】，可以单击继续启用该用户。

（7）如果需要批量增加用户，可以单击【批量】按钮，选择生成功能，从人员档案中批量生成操作员。

（8）输入完毕，单击【关闭】按钮，再单击【退出】按钮，返回系统管理模块。

温馨提示

（1）用户是指有权登录系统，对应用系统进行操作的人员，即通常意义上的"操作员"。每次注册登录应用系统，都要进行用户身份的合法性检查。

（2）只有设置了具体的用户之后，才能进行相关的操作。

2. 设置操作员权限

1）设置操作员权限

（1）以系统管理员的身份注册，进入【新道 U8［系统管理］】窗口。

设置用户权限
（微课）

（2）执行【权限】/【权限】命令，打开【操作员权限】窗口，如图 1-12 所示。

图 1-12　【操作员权限】窗口

　　（3）在【操作员权限】窗口左侧上方选择账套"［666］新星有限公司"，年度选择"2020年"，在左侧的"操作员全名"栏中选择"李佳"，单击【修改】按钮，打开【操作员权限】对话框，勾选"基本信息"复选框，再打开"财务会计"下设权限，勾选"总账""应收款管理""应付款管理""固定资产""UFO 报表"复选框，再打开"供应链"下设权限，勾选"存货核算"复选框，再打开"人力资源"下设权限，勾选"薪资管理"复选框，设置好权限后，单击【保存】按钮。其他操作员权限的设置与此相同。

　　2）修改操作员权限

　　如果某个操作员的权限需要修改，可以在【操作员权限】窗口中进行操作。具体操作步骤与设置操作员权限基本相同，不再赘述。

温馨提示

　　（1）设置操作员权限即财务分工，是指对允许使用财务软件的操作员规定操作权限。

　　（2）系统管理员和账套主管都有权进行权限设置，但两者权限又有所区别。系统管理员可以指定某账套的账套主管，还可以对各个账套的操作员进行权限设置，而账套主管只可以对所管辖账套的操作员进行权限设置。

【知识拓展二】角色管理

角色管理　　　　设置角色　　　　设置角色权限
（PDF 文件）　　　（微课）　　　　（微课）

任务 1.4　设置基础档案

1.4.1　任务布置

新星有限公司已经成功建立了账套号为"666"的公司账套，从 2020 年 1 月 1 日起，由账套主管 01 陈宇登录企业应用平台，进行会计电算化信息系统的具体实施与应用。根据企业核算与管理的需要，设置基础档案。

（1）机构人员如表 1-2 ~ 表 1-4 所示。

表 1-2　部门档案资料

编号	名称	负责人
1	管理部	李佳玉
2	财务部	陈宇
3	采购部	宋岩
4	销售部	常静
5	一车间	安菲
6	二车间	郑慧
7	仓管部	崔斌

表 1-3　人员类别资料

编号	人员类别
10101	企管人员
10102	销售人员
10103	车间管理人员
10104	生产工人

表 1-4　人员档案资料

人员编码	人员姓名	性别	人员类别	管理部门	雇佣状态	是否业务员
101	李佳玉	男	企管人员	管理部	在职	是
201	陈宇	男	企管人员	财务部	在职	是
202	李佳	男	企管人员	财务部	在职	是
203	张怡	女	企管人员	财务部	在职	是
301	宋岩	女	企管人员	采购部	在职	是
401	常静	女	销售人员	销售部	在职	是
501	张静	男	生产工人	一车间	在职	是
502	王岩	男	生产工人	一车间	在职	是
503	安菲	女	车间管理人员	一车间	在职	是
601	张帅	男	生产工人	二车间	在职	是

续表

人员编码	人员姓名	性别	人员类别	管理部门	雇佣状态	是否业务员
602	张古月	男	生产工人	二车间	在职	是
603	郑慧	男	车间管理人员	二车间	在职	是
701	崔斌	女	企管人员	仓管部	在职	是

（2）客商信息如表1-5~表1-7所示。

表1-5　客户分类资料

分类编码	分类名称
01	批发商
02	零售商

表1-6　客户档案资料

编号	客户名称	客户简称	所属分类	税号	开户行及账号	默认值
01	河北浩美公司	浩美公司	01	22226666	工行唐山支行 12567811	是
02	北京明盛公司	明盛公司	02	88883333	工行北京支行 23456777	是
03	北京中浩公司	中浩公司	01	99996666	工行北京支行 34569885	是

表1-7　供应商档案资料

编号	供应商名称	供应商简称称	所属分类	税号	开户行及账号
01	河北同益公司	同益公司	00	22223333	工行石家庄支行 5678900
02	唐山美乐公司	美乐公司	00	11115555	工行唐山支行 5678999
03	北京华兴公司	华兴公司	00	33334444	工行北京支行 5698670

（3）存货分类及存货档案如表1-8~表1-10所示。

表1-8　存货分类资料

存货分类编码	存货分类名称
1	原材料
2	产成品
3	劳务类

表1-9　计量单位资料

计量单位组			计量单位	
编码	名称	类别	计量单位编码	计量单位名称
1	无换算单位	无换算率	01	支
			02	公里
			03	个
			04	台

表1-10　存货档案资料

存货编码	存货名称	所属分类码	计量单位	税率/%	存货属性
101	笔芯	1	个	13	采购、生产耗用
102	笔壳	1	个	13	采购、生产耗用
103	弹簧	1	个	13	采购、生产耗用
201	单色笔	2	支	13	自制、内销、外销
202	三色笔	2	支	13	自制、内销、外销
301	运输费	3	公里	9	应税劳务

（4）财务信息如表1-11～表1-14所示。

表1-11　外币设置（采用固定汇率）

币种	记账汇率	调整汇率	折算方式
美元 USD	6.99730	7.01190	外币 × 汇率＝本位币

表1-12　会计科目表

类型	科目编码	科目名称	方向	辅助账类型	币别/计量	账页格式
资产	1001	库存现金	借	日记账		金额式
资产	1002	银行存款	借	日记账、银行账		金额式
资产	100201	工行存款	借	日记账、银行账		金额式
资产	100202	建行存款	借	日记账、银行账	美元	外币金额式
资产	1012	其他货币资金	借			金额式
资产	1101	交易性金融资产	借			金额式
资产	1121	应收票据	借	客户往来		金额式
资产	1122	应收账款	借	客户往来		金额式
资产	1123	预付账款	借	供应商往来		金额式
资产	1221	其他应收款	借			金额式
资产	122101	职工个人往来	借	个人往来		金额式
资产	1231	坏账准备	贷			金额式
资产	1402	在途物资	借			金额式
资产	1403	原材料	借			金额式
资产	140301	笔芯	借	数量核算	个	数量金额式
资产	140302	笔壳	借	数量核算	个	数量金额式
资产	140303	弹簧	借	数量核算	个	数量金额式
资产	1405	库存商品	借			金额式
资产	140501	单色笔	借	数量核算	支	数量金额式
资产	140502	三色笔	借	数量核算	支	数量金额式
资产	1406	发出商品	借			金额式
资产	1471	存货跌价准备	贷			金额式
资产	1601	固定资产	借	部门核算		金额式

类型	科目编码	科目名称	方向	辅助账类型	币别/计量	账页格式
资产	1602	累计折旧	贷	部门核算		金额式
资产	1603	固定资产减值准备	贷			金额式
资产	1606	固定资产清理	借			金额式
资产	1701	无形资产	借			金额式
资产	1702	累计摊销	贷			金额式
资产	1811	递延所得税资产	借			金额式
资产	1901	待处理财产损溢	借			金额式
资产	190101	待处理流动资产损溢	借			金额式
资产	190102	待处理固定资产损溢	借			金额式
负债	2001	短期借款	贷			金额式
负债	2201	应付票据	贷	供应商往来		金额式
负债	2202	应付账款	贷			金额式
负债	220201	应付货款	贷	供应商往来		金额式
负债	220202	暂估应付款	贷	供应商往来（不受控）		金额式
负债	2203	预收账款	贷	客户往来		金额式
负债	2205	合同负债	贷	客户往来（不受控）		金额式
负债	2211	应付职工薪酬	贷			金额式
负债	221101	工资	贷			金额式
负债	221102	工会经费	贷			金额式
负债	221103	职工教育经费	贷			金额式
负债	221104	养老保险	贷			金额式
负债	221105	医疗保险	贷			金额式
负债	221106	失业保险	贷			金额式
负债	221107	工伤保险	贷			金额式
负债	221108	生育保险	贷			金额式
负债	221109	住房公积金	贷			金额式
负债	2221	应交税费	贷			金额式
负债	222101	应交增值税	贷			金额式
负债	22210101	进项税额	借			金额式
负债	22210105	销项税额	贷			金额式
负债	22210108	进项税额转出	贷			金额式
负债	222102	未交增值税	贷			金额式
负债	222103	应交个人所得税	贷			金额式
负债	222104	应交企业所得税	贷			金额式
负债	2232	应付股利	贷			金额式
负债	2241	其他应付款	贷			金额式
负债	224101	养老保险	贷			金额式
负债	224102	医疗保险	贷			金额式

续表

类型	科目编码	科目名称	方向	辅助账类型	币别/计量	账页格式
负债	224103	失业保险	贷			金额式
负债	224105	住房公积金	贷			金额式
权益	4001	实收资本	贷			金额式
权益	4002	资本公积	贷			金额式
权益	4101	盈余公积	贷			金额式
权益	4103	本年利润	贷			金额式
权益	4104	利润分配	贷			金额式
权益	410406	未分配利润	贷			金额式
成本	5001	生产成本	借	项目核算		金额式
成本	500101	直接材料	借	项目核算		金额式
成本	500102	直接人工	借	项目核算		金额式
成本	500103	制造费用	借	项目核算		金额式
成本	500109	完工产品成本	借			金额式
成本	5101	制造费用	借			金额式
成本	510101	职工薪酬	借	部门核算		金额式
成本	510102	折旧费	借	部门核算		金额式
成本	510103	其他	借	部门核算		金额式
损益	6001	主营业务收入	收入			金额式
损益	600101	单色笔	收入	数量核算	支	数量金额式
损益	600102	三色笔	收入	数量核算	支	数量金额式
损益	6115	资产处置损益	收入			金额式
损益	6401	主营业务成本	支出			金额式
损益	640101	单色笔	支出	数量核算	支	数量金额式
损益	640102	三色笔	支出	数量核算	支	数量金额式
损益	6601	销售费用	支出			金额式
损益	660101	职工薪酬	支出			金额式
损益	660103	折旧费	支出			金额式
损益	660106	其他	支出			金额式
损益	6602	管理费用	支出			金额式
损益	660201	职工薪酬	支出			金额式
损益	660202	折旧费	支出			金额式
损益	660206	其他	支出			金额式
损益	6603	财务费用	支出			金额式
损益	660301	利息	支出			金额式
损益	660302	现金折扣	支出			金额式
损益	660303	汇兑损益	支出			金额式
损益	6701	资产减值损失	支出			金额式
损益	6702	信用减值损失	支出			金额式

续表

类型	科目编码	科目名称	方向	辅助账类型	币别／计量	账页格式
损益	6711	营业外支出	支出			金额式
损益	6801	所得税费用	支出			金额式

注：需要指定会计科目（"库存现金"科目指定为现金科目，"银行存款"科目指定为银行科目）。

表1-13   凭证类别

类别字	类别名称	限制类型	限制科目
记	记账凭证		

表1-14   项目目录

项目设置步骤	设置内容
项目大类	产品核算
核算一级科目	生产成本
核算二级科目	直接材料 直接人工 制造费用
项目分类	1.无分类
项目目录	101.单色笔 102.三色笔

（5）收付结算如表1-15、表1-16所示。

表1-15   结算方式

编号	名称	对应票据类型	票据管理
1	支票结算		否
101	现金支票	现金支票	是
102	转账支票	转账支票	是
2	网银转账		否
3	商业汇票		否
4	其他		否

表1-16   本单位开户银行

编码	银行账号	账户名称	开户日期	币种	开户银行	所属银行编码
01	666999444555	新星有限公司	2016-06-01	人民币	中国工商银行唐山支行	01
02	888899997777	新星有限公司	2016-06-01	美元	中国建设银行唐山支行	

注：中国建设银行的客户编号、机构号、联行号均为"1"。

（6）单据设置。

单据格式设置：销售专用发票格式取消销售类型必输条件。

单据编号设置：销售专用发票、采购专用发票设置为"完全手工编号"。

预警与通知任务设置：对应收信用额度设置预警，每周预警一次，预警信息通知该业务的所有相关人员。

（7）数据权限控制设置：由账套主管取消所有记录级权限控制。

1.4.2 任务实施

1. 基本信息

在基本信息设置中，可以对建账过程确定的编码方案和数据精度进行修改，并进行系统启用设置。

1）系统启用

（1）2020年1月1日，由01账套主管陈宇登录企业应用平台。

（2）执行【开始】/【所有程序】/【新道U8+】/【企业应用平台】命令，打开登录界面，在操作员标志处输入"01"，在密码处输入当前操作员的密码，在账套处选择"［666］（default）新星有限公司"，将操作日期改为"2020-01-01"，如图1-13所示。单击【登录】按钮，进入企业应用平台。

图1-13 企业应用平台登录对话框

（3）在企业应用平台中，打开业务导航选择经典树形，执行【基础设置】/【基本信息】/【系统启用】命令，打开【系统启用】对话框。

（4）勾选需要启用的系统编码复选框，此时系统询问启用日期。

（5）确定系统启用日期后，单击【确定】按钮，此时显示提示信息"确实要启用当前系统吗？"，单击【是】按钮，这时所启用的系统编码前的复选框中打上"√"号，表示已经启用当前系统。

（6）重复步骤（3）～（4），启用需要启用的其他系统，最后单击【退出】按钮。

2）编码方案

（1）在企业应用平台中，执行【基础设置】/【基本信息】/【编码方案】命令，打开【编码方案】对话框。

（2）查看各个编码方案是否符合企业实际需要（各分类编码方案在建立账套时已经设置），

核对无误后，单击【确定】按钮，【确定】按钮变浅色后说明已经保存了编码方案，此时再单击【取消】按钮。

3）数据精度

（1）在企业应用平台中，执行【基础设置】/【基本信息】/【数据精度】命令，打开【数据精度】对话框。

（2）查看各个数据精度小数位是否符合企业实际需要（各数据精度在建立账套时已经设置），核对无误后，单击【确定】按钮。

温馨提示

（1）系统启用有两种方法：一是用户创建一个新账套后，自动进入系统启用界面，用户可以一气呵成地完成账套创建和系统启用；二是执行【U8+企业应用平台】/【基础设置】/【基本信息】/【系统启用】命令，进入系统启用界面，进行系统启用的设置。

（2）只有系统管理员和账套主管有系统启用权限。启用系统时，启用日期必须为启用会计期间的 1 日，这样才能输入本会计期间的业务。

2. 设置基础档案

基础档案是系统日常业务处理必需的基础资料，是系统运行的基石。一个账套是由若干个子系统构成的，这些子系统共享公用的基础档案信息。在启用新账套之前，应根据企业的实际情况，结合系统基础档案设置的要求，事先做好基础数据的准备工作，以便使初始建账顺利进行。

1）设置机构人员

（1）设置部门档案。

在会计核算中，往往需要按部门进行分类和汇总，下一级将自动向有隶属关系的上一级进行汇总，这就需要设置部门档案。部门档案包含部门编码、部门名称、负责人、部门属性、电话、地址、备注等信息。

设置部门档案
（微课）

①在企业应用平台中，执行【基础设置】/【基础档案】/【机构人员】/【机构】/【部门档案】命令，打开【部门档案】窗口，如图 1-14 所示。

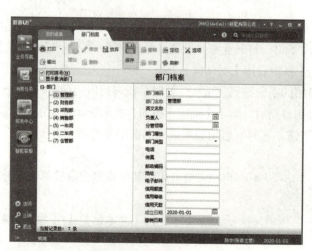

图 1-14 【部门档案】窗口

②单击【增加】按钮，输入部门编码为"1"、部门名称为"管理部"，同时按实际情况输入其他内容。

③单击【保存】按钮。

④重复步骤②～③，继续增加其他部门。

⑤若要修改部门档案，可在部门档案界面左边，将光标定位到要修改的部门编号上，单击【修改】按钮。这时界面处于修改状态，可对部门名称、负责人、部门属性、电话、地址等信息进行修改，但部门编码不能修改，修改后单击【保存】按钮。

⑥若要删除某个部门，可将光标放在要删除的部门上，单击【删除】按钮，系统将提示"确信删除编码为×××的档案？"，单击【是】按钮即可删除此部门。部门被其他对象引用后就不能被删除。

温馨提示

（1）基础档案的设置应遵循事先设定的分类编码原则。

（2）设置部门档案时，部门编码和部门名称必须输入，部门编码应符合预设的编码级次，必须唯一。

（3）在进行部门档案设置时，先不输入负责人，待人员档案建完后再通过"修改"功能补充选入。

（2）设置人员类别。

①在企业应用平台中，执行【基础设置】/【基础档案】/【机构人员】/【人员】/【人员类别】命令，打开【人员类别】窗口。

②单击【正式工】选项，再单击【增加】按钮，打开【增加档案项】对话框，如图1-15所示。

设置人员类别
（微课）

图1-15　【增加档案项】对话框

③输入档案编码和名称，单击【确定】按钮，保存设置的人员类别。

④全部输入完毕，单击【退出】按钮，退出【人员类别】窗口。

（3）设置人员档案。

①在企业应用平台中，执行【基础设置】/【基础档案】/【机构人员】/【人员】/【人员档案】命令，打开【人员列表】窗口。

②选中人员所在部门，单击【增加】按钮，打开【人员档案】窗口，如图1-16所示。

设置人员档案
（微课）

图1-16 【人员档案】窗口

③输入人员编码为"101"、人员名称为"李佳玉"，性别选择"男"，行政部门选择"管理部"，雇佣状态选择"在职"，人员类别选择"企管人员"，勾选业务员复选框，以及输入身份证号码和银行账号等信息。

④单击【保存】按钮。

⑤重复步骤②~④，继续增加其他人员。

⑥若要修改某个人员档案，可将光标定位到要修改的档案人员上，双击要修改的内容，即可进入修改状态进行修改，但人员编码不能修改。修改后单击【保存】按钮。

⑦若要删除某个人员档案，可双击要删除档案的人员行的选择栏，出现"Y"时，单击【删除】按钮，系统将提示"确定删除该记录吗？"，单击【是】按钮即可删除此人员档案。

温馨提示

（1）人员类别的设置与工资费用的分配、分摊有关，合理设置人员类别，便于按人员类别进行工资的汇总计算，为企业提供不同人员类别的工资信息。

（2）人员类别一般按树形层次结构进行分类，系统预置正式工、合同工、实习生3类顶级类别，用户可以自定义扩充人员子类别。例如，在本企业正式工类别下设企管人员、销售人员、车间管理人员、生产工人等。

（3）人员档案输入完毕，应返回部门档案，通过"修改"功能补充设置负责人资料。

2）设置客商信息

（1）设置客户分类。

①在企业应用平台中，执行【基础设置】/【基础档案】/【客商信息】/【客户分类】命令，

打开【客户分类】窗口。

②单击【增加】按钮，输入分类编码为"01"、分类名称为"批发商"。

③单击【保存】按钮。

④重复步骤②～③，继续增加其他类别。全部输完后，单击【退出】按钮，退出客户分类的设置。

设置客户分类和
客户档案（微课）

（2）设置客户档案。

①在企业应用平台中，执行【基础设置】/【基础档案】/【客商信息】/【客户档案】命令，打开【客户档案】窗口。

②单击【增加】按钮，打开【增加客户档案】窗口，如图1-17所示。

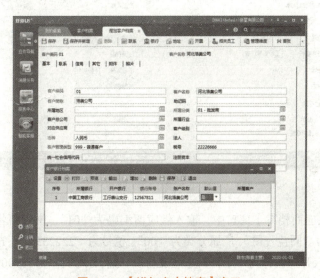

图1-17 【增加客户档案】窗口

③在【增加客户档案】对话框中，输入客户编码为"01"、客户名称为"河北浩美公司"、客户简称为"浩美公司"、所属分类为"01"、税号为"22226666"。

④单击【银行】按钮，打开【客户银行档案】窗口，单击【增加】按钮，选择所属银行为"中国工商银行"，输入开户银行为"工行唐山支行"、银行账号为"12567811"、默认值为"是"等信息。

⑤单击【保存】按钮，再单击【退出】按钮，退出【客户银行档案】窗口，返回【增加客户档案】窗口。

⑥单击【保存并新增】按钮，重复③～⑤的操作步骤，继续增加其他客户档案，最后一个档案输入完毕单击【保存】按钮，关闭【增加客户档案】窗口，核对无误后再关闭【客户档案】窗口。

（3）设置供应商档案。

若需要进行往来管理，则应将企业中供应商的详细信息录入供应商档案。建立供应商档案直接关系到对供应商数据的统计、汇总和查询等分类处理。供应商档案的设置方法如下。

①在企业应用平台中，执行【基础设置】/【基础档案】/【客商信息】/【供

设置供应商档案
（微课）

应商档案】命令，打开【供应商档案】窗口。

②单击【增加】按钮，打开【增加供应商档案】窗口，如图 1-18 所示。

图 1-18 【增加供应商档案】窗口

③在【增加供应商档案】窗口中，输入供应商编码为"01"、供应商名称为"河北同益公司"、供应商简称为"同益公司"、所属分类为"00"、税号为"22223333"，选择所属银行为"中国工商银行"，输入开户银行为"工行石家庄支行"、银行账号为"5678900"等信息。

④单击【保存并新增】按钮，继续增加其他供应商档案，最后一个档案输入完毕单击【保存】按钮，关闭【增加供应商档案】窗口，核对无误后再关闭【供应商档案】窗口。

3）设置存货信息

（1）设置存货分类。

①在企业应用平台中，执行【基础设置】/【基础档案】/【存货】/【存货分类】命令，打开【存货分类】窗口。

②单击【增加】按钮，打开【存货分类】窗口，输入存货分类编码、分类名称、对应条形码，输入完毕单击【保存】按钮，如图 1-19 所示。

设置存货分类
（微课）

图 1-19 【存货分类】窗口

（2）设置计量单位。

①在企业应用平台中，执行【基础设置】/【基础档案】/【存货】/【计量单位】命令，打开【计量单位】窗口。

②单击【分组】按钮，打开【计量单位组】窗口，单击【增加】按钮，输入计量单位组编码和名称，输入完毕单击【保存】按钮，如图1-20所示。全部输入完毕单击【退出】按钮，返回【计量单位】窗口。

设置计量单位
（微课）

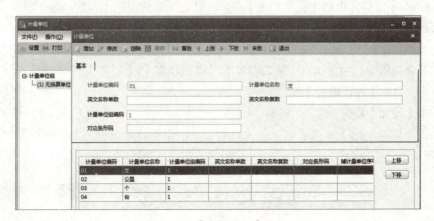

图1-20 【计量单位组】窗口

③在【计量单位】窗口中，单击【单位】按钮，打开【计量单位】窗口，单击【增加】按钮，输入计量单位编码和名称，输入完毕单击【保存】按钮，如图1-21所示。全部输入完毕单击【退出】按钮，返回【计量单位】窗口。核对无误后关闭【计量单位】窗口。

图1-21 【计量单位】窗口

温馨提示

（1）设置计量单位时必须先增加计量单位组，然后在该计量单位组下增加具体的计量单位内容。

（2）计量单位编码、计量单位名称必须输入，且计量单位编码必须保证唯一性。

（3）设置存货档案。

①在企业应用平台中，执行【基础设置】/【基础档案】/【存货】/【存货档案】命令，打开【存货档案】窗口。

②单击【增加】按钮，打开【增加存货档案】窗口，在【基本】选项卡中

设置存货档案
（微课）

输入存货编码、存货名称，选择存货分类、计量单位组、主计量单位和存货属性等内容，在【价格成本】选项卡中输入税率，输入完毕单击【保存并新增】按钮，如图 1-22 所示。

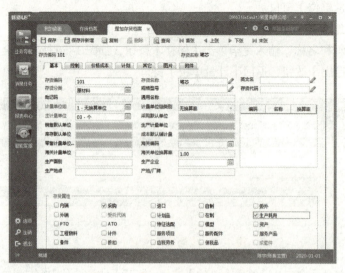

图 1-22 【增加存货档案】窗口

③重复②的操作步骤，继续增加其他存货档案，全部输入完毕，单击【保存】按钮，关闭【增加存货档案】窗口，返回【存货档案】窗口，核对无误后关闭【存货档案】窗口。

4）设置财务信息

（1）设置外币。

①在企业应用平台中，执行【基础设置】/【基础档案】/【财务】/【外币设置】命令，打开【外币设置】窗口。

②单击【增加】按钮，输入币符为"USD"、币名为"美元"，单击【确认】按钮，单击【固定汇率】单选按钮，输入月初记账汇率和月末调整汇率，如图 1-23 所示。

设置外币（微课）

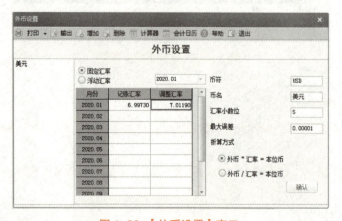

图 1-23 【外币设置】窗口

③输入完毕单击【退出】按钮，系统弹出"是否退出？"信息提示对话框，单击【是】按钮，退出【外币设置】窗口。

温馨提示

如果使用固定汇率核算，则应在每月月初设置期初汇率（记账汇率），在月末设置调整汇率；如果使用浮动汇率，在每天均应设置当天的汇率。

（2）设置会计科目。

①增加会计科目。

a. 在企业应用平台中，执行【基础设置】/【基础档案】/【财务】/【会计科目】命令，打开【会计科目】窗口，对已预置的会计科目进行增/删/改操作。

b. 单击【增加】按钮，打开【新增会计科目】窗口，输入科目信息，如图1-24所示。

设置会计科目
（微课）

图1-24　【新增会计科目】窗口

⊙科目编码。科目编码必须唯一，必须按其级次的先后次序建立。科目编码只能由数字（0～9）表示。

⊙科目名称。科目名称分为科目中文名称和科目英文名称，可以是汉字、英文字母或数字，但不能输入其他字符。科目中文名称最多可输入20个汉字；科目英文名称最多可输入100个英文字母。

⊙科目类型。科目类型分为资产类、负债类、所有者权益类、共同类、成本类、损益类，没有共同类的企业可不设共同类。

温馨提示

（1）增加会计科目时，增加哪一类，就先单击哪个类别的按钮再单击【增加】按钮，以避免类别错误，如增加负债类科目，先单击"负债"类别按钮，再单击【增加】按钮即可。

（2）增加明细科目时，系统默认其类型与上级保持一致。

（3）已经使用过的末级会计科目不能再增加下级会计科目。

⊙账页格式。账页格式定义该科目在账簿打印时的默认打印格式。系统提供了金额式、外币金额式、数量金额式、外币数量式4种账页格式供选择。一般情况下，有外币核算的科目可设为外币金额式，有数量核算的科目可设为数量金额式，既有外币核算又有数量核算的科目可设为外币数量式，既无外币核算又无数量核算的科目可设为金额式。

⊙助记码。助记码用于帮助记忆科目，一般由科目名称中各个汉字拼音的头一个字母组成。在需要录入科目的地方输入助记码，系统可自动将助记码转换成科目名称。

⊙币种核算。币种核算用于设定该科目是否有外币核算，以及核算的外币名称。

⊙数量核算。数量核算用于设定该科目是否有数量核算，以及数量计量单位。计量单位可以是任何汉字或字符，如千克、件、台等。

⊙汇总打印。在同一张凭证当中某科目或有同一上级科目的末级科目有多笔同方向的分录时，如果希望将这些分录按科目汇总成一笔打印，则需要为该科目设置汇总打印，将汇总到的科目设置成该科目的本身或其上级科目。

⊙封存。被封存的科目在制单时不可以使用。此选项只能在科目修改时进行设置。

⊙科目性质（余额方向）。增加登记在借方的科目，科目性质为借方；增加登记在贷方的科目，科目性质为贷方。一般情况下，资产类、成本类科目的性质为借方，负债类、所有者权益类科目的性质为贷方。

⊙辅助核算。辅助核算也叫辅助账类，用于说明本科目是否有其他核算要求，系统除完成一般的总账、明细账核算外，还提供部门核算、个人往来核算、客户往来核算、供应商往来核算和项目核算等几种专项核算功能供用户选用。

⊙其他核算。它用于说明本科目是否有其他核算要求，如银行账、日记账等。一般情况下，库存现金科目要设为日记账，银行存款科目要设为银行账和日记账。

⊙受控系统。为了加强各功能模块、系统间的无缝连接，在其他功能模块中可以使用总账系统的会计科目，这些会计科目就是其他系统的受控科目，而其他系统为该科目的受控系统。例如：应收系统的受控科目是应收账款、应收票据等科目，应付账款科目的受控系统是应付款管理系统。

⊙复制明细科目。如果一个科目的下级科目与已经录入的另一个科目完全相同或几乎相同，为了快速录入明细科目，可以进行明细科目的复制。具体操作方法：执行【复制】/【成批复制】命令，打开【成批复制】对话框，输入相关科目编码，单击【确认】按钮，即可成批复制明细科目，然后对个别不同的明细科目进行修改即可。

c. 科目录入完毕，单击【确定】按钮保存增加的会计科目。若单击【取消】按钮则取消此次操作。

②修改会计科目。

a. 在【会计科目】窗口中，将光标移动到要修改的会计科目上，单击【修改】按钮或用鼠标双击该科目，即可进入【会计科目-修改】界面。

b. 单击【修改】按钮，进入修改状态，用户可以在此对需要修改的项目进行修改。

c. 修改完毕单击【确定】按钮保存修改的内容。如果想放弃修改，单击【取消】按钮即可。

如果要继续修改会计科目，可利用控制板上的按钮定位到第一个科目、上一个科目、下一个科目、最后一个科目，找到需要修改的科目，重复上述步骤即可，修改完毕单击【返回】按钮返回【会计科目】窗口。

温馨提示

（1）已经使用过的末级会计科目不能再修改。

（2）非末级会计科目的编码不能修改或删除。

（3）已有数据的会计科目，应先将该科目及其下级科目余额清零后再修改或删除。

（4）被封存的科目在制单时不可以使用。

（5）只有末级科目才能设置汇总打印，且只能汇总到该科目本身或其上级科目。

（6）只有处于修改状态才能设置汇总打印和封存。

③删除会计科目。

a. 在【会计科目】窗口中，将光标移到需要删除的会计科目上。

b. 单击【删除】按钮。

c. 系统弹出"记录删除后不能修复！真的删除此记录吗？"信息提示对话框，单击【确定】按钮即可删除该科目。

④指定会计科目。

a. 在【会计科目】窗口中，执行【指定科目】命令，打开【指定科目】对话框，如图 1-25 所示。

指定会计科目
（微课）

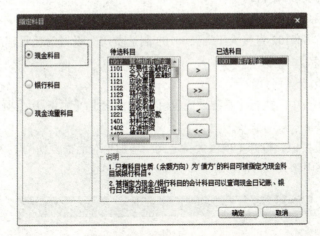

图 1-25 【指定科目】对话框

b. 单击【现金科目】单选按钮，在"待选科目"下拉列表框中，将光标移到"1001 库存现金"所在行，双击"1001 库存现金"，将其选入"已选科目"列表框中；然后单击【银行科目】单选按钮，在"待选科目"下列表框中双击"1002 银行存款"，将其选入"已选科目"列表框，单击【确认】按钮即可。

温馨提示

指定会计科目是指指定出纳的专管科目——库存现金、银行存款科目。只有在系统中指定科目后，才能执行出纳签字功能，才能登记现金日记账和银行存款日记账。

设置凭证类别
（微课）

（3）设置凭证类别。

①在企业应用平台中，执行【基础设置】/【基础档案】/【财务】/【凭证类别】

命令，打开【凭证类别预置】窗口。

②选择凭证类别为"记账凭证"。单击【确定】按钮，打开【凭证类别】窗口，进行限制类型和限制科目的设置，设置好后单击【退出】按钮，退出【凭证类别预置】窗口。

温馨提示

（1）各限制科目编码之间的分隔符号"，"为英文标点，如输入中文标点逗号，系统会弹出错误提示："科目编码有误！"。

（2）凭证类别定义并使用后不能进行修改，否则会造成不同时期凭证类别的混乱，影响凭证的查询和打印。

（4）设置项目档案。

企业在实际业务处理中会对多种类型的项目进行核算和管理，例如产品成本项目、对外投资项目、技术改造项目等。因此，可以将具有相同核算特性的一类项目定义成一个核算项目大类，对这些项目进行分类管理与核算。使用项目核算与管理的首要步骤是设置项目档案，项目档案设置包括：增加或修改项目大类，定义项目核算科目、项目分类、项目栏目结构，并进行项目目录的维护。

设置项目档案
（微课）

①定义项目核算类会计科目。

在设置会计科目时，根据需要将进行项目核算的科目如"5001 生产成本"及其下级科目"500101 直接材料""500102 直接人工""500103 制造费用"设置为项目辅助核算类，然后定义项目大类。

②定义项目大类。

a. 在企业应用平台中，执行【基础设置】/【基础档案】/【财务】/【项目大类】命令，打开【项目大类】窗口。

b. 单击【增加】按钮，打开【项目大类定义 – 增加】对话框，如图 1–26 所示。在"新项目大类名称"文本框中输入"产品核算"。

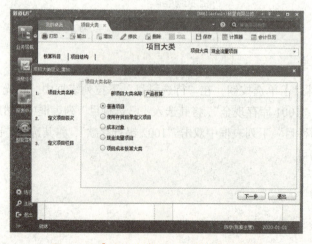

图 1–26 【项目大类定义 – 增加】对话框

c. 单击【下一步】按钮，打开【项目大类定义 – 增加】对话框的第二个界面——"定义项目级次"，系统默认为一级，此处不做修改。

d. 单击【下一步】按钮，打开【项目大类定义 – 增加】对话框的第三个界面——"定义项目栏目"，系统默认的 4 个栏目分别为"项目编号""项目名称""是否结算""所属分类码"，此处不做修改。

e. 设置完毕，单击【完成】按钮，返回【项目大类】窗口。

③指定核算科目。

a. 在【项目大类】窗口中，选择项目大类为"产品核算"。

b. 单击【>】按钮，将"待选科目"列表框中的"生产成本""直接材料""直接人工""制造费用"移到"已选科目"列表框中，如图 1-27 所示。指定完毕单击【保存】按钮。

图 1-27 【项目大类】窗口（指定核算科目）

④项目分类定义。

a. 在企业应用平台中，执行【基础设置】/【基础档案】/【财务】/【项目分类】命令，打开【项目分类】窗口。在【项目档案】对话框中，单击"项目分类定义"标签。

b. 选择"项目大类"为"产品核算"。单击【增加】按钮，输入分类编码为"1"、分类名称为"无分类"，单击【保存】按钮，如图 1-28 所示。

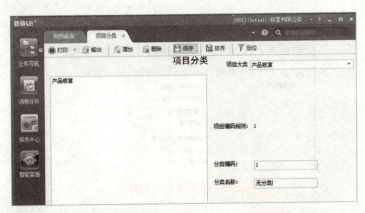

图 1-28 【项目大类】窗口（增加项目分类）

⑤定义项目目录。

a. 在企业应用平台中，执行【基础设置】/【基础档案】/【财务】/【项目目录】命令，打开【查询条件 – 项目目录】对话框，选择项目大类为"产品核算"，单击【确定】按钮，打开【项目目录】窗口。

b. 在【项目目录】窗口中，选择"无分类"，单击【增加】按钮，如图 1-29 所示。输入项目编号为"101"、项目名称为"单色笔"、所属分类码为"1"。

图 1-29 【项目目录】窗口

c. 重复步骤 b，继续输入项目编号为"102"、项目名称为"三色笔"、所属分类码为"1"。

d. 全部输入完毕，关闭【项目目录】窗口。

温馨提示

（1）进行项目大类核算的科目指定完毕必须单击【保存】按钮，这样才完成了指定核算科目。

（2）进行项目分类定义时，输入分类编码和名称后，也必须单击【保存】按钮，这样才完成了项目分类定义。

（3）定义项目目录时"是否结算"栏为空。

5）设置收付结算方式。

（1）设置结算方式。

①在企业应用平台中，执行【基础设置】/【基础档案】/【收付结算】/【结算方式】命令，打开【结算方式】窗口。

②单击【增加】按钮，输入结算方式编码和名称，选择是否进行票据管理，单击【保存】按钮，如图 1-30 所示。

设置结算方式（微课）

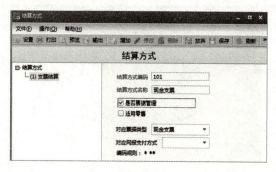

图 1-30 【结算方式】窗口

③重复步骤②，输入其他结算方式。

（2）设置付款条件。

①在企业应用平台中，执行【基础设置】/【基础档案】/【收付结算】/【付款条件】命令，打开【付款条件】窗口。

②单击【增加】按钮，在"付款条件编码"栏输入"01"，在"信用天数"栏输入"30"，在"优惠天数1"栏输入"10"，在"优惠率1"栏输入"2"；在"优惠天数2"栏输入"20"，在"优惠率2"栏输入"1"，在"优惠天数3"栏

设置付款条件（微课）

输入"30"，在"优惠率3"栏输入"0"，输入完毕，单击【保存】按钮，如图1-31所示。

图1-31 【付款条件】窗口

🧑‍🏫 **温馨提示**

付款条件也即现金折扣，是指企业为了鼓励客户提前支付货款而允诺在一定期限内给予的折扣优惠。这种折扣条件通常可表示为2/10，1/20，n/30。

（3）设置本单位开户银行。

企业在进行收付结算时，需要设置开户银行。用友新道ERP-U8V15.0系统支持多个开户银行及账号的情况。设置本单位开户银行功能用于维护及查询使用单位的开户银行信息，但开户银行一旦被引用，便不能进行修改和删除的操作。

设置本单位开户
银行（微课）

①增加开户银行。

a. 在企业应用平台中，执行【基础设置】/【基础档案】/【收付结算】/【本单位开户银行】命令，打开【本单位开户银行】窗口。

b. 单击【增加】按钮，打开【增加本单位开户银行】窗口，根据企业的实际情况，在相应栏目中输入开户银行编码、银行账号、账户名称、开户日期、币种、开户银行和所属银行编码等信息，如图1-32所示。

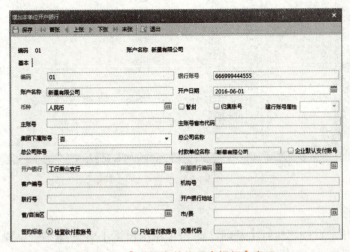

图1-32 【增加本单位开户银行】窗口

c. 本单位开户银行信息录入完毕，单击【保存】按钮。继续增加其他开户银行，所有开户银行增加完毕，单击【退出】按钮。

②修改开户银行。

a．在【本单位开户银行】窗口中，将光标移动到要修改的开户银行上，单击【修改】按钮或用鼠标双击该行，即可打开【修改本单位开户银行】对话框。

b．在【修改本单位开户银行】对话框中按实际情况对需要修改的项目进行修改。

c．修改完毕单击【保存】按钮保存修改的内容。通过左、右箭头按钮继续修改其他开户银行，全部修改完毕，单击【退出】按钮。

③删除开户银行。

a．在【本单位开户银行】窗口中，将光标移动到要修改的开户银行上，单击【删除】按钮，系统弹出"确信删除编码为 × 的档案？"信息提示对话框。

b．单击【是】按钮，即可删除该开户银行。

6）设置单据

（1）设置单据格式。

①执行【基础设置】/【单据设置】/【单据格式设置】命令，打开【单据格式设置】窗口，如图 1-33 所示。

②在左边目录中选择要设置的单据名称，即：选择"销售管理"/"销售专用发票"/"显示"/"销售专用发票"选项。

③单击左上方的【表头项目】按钮，选择"26 销售类型"项目，并取消勾选"必输"属性复选框。

④单击【确定】按钮，再单击【保存】按钮，保存设置好的单据格式。

设置单据格式
（微课）

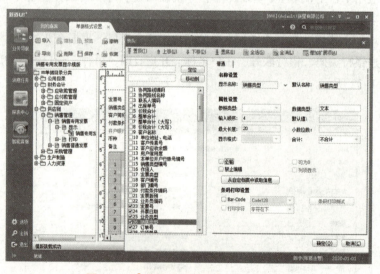

图 1-33 【单据格式设置】窗口（表头）

（2）设置单据编号。

①在企业应用平台中，执行【基础设置】/【单据设置】/【单据编号设置】命令，打开【单据编号设置】对话框，如图 1-34 所示。

②在左边目录区选择要修改的单据"销售专用发票"，单击【修改】按钮，激活修改状态。

设置单据编号
（微课）

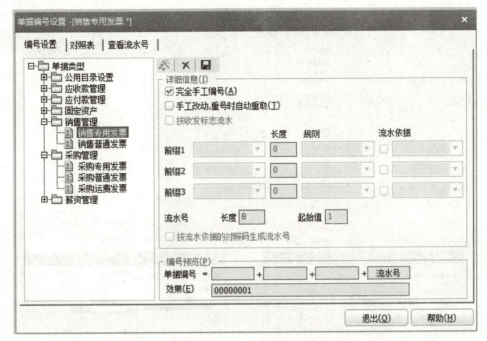

图 1-34 【单据编号设置 – [销售专用发票]】对话框

③在"详细信息"区域勾选"完全手工编号"复选框。

a."完全手工编号"：是指用户新增单据时，不自动带入用户设置的单据流水号，单据号为空，用户可以直接输入单据号，此种方式主要应用于企业的某种单据号之间无关联或不连续的情况下，如采购发票等。

b."手工改动，重号时自动重取"：对于推式生单功能的单据、档案，由于生成的单据、档案、档案号都为空，应将这些单据、档案显示给用户，以便输入单据、档案号后进行保存；如果批量生单和自动生单不能显示生成的单据、档案并填入单据、档案号，则无法保存单据、档案，此种情况下建议用户不使用"完全手工编号"功能，而采用"手工改动，重号时自动重取"功能。

④单击【保存】按钮，保存对单据编号的设置。

⑤重复步骤②～④设置"采购专用发票"等单据的编号。设置完毕，单击【退出】按钮，返回企业应用平台。

（3）设置预警与通知任务。

①执行【基础设置】/【预警与通知】/【预警和定时任务】命令，打开【预警和定时任务】窗口，执行【预警源】/【应收款管理】/【应收信用预警】命令，进入应收信用预警设置页面。

②单击【增加】按钮，打开【预警定时任务】对话框，如图 1-35 所示。

③在"任务源"选项卡，输入预警名称为"应收信用预警"，如图 1-35 所示。

④单击"计划"选项卡，设置预警频率为"每 1 周执行一次"，如图 1-36 所示。

⑤单击"通知"选项卡，按系统默认设置，如图 1-37 所示，单击【确定】按钮。

图 1-35 【预警定时任务】对话框（【任务源】选项卡）

图 1-36 【预警定时任务】对话框
（【计划】选项卡）

图 1-37 【预警定时任务】对话框
（【通知】选项卡）

⑥单击【保存】按钮。

7）设置数据权限控制

（1）以账套主管的身份注册，进入企业应用平台，打开【业务导航视图】选项卡。

（2）执行【系统服务】/【权限】/【数据控制权限】命令，打开【权限数据控制设置】窗口，选择【记录级】选项卡，如图 1-38 所示。

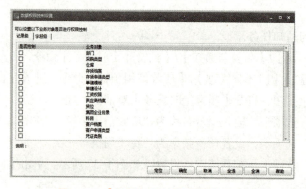

图 1-38 【数据权限控制设置】窗口

（3）单击【全消】按钮取消所有权限控制，再单击【确定】按钮即可。

【知识拓展三】数据权限控制设置

数据权限控制设
置（PDF 文件）

常见问题分析

问题一：新建账套时，单击【下一步】按钮没有反映。

原因分析及解决办法：这是因为新建账套的号码与已经存在的账套号重复，账套号必须唯一，更改账套号即可。

问题二：进行账套输出时，"输出"菜单是灰色的，不能进行输出操作。

原因分析及解决办法：这是因为当前操作员不是系统管理员，只有系统管理员 admin 才能进行账套输出和引入的操作。需要首先执行【系统】/【注销】命令，注销当前操作员，再以系统管理员 admin 的身份登录即可。

问题三：操作员进入企业应用平台，系统提示有两种情况：① "读取数据源出错：不存在的用户或已被注销！"；② "读取数据源出错：口令不正确！"。

原因分析及解决办法：这是因为财务软件有严格的权限划分，若在账套中没有权限或没有输入正确的口令，系统都不会让用户进入账套进行操作。第一种情况的解决方法是在系统管理模块中给当前操作员在账套中设置权限；第二种情况的解决办法是输入正确的口令。

问题四：打开基础档案中的【机构人员】等选项时，下面没有内容。

原因分析及解决办法：这是因为没有启用任何系统，想要使用一个系统，必须先启用这个系统。以账套主管的身份回到基本信息中进行相应系统启用即可。

问题五：如果想自己建立一套会计科目应如何操作？

原因分析及解决办法：要想自己建立会计科目，需在新建账套时选择"禁止按行业性质预置科目"选项，即取消勾选"按行业性质预置科目"复选框，同时在基础档案的【会计科目】对话框中选择"不预置"选项。

问题六：设置项目目录时，已经指定了核算科目，但使用时出现"没有进行项目核算"的信息提示。

原因分析及解决办法：这是因为指定核算科目时没有单击【保存】按钮，没有完成指定核算科目。需要重新回到项目目录指定核算科目，指定完毕，单击【保存】按钮。

问题七：设置项目目录时，已经指定了核算科目，但录入期初余额时找不到对应的项目目录，而只有现金流量项目。

原因分析及解决办法：这是因为指定核算科目时项目大类没有选定"产品核算"，而是默认的现金流量项目大类。需要重新回到项目目录指定核算科目，项目大类选定"产品核算"后，再指定核算科目，指定完毕，单击【保存】按钮。

问题八：设置项目目录时，已经进行了项目分类，但使用时系统提示"没有进行项目分类"。

原因分析及解决办法：这是因为进行项目分类时单击了【增加】按钮，而没有单击【保存】按钮，没有完成项目分类。需要重新回到项目分类定义界面重新进行项目分类，分类完毕，单击【保存】按钮。

问题九：设置项目目录时，已经设置了项目档案，但使用时系统提示"已经结算，不能使用"。

原因分析及解决办法：这是因为进行项目档案设置时在"是否结算"栏双击出现"Y"，已经结算，结算完成就不能再使用。需要重新回到项目目录界面，取消"是否结算"栏的"Y"即可。

※※※※【实训】※※※※※※※※※※※※※※※※※※※※※※※※※※※※

德育栏目——诚信为本，操守为重，遵循准则，不做假账

"诚信为本，操守为重，遵循准则，不做假账"是朱镕基总理在2001年10月29日视察北京国家会计学院时为国家会计学院的题词。简单的16个字，明确了会计人员应当坚守的底线。"不做假账"是会计从业人员的基本职业道德和行为准则，要求所有会计人员必须以诚信为本，以操守为重，遵循准则，不做假账，保证会计信息的真实、可靠。

✅ 项目小结

本项目工作任务导图如图1-39所示。

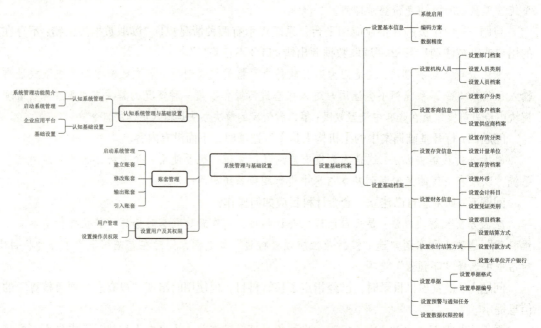

图1-39 "系统管理与基础设置"工作任务导图

【实训一】系统管理与基础设置

实训一（PDF）

项目二

总账管理

【知识目标】

◎掌握总账管理系统参数定义的方法;

◎掌握总账管理系统的初始化设置及修改的要求;

◎掌握日常业务处理的意义和方法;

◎掌握期末业务处理的意义和方法。

【能力目标】

◎能进行总账管理系统的参数定义;

◎能根据企业的管理和核算要求进行总账管理系统的初始化设置;

◎能进行日常业务处理;

◎能进行期末业务处理。

【素质目标】

◎具有认真负责、积极主动的工作态度;

◎具有敬业、精益、专注、创新的工匠精神;

◎具有自主学习能力和持续发展能力。

任务 2.1　认知总账管理系统

2.1.1　总账管理系统的主要功能

总账管理系统是财务软件的核心系统，适合各行各业进行财务核算和管理工作。其主要功能包括系统初始化设置、凭证管理、出纳管理、外币核算、账簿管理、辅助核算管理和期末业务处理等。

2.1.2　总账管理系统与其他系统的主要关系

总账管理系统是会计信息系统中的一个重要模块，它既可独立运行，又可同其他产品协同运转，与其他产品传递相关的数据和凭证。它与应收款管理、应付款管理、薪资核算、固定资产核算、采购管理、销售管理、库存管理、存货核算、成本管理、会计报表管理等子系统共同组成完整的会计信息系统。由于会计核算工作的特殊性，许多会计核算工作不可能都集中在总账管理系统中完成，而是先由各子系统进行专项核算处理，然后将结果汇总并形成会计凭证，再送到总账处理系统进行集中处理。同时，各子系统在核算中也需要从总账管理系统中提取一些会计数据进行专项处理，因此，总账管理系统是会计信息系统的关键和核心部分，各系统之间的关系主要表现在数据传递关系上。

2.1.3　总账管理系统的操作流程

总账管理系统的操作流程如图 2-1 所示。

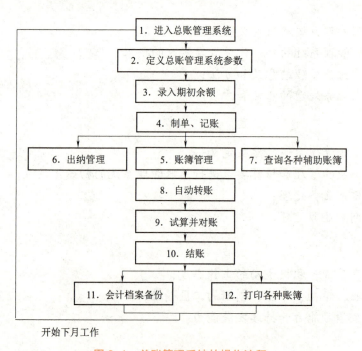

图 2-1　总账管理系统的操作流程

任务 2.2　总账管理系统初始化

2.2.1　任务布置

新星有限公司于 2020 年 1 月 1 日启用总账管理系统，由 02 李佳登录企业应用平台，进行如下操作。

1. 选项设置

总账管理系统业务控制参数如表 2-1 所示。

表 2-1　总账管理系统业务控制参数

选项卡	参数设置
凭证	填制凭证时不允许插入当前日期之前的凭证； 进行资金和往来科目赤字控制，但资金和往来类科目的金额出现赤字时，允许保存凭证； 允许手工输入应收应付受控科目的凭证； 同步删除业务系统凭证； 记账凭证不允许手工编号，一律由系统自动编号
权限	由出纳填制的凭证必须经由出纳签字； 不可修改、作废他人填制的凭证
其他	外币核算采用固定汇率； 部门、个人、项目按编码方式排序

2. 会计科目期初余额

（1）2020 年 1 月总账会计科目期初余额如表 2-2 所示。

表 2-2　2020 年 1 月总账会计科目期初余额表

类型	科目编码	科目名称	方向	辅助账类型	币别／计量	期初余额
资产	1001	库存现金	借	日记账		5 000.00
资产	1002	银行存款	借	日记账、银行账		
资产	100201	工行存款	借	日记账、银行账		600 000.00
资产	100202	建行存款	借	日记账、银行账	金额 美元	69 973.00 10 000.00
资产	1121	应收票据	借	客户往来		37 290.00
资产	1122	应收账款	借	客户往来		56 500.00
资产	122101	职工个人往来	借	个人往来		2 000.00
资产	1231	坏账准备	贷			300.00
资产	1403	原材料	借			
资产	140301	笔芯	借	数量核算	金额 个	60 000.00 200 000
资产	140302	笔壳	借	数量核算	金额 个	20 000.00 100 000

续表

类型	科目编码	科目名称	方向	辅助账类型	币别 / 计量	期初余额
资产	140303	弹簧	借	数量核算	金额 个	10 000.00 100 000
资产	1405	库存商品	借			
资产	140501	单色笔	借	数量核算	金额 支	120 000.00 120 000
资产	140502	三色笔	借	数量核算	金额 支	200 000.00 100 000
资产	1601	固定资产	借	部门核算		1 417 000.00
资产	1602	累计折旧	贷	部门核算		739 424.40
负债	2201	应付票据	贷	供应商往来		11 300.00
负债	2202	应付账款	贷			33 052.00
负债	220201	应付货款	贷	供应商往来		23 052.00
负债	220202	暂估应付款	贷	供应商（不受控）		10 000.00
负债	2211	应付职工薪酬	贷			
负债	221101	工资	贷			45 700.00
权益	4001	实收资本	贷			1 000 000.00
权益	4104	利润分配	贷			
权益	410406	未分配利润	贷			767 986.60

（2）辅助账期初余额如表 2-3 ~ 表 2-9 所示。

表 2-3　应收账款下业务数据

日期	凭证号	客户名称	业务员	摘要	方向	期初余额 / 元	发票号
2019.12.25	记 -10	浩美公司	常静	销售单色笔	借	22 600.00	211201
2019.12.31	记 -16	明盛公司	常静	销售单色笔	借	33 900.00	211202

表 2-4　应收票据下业务数据

日期	凭证号	供应商	业务员	摘要	方向	金额
2019.11.10	记 -15	浩美公司	常静	销售三色笔	借	20 340.00
2019.12.12	记 -13	明盛公司	常静	销售单色笔	借	16 950.00

表 2-5　应付票据下业务数据

日期	凭证号	供应商	业务员	摘要	方向	金额 / 元	发票号
2019.12.06	记 -12	同益公司	宋岩	采购笔芯	贷	11 300.00	210591

表 2-6　应付账款——应付货款下业务数据

日期	凭证号	供应商名称	业务员	摘要	方向	期初余额 / 元	发票号
2019.12.31	记 -20	同益公司	宋岩	采购弹簧	贷	23 052.00	210597

表 2-7　应付账款——暂估应付款下业务数据

日期	凭证号	供应商名称	业务员	摘要	方向	期初余额／元	发票号
2019.12.31	记 -21	同益公司	宋岩	采购笔壳	贷	10 000.00	

表 2-8　其他应收款——职工个人往来下业务数据

日期	凭证号	部门	个人	摘要	方向	余额
2019.12.31	记 -23	管理部	李佳玉	出差借款	借	2 000.00

表 2-9　部门代码、期初余额表

科目编码	科目名称	部门编码	部门名称	借方金额／元	贷方金额／元
1601	固定资产	1	管理部	12 000.00	
		3	销售部	5 000.00	
		4	一车间	600 000.00	
		5	二车间	800 000.00	
1602	累计折旧	1	管理部		5 810.40
		3	销售部		1 614.00
		4	一车间		286 200.00
		5	二车间		445 800.00

2.2.2　任务实施

1.定义总账管理系统业务控制参数

（1）2020 年 1 月 1 日，由 02 李佳登录企业应用平台。

（2）打开【业务导航视图】选项卡，执行【业务工作】/【财务会计】/【总账】/【设置】/【选项】命令，打开【选项】对话框，如图 2-2 所示。

（3）单击【编辑】按钮，按照企业实际情况进行设置，设置完毕单击【确定】按钮。

总账参数设置
（微课）

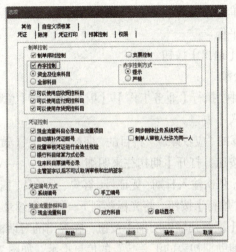

图 2-2　【选项】对话框

【知识拓展一】总账管理系统业务控制参数

总账管理系统
业务控制参数
（PDF 文件）

2. 录入期始余额

1）录入总账期初余额

（1）在企业应用平台中，执行【业务工作】/【财务会计】/【总账】/【期初】/
【期初余额】命令，打开【期初余额录入】窗口，如图 2-3 所示。

录入期初余额
（微课）

（2）将光标移至需要输入数据的最明细科目的"期初余额"栏，在白色区
域直接输入数据（在黄色区域双击录入辅助核算期初余额，非明细科目的期初
余额由系统自动汇总生成）。

图 2-3 【期初余额录入】窗口

（3）数据输入完毕，单击【刷新】按钮，系统自动生成上级科目余额，单击【试算】按钮，
检查录入的余额试算是否平衡。

（4）定义完毕，单击【退出】按钮。

2）录入辅助账期初余额

（1）在企业应用平台中，执行【业务工作】/【财务会计】/【总账】/【期初】/【期初余额】
命令，打开【期初余额录入】窗口。

（2）双击具有辅助核算的"应收账款"科目的"期初余额"栏（黄色），打开【辅助期初余额】
窗口，单击【往来明细】按钮，打开【期初往来明细】窗口。

（3）单击【增行】按钮，依次输入日期、凭证号、客户、业务员、摘要、方向、本币金额、票号、
票据日期等内容，再单击【增行】按钮，将光标移到下一行，继续录入其他客户的期初余额。

（4）输入完毕，单击【汇总到辅助明细】按钮，在弹出的对话框中单击【是】按钮，系统
弹出"完成了往来明细到辅助期初表的汇总！"的信息提示，如图 2-4 所示。

图 2-4 【期初往来明细】窗口

（5）单击【确定】按钮后，再单击【退出】按钮，返回【辅助账期初余额】窗口，单击【退出】按钮，返回【期初余额录入】窗口，系统会自动生成"应收账款"科目的期初余额。

（6）重复步骤②~⑤继续输入其他辅助账期初余额。

（7）输入完毕，单击【试算】按钮，查看期初余额试算平衡表，检查期初余额是否平衡；单击【对账】按钮，检查总账、明细账、辅助账的期初余额是否一致。

（8）试算平衡后，单击【退出】按钮，返回企业应用平台。

【知识拓展二】客户往来、供应商往来辅助核算科目余额的引入

客户往来、供应
商往来辅助核算
科目余额的引入
（PDF 文件）

任务 2.3 总账管理系统日常业务处理

2.3.1 任务布置

新星有限公司在 2020 年 1 月 1 日已经完成了总账管理系统初始化设置，请进行如下操作。

（1）根据 2020 年 1 月份发生的经济业务，由 02 李佳在总账管理系统中填制凭证，要求制单日期与业务发生日期一致。

①1 日，与同益公司签订购买弹簧合同，数量为 200 000 个，无税单价为 0.12 元，增值税率为 13%，当天收到发票和货物，货已入库。以网银转账方式（票号：60022）支付同益公司的价税款 27 120.00 元（附单据 3 张）。

借：原材料 / 弹簧　　　　　　　　　24 000.00

　　应交税费 / 应交增值税 / 进项税额　　3 120.00

　　贷：银行存款 / 工行存款　　　　　　　　　27 120.00

② 2 日，收到外商投资资金 10 000 美元，汇率为 6.997 30，已存入银行（结算方式：其他）（附单据 2 张）。

借：银行存款 / 建行存款　　　　　　　　69 973.00
　　贷：实收资本　　　　　　　　　　　　　　　69 973.00

③ 7 日，向浩美公司销售三色笔 20 000 支，无税单价为 4.70 元，销售单色笔 20 000 支，无税单价为 3.50 元，增值税率为 13%，当天发货并开具发票（发票号：2020101），以现金代垫运费 1 000.00 元，款项尚未收回（附单据 2 张）。

借：应收账款　　　　　　　　　　　　186 320.00
　　贷：主营业务收入 / 三色笔　　　　　　　　94 000.00
　　　　主营业务收入 / 单色笔　　　　　　　　70 000.00
　　　　应交税费 / 应交增值税 / 销项税额　　　21 320.00
　　　　库存现金　　　　　　　　　　　　　　　1 000.00

④ 10 日，接银行通知，收回去年 11 月 10 日收到的浩美公司签发并承兑的商业承兑汇票结算款 20 340.00 元（汇票号：6888）（附单据 1 张）。

借：银行存款 / 工行存款　　　　　　　　20 340.00
　　贷：应收票据　　　　　　　　　　　　　　　20 340.00

⑤ 10 日，收到浩美公司签发并承兑的商业承兑汇票一张（汇票号：7001），票面价值为 50 000 元，抵付本月 7 日部分货款，到期日为 3 月 10 日（附单据 1 张）。

借：应收票据　　　　　　　　　　　　　50 000.00
　　贷：应收账款　　　　　　　　　　　　　　　50 000.00

⑥ 15 日，将本月从浩美公司收到的商业汇票向银行申请贴现，贴现率为 5%，收到银行扣除贴现利息的贴现款 49 604.17 元（附单据 1 张）。

借：银行存款 / 工行存款　　　　　　　　49 604.17
　　财务费用 / 利息　　　　　　　　　　　395.83
　　贷：应收票据　　　　　　　　　　　　　　　50 000.00

⑦ 25 日，收到银行付款通知，支付承兑给同益公司的商业承兑汇票票款 11 300 元（汇票号：5001）（附单据 1 张）。

借：应付票据　　　　　　　　　　　　　11 300.00
　　贷：银行存款 / 工行存款　　　　　　　　　　11 300.00

⑧ 31 日，计提本月坏账准备（附单据 1 张）。

借：信用减值损失　　　　　　　　　　　950.85
　　贷：坏账准备　　　　　　　　　　　　　　　950.85

⑨ 31 日，分配本月工资（附单据 1 张）。

借：生产成本 / 直接人工（单色笔）　　　18 600.00
　　生成成本 / 直接人工（三色笔）　　　19 031.80
　　制造费用 / 职工薪酬（一车间）　　　11 800.00
　　制造费用 / 职工薪酬（二车间）　　　11 800.00
　　管理费用 / 职工薪酬　　　　　　　　60 109.09
　　销售费用 / 职工薪酬　　　　　　　　11 300.00

　　贷：应付职工薪酬 / 工资　　　　　　　　　132 640.89

⑩ 31 日，计提本月折旧费用（附单据 1 张）。

借：制造费用 / 折旧费（一车间）　　　　　4 770.00

　　制造费用 / 折旧费（二车间）　　　　　7 430.00

　　销售费用 / 折旧费　　　　　　　　　　242.10

　　管理费用 / 折旧费　　　　　　　　　　215.20

　　贷：累计折旧（管理部）　　　　　　　　　215.20

　　　　累计折旧（销售部）　　　　　　　　　242.10

　　　　累计折旧（一车间）　　　　　　　　4 770.00

　　　　累计折旧（二车间）　　　　　　　　7 430.00

⑪ 31 日，本月领用材料汇总如表 2-10 所示（附单据 1 张）。

表 2-10　发料凭证汇总表

产品名称	笔芯		笔壳		弹簧		合计
	数量 / 支	金额 / 元	数量 / 个	金额 / 元	数量 / 根	金额 / 元	金额 / 元
生产单色笔	80 000	24 000.00	80 000	12 800.00	80 000	8 000.00	44 800.00
生产三色笔	180 000	57 600.00	60 000	11 120.00	180 000	21 600.00	90 320.00
合计	260 000	81 600.00	140 000	23 920.00	260 000	29 600.00	135 120.00

借：生产成本 / 直接材料（单色笔）　　　44 800.00

　　生产成本 / 直接材料（三色笔）　　　90 320.00

　　贷：原材料 / 笔芯　　　　　　　　　　　81 600.00

　　　　原材料 / 笔壳　　　　　　　　　　　23 920.00

　　　　原材料 / 弹簧　　　　　　　　　　　29 600.00

（2）出纳签字。1 月 31 日，更换操作员为 03 张怡，对本月收付款凭证进行出纳签字。

（3）审核凭证。1 月 31 日，更换操作员为 01 陈宇，对本月所有记账凭证进行审核。

（4）记账。1 月 31 日，由操作员 01 陈宇对本月审核无误的记账凭证进行记账。

（5）进行银行对账。1 月 31 日，由操作员 03 张怡根据下列业务进行银行对账。

①银行对账期初。

银行对账的启用日期为 2020 年 1 月 1 日，单位银行存款日记账（工行）最后一次银行对账期末余额为 600 000 元。2019 年 12 月 30 日企业已付银行未付 20 000 元，记账凭证 19 号，结算方式为转账支票，票号为 1021；银行对账单的最后一次银行对账期末余额为 620 000 元。

②工行发来对账单，如表 2-11 所示。

表 2-11　工行对账单数据

日期	结算方式	票号	借方金额 / 元	贷方金额 / 元	余额 / 元
2020.01.01	转账支票	1021		20 000.00	600 000.00
2020.01.01	网银转账	60022		27 120.00	572 880.00
2020.01.10	商业汇票	6888	20 340.00		593 220.00

续表

日期	结算方式	票号	借方金额 / 元	贷方金额 / 元	余额 / 元
2020.01.15	商业汇票	7001	49 604.17		642 824.17
2020.01.25	商业汇票	5001		11 300.00	631 524.17
2020.01.30	转账支票	2701	30 000.00		661 524.17
2020.01.31	转账支票	1061		10 000.00	651 524.17

2.3.2　任务实施

1. 凭证管理

1）填制凭证

在总账管理系统中，当完成系统初始化之后，即可以进行日常业务处理。日常业务处理主要包括填制凭证、审核凭证、记账、凭证汇总、查询等内容。

记账凭证是登记账簿的依据，是总账管理系统的唯一数据源，填制凭证也是最基础和频繁的工作。在实现运用计算机进行账务处理后，电子账簿的准确与完整完全依赖于记账凭证，因此在实际工作中，必须确保准确完整地输入记账凭证。

填制记账凭证
（微课）

（1）增加凭证。

① 2020 年 1 月 1 日，由 02 李佳登录企业应用平台。

②执行【业务工作】/【财务会计】/【总账】/【凭证】/【填制凭证】命令，打开【填制凭证】窗口。

③单击【增加】按钮，增加一张新凭证，如图 2–5 所示。

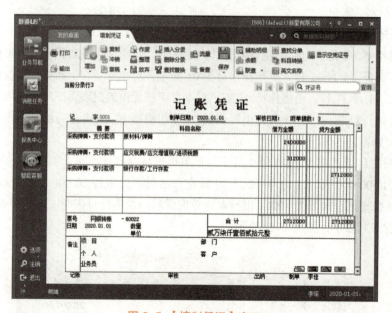

图 2-5 【填制凭证】窗口

a. 凭证类别。单击"参照"按钮，参照选择一个类别，确定后双击或按 Enter 键，系统将自动生成凭证编号。

b. 凭证编号。如果在【选项】对话框中选择"系统编号"选项，则由系统按时间顺序自动编号。否则，需要手工编号，允许最大凭证号为 32767。系统规定每页凭证可以有 5 笔分录，当某号凭证不止一页，系统自动在凭证号后标上几分之一，如"收 –0001 号 0002/0003"表示收款凭证第 0001 号凭证共有 3 张分单，当前光标所在分录在第 2 张分单上。

c. 制单日期。系统自动取当前业务日期为记账凭证填制的日期，可修改。

d. 附单据数。在"附单据数"处输入原始单据张数，输入完毕按 Enter 键。

e. 凭证自定义项：该项是自定义的凭证补充信息。输入方法为：用户根据需要输入，单击【填制凭证】窗口右上角的文本框输入即可。

f. 摘要。摘要是指经济业务的简要内容，要求简洁明了，单击"参照"按钮调出常用摘要库输入常用摘要，但常用摘要的输入不会清除原来输入的内容。

g. 会计科目。必须输入末级会计科目。可以输入科目编码、中文科目名称、英文科目名称或助记码。输入科目时可在"科目名称"栏中单击【参照】按钮参照录入。

h. 辅助信息。如果科目设置了辅助核算属性，则在这里还要输入辅助信息，如结算方式、部门、个人、项目、客户、供应商、数量、自定义项等。在这里输入的辅助信息将在凭证下的"备注"中显示。

i. 金额。录入该笔分录的借方或贷方本位币发生额（如果有数量核算，则输入数量和单价后会自动计算出金额，如果有外币核算，输入外币的原币金额和汇率后也会自动计算出本位币金额），金额不能为零，但可以是红字，红字金额以负数形式输入。如果方向不符，可按 Space键调整金额方向。

④输入完毕，单击【保存】按钮保存这张凭证。系统提示"凭证已成功保存！"，单击【确定】按钮。

⑤重复步骤③～④，继续输入其他凭证。输入完毕，关闭【填制凭证】窗口，返回企业应用平台。

（2）修改凭证。

①在【填制凭证】窗口中，通过【◀ ◀ ▶ ▶▶】按钮翻页查找或单击【查询】按钮输入查询条件，找到要修改的凭证。

②将光标移到要修改的位置即可直接修改。

③如果辅助项有错误，可以直接双击要修改的辅助项，在辅助信息栏中，直接修改要修改的内容。

④若要修改金额方向，可以在当前金额的相反方向按 Space 键。

⑤若希望当前分录的金额为其他所有分录的借贷方差额，则在金额处按等号（"="）键。

⑥单击【增行】按钮可以在当前分录前插入一条分录。单击【删行】按钮可以删除当前光标所在行的分录。

⑦修改完毕，单击【保存】按钮保存对当前凭证的修改，单击【放弃】按钮放弃对当前凭证的修改。

温馨提示

（1）对已输入但未审核的错误凭证，通过凭证的编辑功能进行直接修改或删除，但凭证编号不能修改。

（2）对已审核但未记账的错误凭证，先取消审核，再通过凭证的编辑功能进行修改。

（3）若已经记账的凭证有错误，不能直接修改，可采用红字冲销法或补充登记法进行修改。

（3）作废及删除凭证。

①在【填制凭证】窗口中，通过【◄◄ ◄ ► ►►】按钮翻页查找或单击【查询】按钮输入查询条件，找到要删除的凭证。

②单击【作废】按钮。凭证左上角显示"作废"字样，表示该凭证已作废。

温馨提示

（1）作废凭证仍保留凭证内容及编号，只显示"作废"字样。

（2）作废凭证不能修改，不能审核。

（3）只能对未记账的凭证做凭证整理。

（4）对已记账凭证做整理，应先取消记账，再做凭证整理。

③如果不想保留作废凭证，可以单击【整理】按钮，选择要整理的月份，单击【确定】按钮，打开【作废凭证表】对话框，双击删除栏选择要真正删除的作废凭证，出现"Y"时再单击【确定】按钮，系统提示"是否还需整理凭证断号？"，单击【是】按钮，则将这些凭证从数据库中删除掉，并对剩下的凭证重新编号。

2）审核凭证

温馨提示

（1）审核凭证是审核员按照财会制度，对制单员填制的记账凭证进行检查核对，审核中发现错误或有异议的凭证时，应标错后交给填制人员修改后再审核签章。

（2）对于收付款凭证，审核凭证前要进行出纳签字。

（1）出纳签字。

①在企业应用平台中，执行窗口左下角的【注销】命令，将操作员更换为具有出纳权限的操作员 03 张怡。

②在企业应用平台中，执行【业务工作】/【财务会计】/【总账】/【凭证】/【出纳签字】命令，打开【出纳签字】对话框。

出纳签字（微课）

③单击【全部】单选按钮，然后单击【确定】按钮，系统显示全部收付款凭证。

④双击第一张凭证，检查待签字的记账凭证，确认无误后执行【签字】/【签字】命令，凭证底部的"出纳"处自动签上当前出纳员的名字。

⑤单击【▶】按钮，继续对其他凭证进行出纳签字，也可执行【签字】/【成批出纳签字】命令，将全部出纳凭证签字。

⑥全部签字完毕，系统提示"是否重新刷新凭证列表数据？"，单击【是】按钮。再单击出纳签字右边的【✖】按钮，退出出纳签字操作。

（2）审核凭证。

①在企业应用平台中，执行窗口左下角的【注销】命令，将操作员更换为具有审核权限的操作员 01 陈宇。

审核凭证（微课）

②在企业应用平台中，执行【业务工作】/【财务会计】/【总账】/【凭证】/【审核凭证】命令，打开【凭证审核】对话框。

③单击【全部】单选按钮，然后单击【确定】按钮，系统显示全部凭证。

④双击第一张凭证，检查待审核的记账凭证，确认无误后执行【审核】/【审核】命令，凭证底部的"审核"处自动签上当前审核员的名字，同时调出下一张凭证。

⑤继续对其他凭证进行审核。检查后，如认为有错误，可单击【标错】按钮，凭证左上角显示"有错"字样，同时填写凭证错误原因（内容不多于255个字符），交由制单人进行修改后再进行审核签字。也可执行【审核】/【成批审核凭证】命令，对全部凭证进行审核签字。

⑥全部凭证审核完毕，单击【确定】按钮，系统提示"是否重新刷新凭证列表数据？"，单击【是】按钮，再单击审核凭证右边的【✖】按钮，退出审核操作。

温馨提示

（1）涉及指定科目的凭证，需出纳签字。

（2）凭证一经签字，就不能被修改或删除。只有取消签字后，才可以修改或删除，取消签字只能由出纳人员、审核人员自己进行。

（3）在确定凭证无误时，可以使用成批出纳签字、成批审核凭证功能，以便加快签字速度，但请慎用。

（4）审核人和制单人不能同为一人。

（5）凭证必须经过审核才能记账。

3）记账

（1）在企业应用平台中，执行【业务工作】/【财务会计】/【总账】/【凭证】/【记账】命令，打开【记账】对话框，如图2-6所示。

记账（微课）

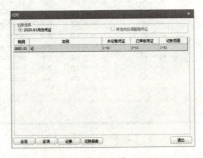

图2-6 【记账】对话框

（2）单击【全选】按钮，再单击【记账】按钮，系统弹出【期初试算平衡表】对话框，显示试算结果平衡。

（3）若需打印，单击【打印】按钮，否则直接单击【确定】按钮，此时系统开始登录有关的总账和明细账、辅助账。结束后，系统弹出【记账完毕！】提示对话框，单击【确定】按钮。

（4）系统显示【记账报告】，可进行打印、预览、输出，最后单击【退出】按钮。

温馨提示

（1）第一次记账时，若期初余额试算不平衡，则不能记账。

（2）若上月未记账，则本月不能记账。

（3）未审核凭证不能记账。

4）凭证查询

（1）在企业应用平台中，执行【业务工作】/【财务会计】/【总账】/【凭证】/【查询凭证】命令，打开【凭证查询】对话框，如图 2-7 所示。

图 2-7 【凭证查询】对话框

（2）选择"凭证类别"，如"记账凭证"，单击【确定】按钮，系统会把所有记账凭证列表，如图 2-8 所示。

查询凭证列表

制单日期	凭证编号	摘要	借方金额合计	贷方金额合计	制单人	审核人	审核日期	记账人	出纳签字人
2020-01-01	记-0001	采购弹簧,支付…	27,120.00	27,120.00	李佳	陈宇	2020-01-31	陈宇	张怡
2020-01-02	记-0002	收到外商投资款	69,973.00	69,973.00	李佳	陈宇	2020-01-31	陈宇	张怡
2020-01-02	记-0003	销售产品尚未收…	186,320.00	186,320.00	李佳	陈宇	2020-01-31	陈宇	张怡
2020-01-10	记-0004	票据到期,收到…	20,340.00	20,340.00	李佳	陈宇	2020-01-31	陈宇	张怡
2020-01-10	记-0005	收到洁美公司货…	50,000.00	50,000.00	李佳	陈宇	2020-01-31	陈宇	张怡
2020-01-15	记-0006	将洁美公司票据…	50,000.00	50,000.00	李佳	陈宇	2020-01-31	陈宇	张怡
2020-01-25	记-0007	支付商业承兑汇…	11,300.00	11,300.00	李佳	陈宇	2020-01-31	陈宇	张怡
2020-01-31	记-0008	计提坏账准备	950.85	950.85	李佳	陈宇	2020-01-31	陈宇	
2020-01-31	记-0009	分配本月工资费用	132,640.89	132,640.89	李佳	陈宇	2020-01-31	陈宇	
2020-01-31	记-0010	计提本月折旧费用	12,657.30	12,657.30	李佳	陈宇	2020-01-31	陈宇	
2020-01-31	记-0011	生产领用原材料	135,120.00	135,120.00	李佳	陈宇	2020-01-31	陈宇	
合计			696,422.04	696,422.04					

共 11 条记录　　　　　　　　　　　　　　　　　　　　凭证共 11 张　已审核 11 张　未审核 0 张

图 2-8 【查询凭证列表】窗口

（3）双击需要查询的凭证号，系统显示需要查询的凭证。

（4）在各会计分录间移动光标，备注栏将动态显示该分录的辅助信息。

（5）查询完毕，单击查询凭证右边的【 ✕ 】按钮，返回【查询凭证列表】窗口。

2. 出纳管理

出纳管理是为了便于出纳人员完成出纳工作，用友软件为出纳人员提供的一套管理工具，它可查询、打印输出现金日记账、银行存款日记账，进行银行对账及管理支票登记簿，并可对长期未达账项提供审计报告。

1）日记账与资金日报表

（1）2020 年 1 月 31 日，由 03 张怡登录企业应用平台。

（2）执行【业务工作】/【财务会计】/【总账】/【出纳】/【现金日记账】命令，打开【现金日记账】对话框，单击【确定】按钮，打开【现金日记账】窗口，即可查询现金日记账，查询完毕，单击现金日记账右边的【×】按钮。

（3）在企业应用平台中，执行【业务工作】/【财务会计】/【总账】/【出纳】/【银行日记账】命令，打开【银行日记账】对话框，输入查询条件后，单击【确定】按钮，打开【银行日记账】窗口，即可查询银行存款日记账，查询完毕，单击银行日记账右边的【×】按钮。

（4）在企业应用平台中，执行【业务工作】/【财务会计】/【总账】/【出纳】/【资金日报】命令，打开【资金日报表】对话框，输入查询条件后，单击【确定】按钮，打开【资金日记表】窗口，即可查询资金日报表，查询完毕，单击资金日报表右边的【×】按钮。

2）支票登记簿

（1）在企业应用平台中，执行【业务工作】/【财务会计】/【总账】/【出纳】/【支票登记簿】命令，打开【银行科目选择】对话框。

（2）选择银行科目，单击【确定】按钮，打开【支票登记簿】窗口。

（3）单击【增行】按钮，依次输入领用日期、领用部门、领用人、支票号、预计金额、用途、收款人、付款银行名称、银行账号、预计转账日期、报销日期、实际金额、支票密码等。

（4）登记完毕，单击支票登记簿右边的【×】按钮。

3）银行对账

（1）银行对账期初录入。

①在企业应用平台中，执行【业务工作】/【财务会计】/【总账】/【出纳】/【银行对账】/【银行对账期初录入】命令，打开【银行科目选择】对话框，选择"工行存款（100201）"科目后，单击【确定】按钮，打开【银行对账期初】对话框，如图2-9所示。

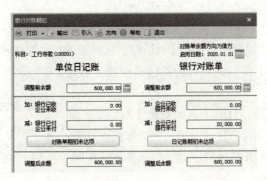

图2-9 【银行对账期初】对话框

②录入银行对账的启用日期、单位日记账及银行对账单的调整前余额。

③录入银行对账单及单位银行存款日记账的期初未达项，系统将根据调整前余额及期初未达项自动计算出银行对账单与单位日记账的调整后余额。

④若录入正确，则单位日记账与银行对账单的调整后余额应平衡，录入完毕，单击【退出】按钮。

温馨提示

（1）为了及时发现记账差错，正确掌握银行存款的实际余额，单位必须将银行存款日记账与开户银行出具的银行对账单进行定期核对，并编制银行存款余额调节表和未达账报告。

（2）为了保证银行对账的正确性，第一次使用银行对账功能进行对账之前，必须先将启用日期之前的企业银行存款日记账余额、银行对账单余额及双方未达账项录入系统。在开始使用银行对账之后一般不再使用。

（2）银行对账单。

①在企业应用平台中，执行【业务工作】/【财务会计】/【总账】/【出纳】/【银行对账】/【银行对账单】命令，打开【银行科目选择】对话框。选择指定银行科目后，单击【确定】按钮，打开【银行对账单】窗口，如图 2-10 所示。

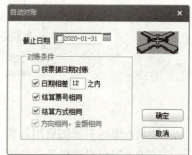

图 2-10 【银行对账单】窗口

②单击【增行】按钮，即可录入一笔银行对账单，录入日期、结算方式、票号、金额等信息后，按 Enter 键，系统在余额栏自动计算银行对账单最新余额并换到下一行，继续录入银行对账单。

③全部录入完毕，单击银行对账单右边的【×】按钮。

（3）银行对账。

①在企业应用平台中，执行【业务工作】/【财务会计】/【总账】/【出纳】/【银行对账】/【银行对账】命令，打开【银行科目选择】对话框。选择要进行对账的银行科目后，单击【确定】按钮，打开【银行对账】窗口，左边为单位日记账，右边为银行对账单。

②单击【对账】按钮，打开【自动对账】对话框，如图 2-11 所示。在截止日期处直接或参照输入对账截止日期，系统默认的对账条件为日期相差 12 天之内、结算方式相同、票号相同。

③单击【确定】按钮，系统进行自动对账。自动对账完成后，对账两清的业务在"两清"栏打上圆圈标志并用不同的颜色加以区分，如图 2-12 所示。对于一些应勾对而未勾对的账项，可直接进行手工调整，即分别在"两清"栏双击。

图 2-11 【自动对账】对话框

（4）编制银行存款余额调节表。

①在企业应用平台中，执行【业务工作】/【财务会计】/【总账】/【出纳】/【银行对账】/【余额调节表查询】命令，打开【银行存款余额调节表】窗口。

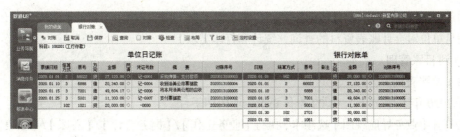

图 2-12 【银行对账】窗口

②屏幕显示所有银行科目的账面余额及调整余额。如果查看某科目的调节表，则将光标移到该科目上，双击该行，则可查看该银行账户的银行存款余额调节表，如图 2-13 所示。

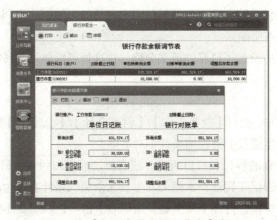

图 2-13 【银行存款余额调节表】窗口

（5）查询对账勾对情况。

①在企业应用平台中，执行【业务工作】/【财务会计】/【总账】/【出纳】/【银行对账】/【查询对账勾对情况】命令，打开【银行科目选择】对话框。

②选择所要查询银行勾对情况的银行科目，然后选择查询方式。系统提供全部显示、显示未达账、显示已达账等 3 种查询方式，系统默认全部显示。

③选择查询条件后，单击【确定】按钮，打开【查询银行勾对情况】窗口，查看银行对账单勾对情况。

（6）核销银行账。

①在企业应用平台中，执行【业务工作】/【财务会计】/【总账】/【出纳】/【银行对账】/【核销银行账】命令，打开【核销银行账】对话框。

②选择要核销的银行科目，单击【确定】按钮即可。核销后系统只显示未达账，但不影响银行存款日记账的查询和打印。

3. 账表管理

会计账簿是以会计凭证为依据，对经济业务进行全面、系统、连续、分类地记录和核算，并按照专门格式以一定形式结合在一起的账页所组成的。在会计信息系统应用中，账簿分为基本核算账簿和辅助核算账簿两大类。基本核算账簿包括总账、余额表、明细账、序时账、多栏账、综合多栏账和日报表等。辅助核算账簿包括客户往来辅助账、供应商往来辅助账、个人往来辅助账、部门辅助账和项目辅助账等。在账表管理中，系统提供了丰富的账表查询输出功能，用以满足单位对会计账表资料的查询、统计和打印需求。

1）科目账管理

（1）总账查询。

① 2020 年 1 月 31 日，由 02 李佳登录企业应用平台。

②打开【业务导航视图】选项卡，执行【业务工作】/【财务会计】/【总账】/【账表】/【科目账】/【总账】命令，打开【总账查询条件】对话框。

③选择或输入要查询的科目和科目级次，或直接选择查询到末级科目；同时选择是只查询已记账凭证，还是包含未记账凭证。输入完毕，单击【确定】按钮，打开【总账】窗口。

④在查询结果界面，可以单击科目下拉框，选择需要查看的科目。

⑤单击【明细】按钮，即可联查当前科目当前月份的明细账。当期初余额或上年结转所在行为当前行时，不能联查明细账。

⑥如果在会计科目中设置了科目的英文名称，在这里可以通过【转换】按钮进行中、英文科目名称转换。

（2）余额表查询。

①在企业应用平台中，执行【业务工作】/【财务会计】/【总账】/【账表】/【科目账】/【余额表】命令，打开【发生额及余额查询条件】对话框。

②选择或输入要查询的科目和科目级次，或直接选择查询到末级科目；同时选择是只查询已记账凭证，还是包含未记账凭证，本期无发生、无余额、累计有发生的科目是否显示等。输入完毕，单击【确定】按钮，打开【发生额及余额表】窗口，如图 2–14 所示。

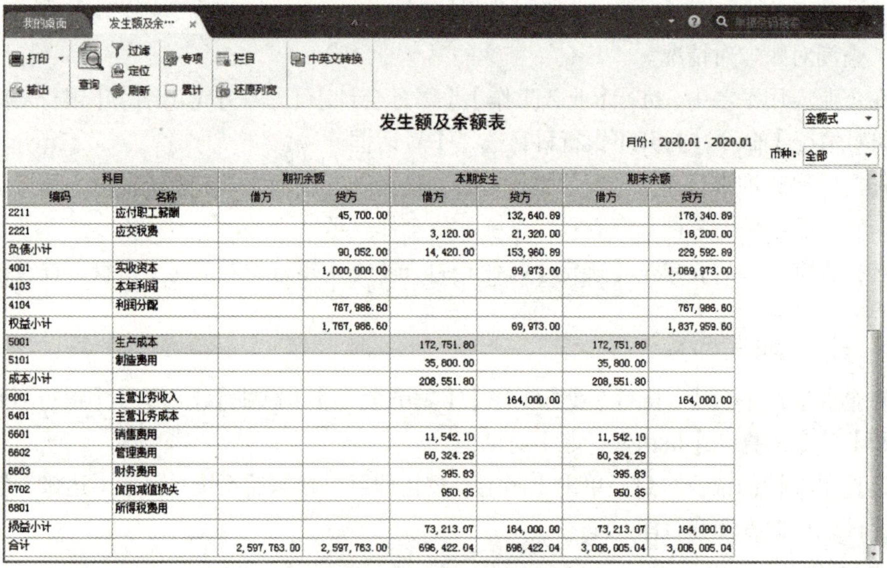

发生额及余额表

科目		期初余额		本期发生		期末余额	
编码	名称	借方	贷方	借方	贷方	借方	贷方
2211	应付职工薪酬		45,700.00		132,640.89		178,340.89
2221	应交税费			3,120.00	21,320.00		18,200.00
负债小计			90,052.00	14,420.00	153,960.89		229,592.89
4001	实收资本		1,000,000.00		69,973.00		1,069,973.00
4103	本年利润						
4104	利润分配		767,986.60				767,986.60
权益小计			1,767,986.60		69,973.00		1,837,959.60
5001	生产成本			172,751.80		172,751.80	
5101	制造费用			35,800.00		35,800.00	
成本小计				208,551.80		208,551.80	
6001	主营业务收入				164,000.00		164,000.00
6401	主营业务成本						
6601	销售费用			11,542.10		11,542.10	
6602	管理费用			60,324.29		60,324.29	
6603	财务费用			395.83		395.83	
6702	信用减值损失			950.85		950.85	
6801	所得税费用						
损益小计				73,213.07	164,000.00	73,213.07	164,000.00
合计		2,597,763.00	2,597,763.00	696,422.04	696,422.04	3,006,005.04	3,006,005.04

图 2–14 【发生额及余额表】窗口

在查询结果界面，可以移动滚动条查询所有科目的发生额及余额、期初余额合计、本期发生额合计、期末余额合计数。

单击屏幕右上方账页格式下拉框，可以查询金额式、外币金额式、数量金额式、数量外币式账页的发生额及余额。

（3）明细账查询。

明细账查询用于平时查询各账户的明细发生情况，及按任意条件组合查询明细账。在查询过程中可以包含未记账凭证。本功能提供了 3 种明细账的查询格式：普通明细账、按科目排序明细账、月份综合明细账。普通明细账是按科目查询，按发生日期排序的明细账；按科目排序明细账是按非末级科目查询，按其有发生的末级科目排序的明细账；月份综合明细账是按非末级科目查询，包含非末级科目总账数据及末级科目明细数据的综合明细账，它使用户对各级科目的数据关系一目了然。

（4）多栏账查询。

多栏账是总账管理系统中一个很重要的功能，可以使用本功能设计自己企业需要的多栏明细账，按明细科目保存为不同的多栏账名称，在以后的查询中只需要选择多栏明细账直接查询即可，方便快捷，自由灵活，可按明细科目自由设置不同样式的多栏账。

2）辅助账管理

辅助账管理包括客户往来辅助账、供应商往来辅助账、个人往来账、部门辅助账、项目辅助账等内容，其查询方法与科目账查询方法基本相同，不再赘述。

任务 2.4　总账管理系统期末处理

2.4.1　任务布置

新星有限公司 2020 年 1 月已经完成了日常业务处理，请根据以下任务进行期末处理操作。

（1）定义转账凭证。1 月 31 日，由 02 李佳在总账管理系统中定义期末自动转账凭证（该公司一车间生产单色笔，二车间生产三色笔）。

①1 月 31 日，结转"制造费用"到"生产成本"账户（各附单据 1 张）。

借：生产成本 / 制造费用（单色笔）　　　　　　　　　　JG（　　）
　　贷：制造费用 / 职工薪酬（一车间）　　　　　　　　FS（510101，月，借，5）
　　　　制造费用 / 折旧费（一车间）　　　　　　　　　FS（510102，月，借，5）
　　　　制造费用 / 其他（一车间）　　　　　　　　　　FS（510103，月，借，5）
借：生产成本 / 制造费用（三色笔）　　　　　　　　　　CE（　　）
　　贷：制造费用 / 职工薪酬（二车间）　　　　　　　　FS（510101，月，借，6）
　　　　制造费用 / 折旧费（二车间）　　　　　　　　　FS（510102，月，借，6）
　　　　制造费用 / 其他（二车间）　　　　　　　　　　FS（510103，月，借，6）

②1 月 31 日，本月生产的单色笔 80 000 支、三色笔 60 000 支全部完工，结转本月完工入库产品成本（附单据 1 张）。

借：库存商品 / 单色笔　　　　　　　　　　　　　　　　JG（　　）
　　贷：生产成本 / 直接材料（单色笔）　　　　　　　　QM（500101，月，，101）
　　　　生产成本 / 直接人工（单色笔）　　　　　　　　QM（500102，月，，101）
　　　　生产成本 / 制造费用（单色笔）　　　　　　　　QM（500103，月，，101）

借：库存商品／三色笔　　　　　　　　　　　JG（　）

　贷：生产成本／直接材料（三色笔）　　　　QM（500101，月，，102）

　　　生产成本／直接人工（三色笔）　　　　QM（500102，月，，102）

　　　生产成本／制造费用（三色笔）　　　　QM（500103，月，，102）

③1月31日，结转本月已销商品成本（附单据1张）。

库存商品科目：1405。

商品销售收入科目：6001。

商品销售成本科目：6401。

④1月31日，进行期末汇兑损益结转（附单据1张）。

汇兑损益转入科目为"财务费用／汇兑损益"科目。

⑤1月31日，结转本月各损益类账户发生额到"本年利润"账户（附单据1张）。

凭证类别：记账凭证；本年利润科目：4103。

凭证生成时，收入生成一次，费用支出生成一次。

⑥1月31日，按本月"利润总额"的25%（所得税税率）计算应交所得税（附单据1张）。

借：所得税费用　　　　（FS（4103，月，贷）－FS（4103，月，借））*0.25

　贷：应交税费／应交企业所得税　　　　　　　　　　　　　JG（　）

⑦1月31日，将"所得税费用"账户本期借方发生额转入"本年利润"账户（附单据1张）。

（2）生成转账凭证。1月31日，由02李佳在总账管理系统中生成期末自动转账凭证。

（3）进行月末对账和结账。1月31日，更换操作员为01陈宇，进行期末对账和结账。

2.4.2　任务实施

1. 自动转账

　　企业期末处理的业务有许多是重复性、程序化的，并且处理方法相对不变，如月末结转制造费用、月末结转已销产品成本、月末计提坏账准备、月末各收支类账户结转"本年利润"账户等。这类业务编制凭证时，其摘要、借贷方科目始终不变，金额来源、计算方法也基本不变。这样就可以把这些相对固定的期末业务预先定义好凭证框架，并为其定义好账务取数公式，以后只要每月月末调用自动转账凭证的编号，即可由计算机自动生成转账凭证，这就是自动转账。

　　1）定义自动转账凭证

　　定义自动转账凭证主要包括自定义转账、对应结转、销售成本结转、汇兑损益结转、期间损益结转等。

　　（1）自定义转账。

温馨提示

　　（1）为了实现各个企业不同时期期末会计业务处理的通用性，用户可以自行定义自动转账凭证以完成每个会计期末的固定会计业务的自动转账。

　　（2）自定义转账功能可以完成费用分配、费用分摊、税金的计算、各项费用的提取、部门核算、项目核算、个人核算、客户核算、供应商核算的结转等。可见，自定义转账适用于所有自动转账业务。

　　（3）转账编号不是凭证号，转账凭证的凭证号在每月转账时自动产生。

（4）如果客户和供应商使用应收、应付系统管理，那么，在总账管理系统中，不能按客户、供应商辅助项进行结转，只能按科目总数进行结转。

下面具体定义"分配结转—车间本月制造费用"的自定义转账凭证。

①2020年1月1日，由02李佳登录企业应用平台。

②执行【业务工作】/【财务会计】/【总账】/【期末】/【转账定义】/【自定义转账】命令，打开【自定义转账设置】窗口。

③单击【增加】按钮，打开【转账目录】对话框，如图2-15所示。输入转账序号、转账说明，选择凭证类别，单击【确定】按钮，返回【自定义转账设置】窗口。

结转制造费用
（微课）

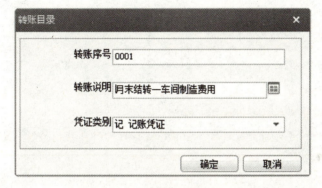

图2-15 【转账目录】对话框

④单击【增行】按钮，开始定义以下转账凭证分录信息。

⊙摘要：录入每笔转账凭证分录的摘要，可单击【参照】按钮。

⊙科目编码：录入每笔转账凭证分录的科目，可单击【参照】按钮。

⊙部门：当输入的科目为部门核算科目时，如要按某部门进行结转，需在此处指定部门，若此处不输入，即表示按所有部门进行结转，对于非部门核算科目，此处不必输入。

⊙个人：当输入的科目为个人往来核算科目时，如要按某个人进行结转，需在此处指定个人，若此处不输入，即表示按所有个人进行结转，对于非个人往来科目，此处不必输入。

⊙客户：当输入的科目为客户往来科目时，如要按某客户进行结转，需在此处指定客户，若此处不输入，即表示按所有客户进行结转，对于非客户核算科目，此处不必输入。

⊙供应商：当输入的科目为供应商往来科目时，如要按某供应商进行结转，需在此处指定供应商，若此处不输入，即表示按所有部门进行结转，对于非供应商往来科目，此处不必输入。

⊙项目：当输入的科目为项目核算科目时，如要按某项目进行结转，需在此处指定项目，若此处不输入，即表示按所有项目进行结转，对于非项目核算科目，此处不必输入。

⊙方向：输入转账数据发生的借贷方向，双击该栏，可选择方向。

⊙金额公式：单击【参照】按钮，定义计算公式。

⑤公式录入完毕，单击【增行】按钮，可继续编辑下一行转账分录。

⑥定义完一笔转账分录，单击【保存】按钮，如图2-16所示。

⑦重复步骤③~⑥，继续定义其他自动转账凭证，全部定义完毕，单击【退出】按钮。

图 2-16 【自定义转账设置】窗口

（2）对应结转。

温馨提示

（1）对应结转可用于费用结转、费用分摊、应交税费结转、年度利润结转等转账业务。

（2）对应结转不仅可以进行两个科目的一对一结转，还可以进行科目的一对多结转，但必须知道多个科目的转入比例。

（3）对应结转的科目可为上级科目，但其下级科目的科目结构必须一致（明细科目相同），如有辅助核算，则两个科目的辅助账类也必须一一对应。

（4）对应结转功能只结转期末余额，如想结转发生额，请在"自定义结转"中设置。

①在企业应用平台中，执行【业务工作】/【财务会计】/【总账】/【期末】/【转账定义】/【对应结转】命令，打开【对应结转设置】窗口，如图 2-17 所示。

结转所得税费用（微课）

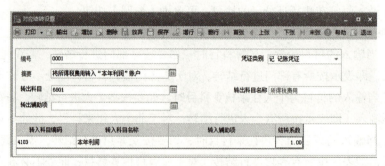

图 2-17 【对应结转设置】窗口

②在"编号"文本框中输入"0001"；选择"凭证类别"为"记账凭证"；在"摘要"文本框中输入"将所得税费用转入'本年利润'账户"；在"转出科目"文本框中，单击【参照】按钮，选出所得税费用的编码为"6801"；在"转出科目名称"文本框自动显示"所得税费用"。

③单击【增行】按钮，在"转入科目编码"栏中输入"本年利润"科目编码为"4103"，在"结转系数"栏中输入"1"，单击【保存】按钮。

④单击【增加】按钮，可继续定义下一笔对应结转分录，全部定义完毕，单击【✕】按钮。

（3）销售成本结转。

①在企业应用平台中，执行【业务工作】/【财务会计】/【总账】/【期末】/【转

结转已销商品成本（微课）

账定义】/【销售成本结转】命令，打开【销售成本结转设置】对话框，如图 2-18 所示。

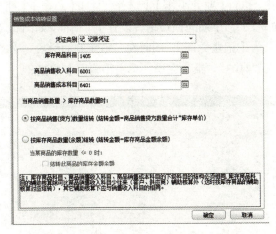

图 2-18 【销售成本结转设置】对话框

②选择凭证类别，输入或对照选入库存商品、主营业务收入、主营业务成本等 3 个科目的编码，单击【确定】按钮。

温馨提示

（1）销售成本结转是将月末商品销售数量乘以库存商品的平均单价，计算各类商品销售成本并进行结转。

（2）定义销售成本结转时，要求库存商品科目、主营业务收入科目、主营业务成本科目及下级科目的结构必须相同（即所有明细科目都有数量核算，同时都不能有辅助核算）。

（3）如果想对辅助类科目进行销售成本的自动结转，可在"自定义结转"中加以定义。

（4）汇兑损益结转。

①在企业应用平台中，执行【业务工作】/【财务会计】/【总账】/【期末】/【转账定义】/【汇兑损益】命令，打开【汇兑损益结转设置】对话框，如图 2-19 所示。

结转汇兑损益

（微课）

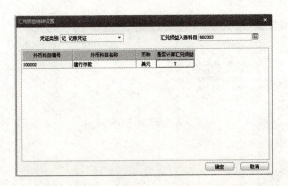

图 2-19 【汇兑损益结转设置】对话框

②选择"凭证类别"为"记账凭证"，同时在"汇兑损益入账科目"文本框中单击【参照】按钮参照录入"660303"。录入完毕，双击"是否计算汇兑损益"栏，出现"Y"时，单击【确定】按钮。

（5）期间损益结转。

①在企业应用平台中，执行【业务工作】/【财务会计】/【总账】/【期末】/【转账定义】/【期间损益】命令，打开【期间损益结转设置】对话框，如图2-20所示。

期间损益结转
（微课）

②选择"凭证类别"为【记账凭证】，同时在"本年利润科目"文本框中单击【参照】按钮参照录入"4103"。录入完毕，单击【确定】按钮。

凭证类别	记账凭证		本年利润科目	4103	
损益科目编号	损益科目名称	损益科目账类	本年利润科目编码	本年利润科目名称	本年利润科目账类
600101	单色笔		4103	本年利润	
600102	三色笔		4103	本年利润	
6011	利息收入		4103	本年利润	
6051	其他业务收入		4103	本年利润	
6061	汇兑损益		4103	本年利润	
6101	公允价值变动损益		4103	本年利润	
6111	投资收益		4103	本年利润	
6115	资产处置损益		4103	本年利润	
6301	营业外收入		4103	本年利润	
640101	单色笔		4103	本年利润	
640102	三色笔		4103	本年利润	
6402	其他业务成本		4103	本年利润	
6403	营业税金及附加		4103	本年利润	
6411	利息支出		4103	本年利润	

每个损益科目的期末金额将结转到与其同一行的本年利润科目中。若损益科目与之对应的本年利润科目都有辅助核算，那么两个科目的辅助账类必须相同。损益科目为空的则期间损益结转不参与

打印   预览   确定   取消

图2-20 【期间损益结转设置】对话框

温馨提示

（1）期间损益结转用于在一个会计期间终了将损益类账户的余额结转到本年利润账户中。

（2）若损益类科目与本年利润科目都有辅助核算，辅助账类必须相同。

（3）本年利润科目必须为末级科目。

2）生成自动转账凭证

（1）在企业应用平台中，执行【业务工作】/【财务会计】/【总账】/【期末】/【转账生成】命令，打开【转账生成】对话框，如图2-21所示。

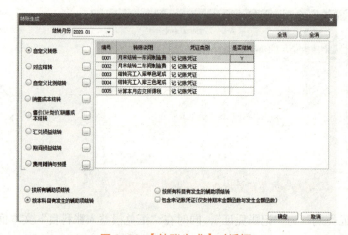

图2-21 【转账生成】对话框

（2）在"结转月份"下拉列表框中选择"2020.01"选项，单击【自定义转账】单选按钮。

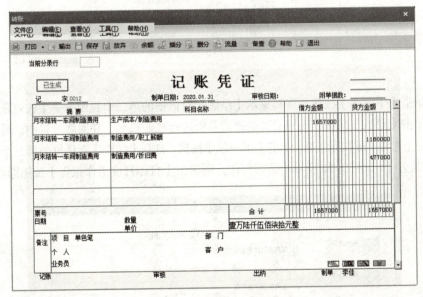

温馨提示

（1）转账生成之前，注意转账月份为当前会计月份。

（2）进行转账生成之前，应将相关经济业务的记账凭证登记入账。

（3）每张自动转账凭证，每月只生成一次。

（4）在生成凭证时，必须注意业务发生的先后次序，否则计算金额时容易出现差错。

（5）生成期间损益凭证时，收入、支出分别生成。

（6）生成的转账凭证，仍须审核后才能记账。

（3）在 0001 号凭证的"是否结转"栏双击，显示"Y"。

（4）单击【确定】按钮，显示生成的转账凭证。

（5）若"凭证类别""制单日期"和"附单据数"与实际情况略有出入，可直接在当前凭证上进行修改即可。

（6）当确定系统显示的凭证是希望生成的转账凭证时，单击【保存】按钮，将当前凭证追加到未记账凭证中，如图 2-22 所示。操作完毕，单击【退出】按钮。

图 2-22　生成自定义转账凭证

2.对账和结账

无论是在手工方式下，还是在会计信息系统应用中，每一个会计期末都要对本会计期间的会计业务进行期末对账与结账，并要求在结账前进行试算平衡。

1）对账

（1）在企业应用平台中，执行【业务工作】/【财务会计】/【总账】/【期末】/【对账】命令，打开【对账】窗口，如图 2-23 所示。

（2）选择要对账的会计期间，双击"是否

图 2-23　【对账】窗口

对账"栏，出现"Y"。

（3）单击【对账】按钮，系统开始自动对账。

（4）若对账结果为账账相符，则对账月份的对账结果处显示"正确"；若对账结果为账账不符，则对账月份的对账结果处显示"错误"。单击"错误"可查看引起账账不符的原因。

（5）单击【试算】按钮，打开【试算平衡表】对话框，可以对各科目类别余额进行试算平衡。对账完毕，单击【退出】按钮。

2）结账

（1）在企业应用平台中，执行【业务工作】/【财务会计】/【总账】/【期末】/【结账】命令，打开【结账】对话框的第一个界面——【开始结账】，如图2-24所示。

图2-24 【结账】对话框（开始结账）

（2）单击【下一步】按钮，屏幕显示【结账】对话框的第二个界面——【核对账簿】。

（3）单击【对账】按钮，系统对要结账的月份进行账账核对，在对账过程中，可单击【停止】按钮中止对账，对账完成后，单击【下一步】按钮，打开【结账】对话框的第三个界面——【月度工作报告】，如图2-25所示。若需打印，则单击【打印月度工作报告】按钮即可。

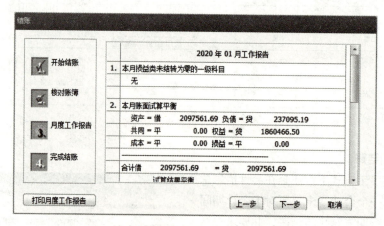

图2-25 【结账】对话框（月度工作报告）

（4）查看工作报告后，单击【下一步】按钮，打开【结账】对话框的第四个界面——【完成结账】。单击【结账】按钮，若符合结账要求，系统将进行结账，否则不予结账。

温馨提示

（1）上月未结账，则本月不能记账，但可以填制、复核凭证。

（2）如本月还有未记账凭证，则本月不能结账。

（3）已结账月份不能再填制凭证。

（4）结账只能由有结账权的人进行。

（5）若总账与明细账对账不符，则不能结账。

（6）结账是当月期末处理的最后一项工作，结账只能在月末进行一次，而且必须按月连续进行。

常见问题分析

问题一：启用总账时，为什么看不到建立的操作员？

原因分析及解决办法：先检查授权，看是否先选择了账套，再选择操作员，然后才进行的授权操作；授权时当前操作员是否有总账的权限。

问题二：在录入凭证的过程中，录入"库存商品"等具有数量核算的明细科目的金额时，系统提示"借方金额和贷方金额不能同时为 0 或不为 0"，这是什么原因？

原因分析及解决办法：原因是录入具有数量核算的明细科目的金额时，录入数量和单价后系统会自动计算金额，如果方向不对，按 Space 键换方向，而不能删除金额，再在正确的方向处输入金额。

问题三：填制记账凭证时，月初日期填制不了，系统显示有两种情况——①"日期不能超前建账日期"；②"日期不能滞后系统日期"，这是什么原因？

原因分析及解决办法：第一种情况是因为系统启用日期没有被设为启用会计期间的 1 日；第二种情况是因为系统日期不是当前日期，更改屏幕右下角的系统日期即可。

问题四：为什么保存凭证时系统提示"不满足借方必有条件"或"不满足贷方必有条件"或"不满足凭证必无条件"？

原因分析及解决办法：这是因为凭证类别选错，应根据凭证内容重新选择凭证类别。

问题五：为什么在出纳签字时，提示"没有符合条件的凭证"？

原因分析及解决办法：原因有两个——①没有指定科目；②没有涉及现金或银行存款的会计科目。若是第一种情况，在【会计科目】窗口执行【编辑】/【指定科目】命令，将"库存现金"科目指定为"现金科目"，将"银行存款"科目指定为"银行科目"即可。第二种情况不用进行出纳签字。

问题六：审核凭证，系统出现"制单人与审核人不能同为一人！"时如何处理？

原因分析及解决办法：需要重新注册，更换为具有审核权限的其他操作员进行审核。

问题七：总账业务处理完毕进行结账，系统显示"2020 年 01 月，未通过工作检查，不可以结账！"时如何处理？

原因分析及解决办法：原因是总账是最后一个结账模块，必须等已启用的各个模块都结账后才能进行总账模块结账。

※※※※※※※※※※※※※※※※※※※※※※※※※※※※※

德育栏目——工匠精神

工匠精神是一种职业精神，它是职业道德、职业能力、职业品质的体现，是从业者的一种职业价值取向和行为表现。工匠精神的基本内涵包括敬业、精益、专注、创新等方面的内容。

这就要求会计人员在从事会计工作时，要干一行、爱一行、专一行、精一行，务实肯干、坚持不懈、持之以恒、精益求精、开拓创新。

2019年，党中央决定，首次开展国家勋章和国家荣誉称号集中评选颁授，隆重表彰一批为中华人民共和国建设和发展作出杰出贡献的功勋模范人物，袁隆平、屠呦呦等36人入选。仰望这些"国之英者，世之楷模"，其岗位不尽相同，工匠精神却如出一辙——立大德于社会、扬大义于国家、布大信于天下。为民分忧，为国奉献，成就大"我"，这都是工匠精神的时代内涵。

☑ 项目小结

本项目工作任务导图如图 2-26 所示。

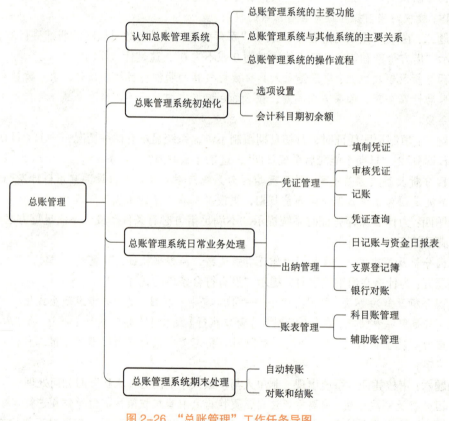

图 2-26 "总账管理"工作任务导图

【实训二】总账管理系统实训

实训二（PDF）

项目三

报表管理

【知识目标】

◎了解报表管理系统的基本功能；

◎掌握报表管理系统格式设计的操作方法；

◎掌握定义单元公式的操作方法；

◎掌握报表数据处理的操作方法。

【能力目标】

◎能够熟练按业务要求自定义会计报表；

◎能够熟练调用报表模板生成会计报表。

【素质目标】

◎具有会计软件操作的规范性和发现问题的敏感性；

◎具有最基本的会计思维；

◎具有独立的思考意识和团队合作意识；

◎具有严谨细致的职业素养。

任务 3.1　认知 UFO 报表管理系统

3.1.1　UFO 报表管理系统的主要功能

　　UFO 报表管理系统是报表事务处理的工具，其主要任务是设计报表格式和编辑公式，从总账管理系统或其他子系统中取得有关会计信息，自动编制会计报表，并对会计报表进行审核、汇总，生成各种分析图表，同时按预定格式输出各种会计报表。其主要功能包括文件管理、格式设计、数据处理、图表生成、打印等。

3.1.2　UFO 报表管理系统与其他系统的关系

　　UFO 报表管理系统主要是从其他系统提取编制报表所需的数据。总账、薪资、固定资产、应收、应付、采购、销售、库存、存货等子系统均可向 UFO 报表管理系统传递数据，以生成财务部门所需的各种会计报表。

3.1.3　UFO 报表管理系统的操作流程

　　UFO 报表管理系统的操作流程如图 3-1 所示。

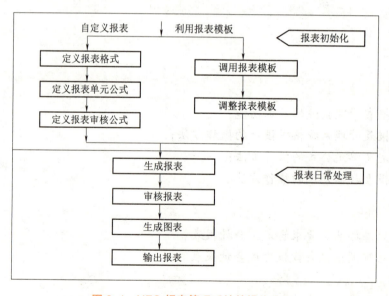

图 3-1　UFO 报表管理系统的操作流程

任务 3.2　自定义货币资金表

3.2.1　任务布置

　　由 02 李佳登录企业应用平台，按下面的格式自定义货币资金表，如表 3-1 所示，并按 1 月份总账结账数据生成报表数据，保存在"C:\ 报表"文件夹中。

表 3-1　货币资金表

	年　　月　　日			单位：元
会计科目	月初余额	借方发生额	贷方发生额	月末余额
库存现金				
银行存款				
其他货币资金				
合计				

3.2.2　任务实施

1. 定义报表格式

自定义货币资金
表（微课）

UFO 报表管理系统有两种工作状态，一种是格式状态，一种是数据态，可通过单击页面左下角的【格式/数据】按钮进行状态切换。在格式状态下设计报表格式，如报表尺寸、行高、列宽、单元属性、组合单元、关键字、可变区等。报表的单元公式也在格式状态下定义。在格式状态下所做的操作对本报表所有的表页都发生作用。在格式状态下不能进行数据的录入、计算等操作。在格式状态下页面显示的是报表格式，不显示报表数据。在数据状态下管理报表的数据，如输入数据、增加或删除表页等。在数据状态下不能修改报表的格式。在数据状态下显示报表的全部内容，包括格式和数据。

1）创建新表

（1）执行【财务会计】/【UFO 报表】命令，打开【UFO 报表】窗口，系统弹出【日积月累】对话框，单击【关闭】按钮。

（2）执行【文件】/【新建】命令，系统自动生成一个名为"report1"的报表文件，新表自动进入格式状态。

2）设计表尺寸

执行【格式】/【表尺寸】命令，打开【表尺寸】对话框，输入表格的行数"7"、列数"5"，如图 3-2 所示。单击【确认】按钮，系统自动按照所设置的行、列数显示空白表。

图 3-2　【表尺寸】对话框

温馨提示

　　若表尺寸错误，可重新设置表尺寸，还可以通过插入、追加、删除行和列进行修改。执行【编辑】/【插入】命令，可在选定行的上方增加行或在选定列的左方增加列；执行【编辑】/【追加】命令，可在报表的最后一行或在最右列的右面增加行或列；执行【编辑】/【删除】命令，可删除选定的行或列。

　　3）设置行高或列宽

　　（1）选中需要设置行高的区域，执行【格式】/【行高】命令，打开【行高】对话框，输入合适的行高，单击【确认】按钮。

　　（2）选中需要设置列宽的区域，执行【格式】/【列宽】命令，打开【列宽】对话框，输入合适的列宽，单击【确认】按钮。

　　4）画表格线

　　选中 A3：E7 区域，执行【格式】/【区域画线】命令，打开【区域画线】对话框，单击【网线】单选按钮，如图 3-3 所示，单击【确认】按钮。

　　5）组合单元

　　选中 A1：E1 区域，执行【格式】/【组合单元】命令，打开【组合单元】对话框，如图 3-4 所示。单击【整体组合】按钮，该区域的所有单元格被合并为一个组合单元。

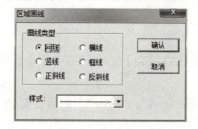

图 3-3 【区域画线】对话框

图 3-4 【组合单元】对话框

　　6）录入报表文字内容

　　单击单元格，直接在单元各中输入内容，也可选定单元后，将光标定位在窗口上方的编辑框中进行输入。

　　7）设置单元属性

　　（1）设置单元类型。

　　选中 B4：E7 区域，执行【格式】/【单元属性】命令，打开【单元格属性】对话框，单元类型选择"数值"，勾选"逗号"复选框，如果是净利率或者资产负债率等数据，需要勾选"百分号"复选框，如图 3-5 所示。

温馨提示

　　单元有以下 3 种类型。

　　（1）数值单元：是报表的数据，在数据状态下输入。数值单元的内容必须是数字，数字可以直接输入或由单元中存放的单元公式运算生成。建立一个新表时，所有单元的类型默认为数值型。

（2）字符单元：是报表的数据，在数据状态下输入。字符单元的内容可以是汉字、字母、数字及各种键盘可输入的符号组成的一串字符，字符单元的内容可以直接输入，也可由单元公式生成。

（3）表样单元：是报表的格式，是定义一个没有数据的空表所需的所有文字、符号或数字。一旦单元被定义为表样，那么在其中输入的内容对所有表页都有效。表样在格式状态下输入和修改，在数据状态下不允许修改。

（2）设置字体、字号。

选中单元格，执行【格式】/【单元属性】命令，打开【单元格属性】窗口，单击【字体图案】选项卡，设置"字体"为"黑体"，"字号"为"14"，如图3-6所示。根据需要，用同样的方法设置其他单元格的字体、字号。

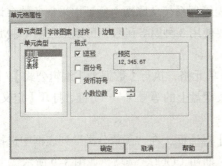
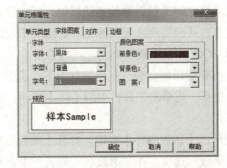

图3-5　【单元格属性】对话框（单元类型）　图3-6　【单元格属性】对话框（字体图案）

（3）设置对齐。

选中A1：E1区域，单击【对齐】选项卡，设置水平方向和垂直方向的对齐方式均为"居中"，单击【确定】按钮。

8）设置关键字

（1）选中B3单元格，执行【数据】/【关键字】/【设置】命令，打开【设置关键字】对话框，单击【年】单选按钮，如图3-7所示，单击【确定】按钮。

（2）重复上述操作步骤，继续设置"月""日"关键字，这时这些关键字全部重叠在一起。

（3）执行【数据】/【关键字】/【偏移】命令，打开【定义关键字偏移】对话框，输入适当的关键字偏移量，则可以改变关键字的显示位置。负数表示向左偏移，正数表示向右偏移，如图3-8所示，单击【确定】按钮。

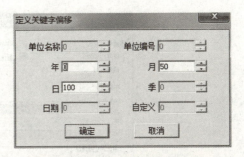

图3-7　【设置关键字】对话框　　图3-8　【定义关键字偏移】对话框

温馨提示

（1）关键字是游离于单元之外的特殊数据单元，可以唯一标识一个表页，用于在大量表页中快速选择表页。关键字的显示位置在格式状态下设置，关键字的值则在数据状态下录入，每个报表可以定义多个关键字，还可以根据需要自定义关键字。

（2）关键字的偏移量设置不仅可以在格式状态下完成，也可以在数据状态下完成。

（3）若关键字设置错误，可以执行【数据】/【关键字】/【取消】命令，勾选需要取消关键字的复选框，单击【确定】按钮即可取消关键字。

9）定义单元公式

（1）定义财务函数。

账务数据是会计报表数据的主要来源，账务取数函数架起了报表管理系统和总账管理系统等其他系统之间进行数据传递的桥梁，可实现报表管理系统从账簿、凭证中采集各种会计数据生成报表，从而实现账表一体化。货币资金表需要使用 3 种财务函数，即期末余额（QM）、期初余额（QC）、发生额（FS）。

①打开货币资金表，在格式状态下，选中 B4 单元格，执行【数据】/【编辑公式】/【单元公式】命令，或单击工具栏中的【FS】按钮，或按键盘上的等号（"="）键，打开【定义公式】对话框。

②单击【函数向导】按钮，打开【函数向导】对话框，在"函数分类"列表框中选择"用友财务函数"选项，在"函数名"列表框中选择"期初（QC）"选项，如图 3-9 所示。

③单击【下一步】按钮，打开【用友财务函数】对话框，如图 3-10 所示。

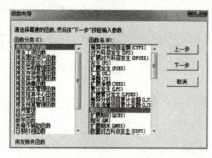

图 3-9　【函数向导】对话框

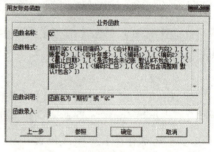

图 3-10　【用友财务函数】对话框

④单击【参照】按钮，打开【财务函数】对话框，选择"科目"为"1001"，其余各项均采用默认值，如图 3-11 所示。

图 3-11　【财务函数】对话框

⑤单击【确定】按钮，返回【用友账务函数】对话框，再单击【确定】按钮，返回【定义公式】对话框，如图 3-12 所示。

图 3-12 【定义公式】对话框

⑥单击【确认】按钮，完成公式的录入，这时在 B4 单元中出现"公式单元"字样，在数据状态下才能看到生成的数据。

⑦继续输入其他单元公式。

温馨提示

（1）单元公式中涉及的符号均为英文半角字符。

（2）如果财务函数相同，也可以在【定义公式】对话框中先复制、粘贴公式，然后修改会计科目。

（2）定义表页内部统计公式。

报表中的合计数需要定义统计公式。

①选中 B7 单元格，键入"="或者单击【Fx】按钮，弹出【定义公式】对话框，单击【函数向导】按钮，在"函数分类"列表框中选择"统计函数"选项，在"函数名"列表框中选择"PTOTAL"函数，单击【下一步】按钮。

②在固定区域处输入"B4:B6"，如图 3-13 所示，单击【确认】按钮，返回【定义公式】对话框，再单击【确认】按钮。

图 3-13 【固定区统计函数】对话框

③重复以上步骤，继续定义其他统计公式。

温馨提示

该统计公式还可以采用以下两种方法输入。

（1）在【定义公式】对话框中直接输入"PTOTAL（B4:B6）"。

（2）单击 B4 单元格，按住鼠标左键拖动鼠标至目标单元格 B6，单击【纵向求和（Σ↓）】按钮即可。

（3）合计时如果统计的单元格不多，也可以在【定义公式】对话框中直接输入"B4+B5+B6"。

2. 生成报表数据

（1）单击【格式/数据】按钮，进入数据状态，执行【数据】/【关键字】/【录入】命令，打开【录入关键字】对话框。

（2）录入"年""月""日"3个关键字的值，如图3-14所示，单击【确认】按钮，系统提示"是否重算第1页？"，单击【是】按钮，生成1月份货币资金表，单击【保存】按钮，如图3-15所示。

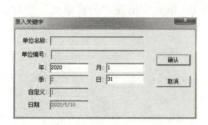

图3-14　【录入关键字】对话框

图3-15　【货币资金表】窗口

3. 保存报表

执行【文件】/【保存】命令，或单击工具栏中的【保存】按钮，打开【另存为】对话框，选择保存路径"C:\报表"，输入文件名"货币资金表"，单击【另存为】按钮。

任务 3.3　调用报表模板生成报表

3.3.1　任务布置

由02李佳登录企业应用平台，并按1月份总账结账数据生成报表数据，保存在"C:\报表"文件夹中。完成以下任务。

（1）调用报表模板，生成1月份资产负债表，保存在"C:\报表"文件夹中。

（2）调用报表模板，生成1月份利润表，保存在"C:\报表"文件夹中。

3.3.2　任务实施

1. 调用报表模板生成资产负债表

（1）执行【文件】/【新建】命令，再执行【格式】/【报表模板】命令，打开【报表模板】对话框，选择所在的行业"2007年新会计制度科目"，再选择财务报表"资产负债表（已执行新金融准则）"，如图3-16所示。单击【确认】按钮，系统提示"模板格式将覆盖本表格式！是否继续？"，单击【确定】按钮，即可打开【资产负债表】模板。

调用报表模板生
成报表（微课）

（2）单击左下角的【格式/数据】按钮，切换到数据状态，执行【数据】/【关键字】/【录入】命令，打开【关键字录入】对话框，录入"2020年1月31日"，单击【确认】按钮，系统提示"是否重算第1页？"，单击【是】按钮，生成资产负债表，如图3-17所示。

图 3-16 【报表模板】对话框

图 3-17 【资产负债表】窗口

（3）单击【保存】按钮，录入"保存的文件名"为"资产负债表"，选择保存位置"C:\报表"，保存报表。

2. 调用报表模板生成利润表

（1）按照以上方法选择财务报表"利润表（已执行新准则）"，打开【利润表】模板。

（2）该模板缺少"信用减值损失"单元公式，单击 C20 单元格，通过函数向导录入信用减值损失公式，即"-FS（"6702"，月，"借"，,,,,,)"。

（3）修改资产减值损失公式，在公式前加"-"，即修改为"-FS（6701，月，"借"，,, 年）"。

（4）单击左下角的【格式/数据】按钮，切换到数据状态，执行【数据】/【关键字】/【录入】命令，打开【关键字录入】对话框，录入"2020 年 1 月"，单击【确认】按钮，系统提示"是否重算第 1 页？”，单击【是】按钮，生成利润表，如图 3-18 所示。

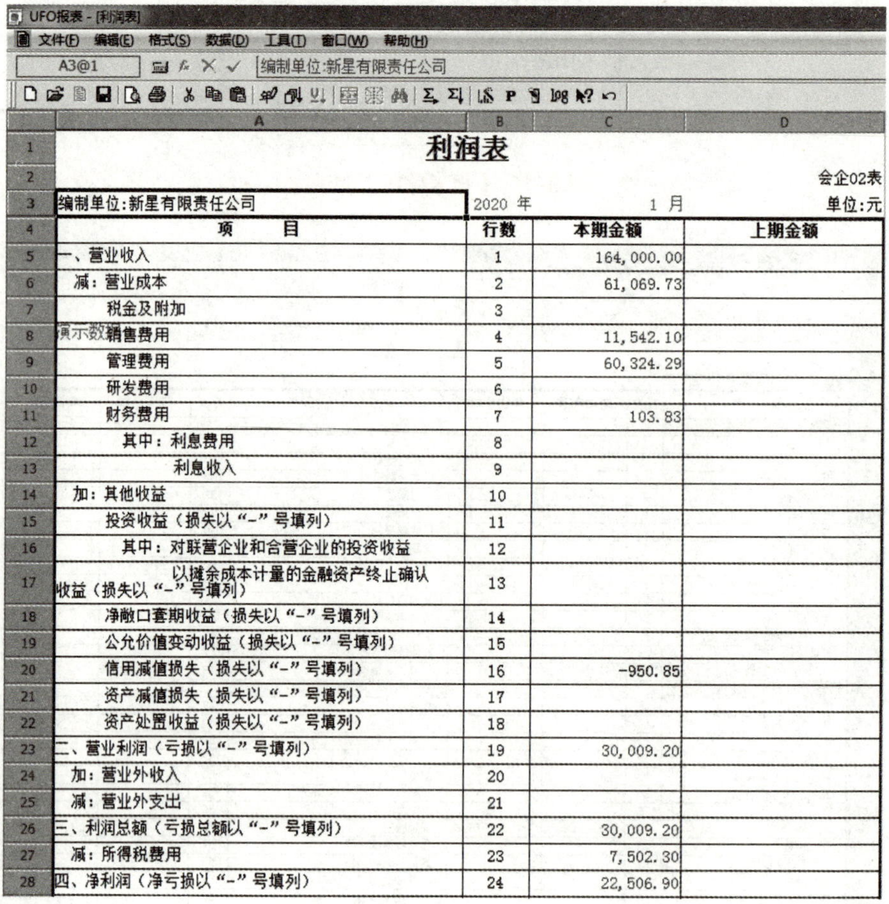

UFO报表 - [利润表]

文件(F) 编辑(E) 格式(S) 数据(D) 工具(T) 窗口(W) 帮助(H)

A3@1 编制单位:新星有限责任公司

利润表

会企02表

编制单位:新星有限责任公司	2020 年	1 月	单位:元
项　　目	行数	本期金额	上期金额
一、营业收入	1	164,000.00	
减：营业成本	2	61,069.73	
税金及附加	3		
销售费用	4	11,542.10	
管理费用	5	60,324.29	
研发费用	6		
财务费用	7	103.83	
其中：利息费用	8		
利息收入	9		
加：其他收益	10		
投资收益（损失以“-”号填列）	11		
其中：对联营企业和合营企业的投资收益	12		
以摊余成本计量的金融资产终止确认收益（损失以“-”号填列）	13		
净敞口套期收益（损失以“-”号填列）	14		
公允价值变动收益（损失以“-”号填列）	15		
信用减值损失（损失以“-”号填列）	16	-950.85	
资产减值损失（损失以“-”号填列）	17		
资产处置收益（损失以“-”号填列）	18		
二、营业利润（亏损以“-”号填列）	19	30,009.20	
加：营业外收入	20		
减：营业外支出	21		
三、利润总额（亏损总额以“-”号填列）	22	30,009.20	
减：所得税费用	23	7,502.30	
四、净利润（净亏损以“-”号填列）	24	22,506.90	

图 3-18 【利润表】窗口

（5）单击【保存】按钮，录入“保存的文件名”为“利润表”，选择保存位置“C:\ 报表”，保存报表。

任务 3.4 自定义财务指标分析表

3.4.1 任务布置

由 02 李佳登录企业应用平台，按下面的格式自定义财务指标分析表，如表 3-2 所示，并利用生成的 1 月份资产负债表和利润表生成报表数据，保存在“C:\ 报表”文件夹中。

表 3-2 财务指标分析表

年　月　日　　　　单位：元

分析指标	计算结果	备注
营业净利率		净利润 / 营业收入
净资产收益率		净利润 / 平均所有者权益

3.4.2　任务实施

1. 定义财务指标分析表的格式

设置方法与货币资金表格式的设置方法相同。

2. 定义单元公式

财务指标分析表需要应用他表取数公式，在进行报表与报表间的取数时，不仅要考虑取哪一个表哪一个单元的数据，还要考虑数据源在哪一页。用以下格式可以方便地取得已知页号的他表表页数据：

<目标区域>="<他表表名>"-><数据源区域>[@<页号>]

当<页号>缺省时为本表各页分别取他表各页数据。

例如：

当前表页 D5 的值等于表"Y"第 4 页 D5 的值：D5="Y"->D5 @ 4。

本表各页 D5 的值等于表"Y"各页 D5 的值：D5="Y"->D5 FOR ALL。

（1）定义公式前，先将三个报表打开，在【窗口】菜单中可以切换显示的报表，如图 3-19 所示，执行【窗口】/【利润表】命令，查找净利润和营业收入金额所在单元格，即净利润为"C28"，营业收入为"C5"。

（2）执行【窗口】/【财务指标分析表】命令，单击 B4 单元格，单击【Fx】按钮，弹出【定义公式】对话框，单据【关联条件】按钮，打开【关联条件】对话框，如图 3-20 所示，"当前关键值"和"关联关键值"都选择"月"，关联表名选择"C:\报表"文件夹中的"利润表"，单击【确认】按钮。

自定义财务指标
分析表（微课）

图 3-19 【财务指标分析表】窗

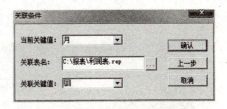

图 3-20 【关联条件】对话框

（3）在【定义公式】对话框中，将"Relation 月 with"删除，将"月"改为"C28"，如图 3-21 所示，再输入"/"，复制""C:\报表\利润表.rep"->"，粘贴在"/"后面，再输入"C5"，单击【确认】按钮，B4 单元格中显示"公式单元"，编辑框中显示公式，如图 3-22 所示。

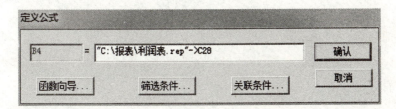

图 3-21 【定义公式】对话框

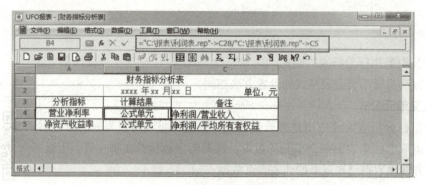

图 3-22　营业净利率公式

（4）用同样的方法定义净资产收益率公式，如图 3-23 所示。

图 3-23　净资产收益率公式

（5）单击左下角的【格式 / 数据】按钮，切换到数据状态，执行【数据】/【关键字】/【录入】命令，打开【关键字录入】对话框，录入"2020 年 1 月 31 日"，单击【确认】按钮，系统提示"是否重算第 1 页？"，单击【是】按钮，生成报表数据，如图 3-24 所示。

	A	B	C
1	财务指标分析表		
2	2020 年 1 月31 日		单位：元
3	分析指标	计算结果	备注
4	营业净利率	14%	净利润/营业收入
5	净资产收益率	1%	净利润/平均所有者权益

图 3-24　【财务指标分析表】窗口

温馨提示

　　报表名称前面的内容是报表存放的位置，定义好公式后，如果利润表的位置发生变动，公式也需要变动。

【知识拓展一】表页管理

表页管理
（PDF 文件）

【知识拓展二】常见单元公式

常见单元公式
（PDF 文件）

常见问题分析

问题一：设计报表格式后，单击【数据】按钮，报表没有表格线，这是什么原因？

原因分析及解决办法：这是因为新增加的表页是没有表格线的，要选择拟划线的区域，执行【格式】/【区域画线】命令，打开【区域画线】对话框，单击【网线】单选按钮，单击【确定】按钮即可。

问题二：编辑报表公式后，单击【数据】按钮，进行整表重算，但报表不出数。

原因分析及解决办法：可能有以下几种原因：①没有指定取数的账套；②该单元格中根本没有数据；③可能选择了"表页不计算"选项。解决方法：①选择"计算时提示选择账套"选项，然后指定账套进行整表重算；②在数据状态下单击【表页不计算】按钮，取消"表页不计算"选项的选择，单击【表页重算】按钮即可。

问题三：报表生成后数据出错是什么原因？

原因分析及解决办法：生成报表的数据错误有以下几种原因：①报表公式编辑错误；②总账没记账；③账务数据有错。解决方法：①检查报表公式，修正错误；②返回总账管理系统进行记账；③更正账务数据。

※※※

德育栏目——严谨细致

会计人员要有责任心，对会计工作中的一切事情都有认真、负责的态度，一丝不苟、精益求精，于细微之处见精神，于细微之处见境界，于细微之处见水平。

"世间事，做于细，成于严。"习近平总书记指出，从严是我们做好一切工作的重要保障。坚持"严"的工作作风，就是对待工作要严肃，工作标准要严格，工作流程要严谨，坚决克服"低标准、过得去"的错误思想。

项目小结

本项目工作任务导图如图 3-25 所示。

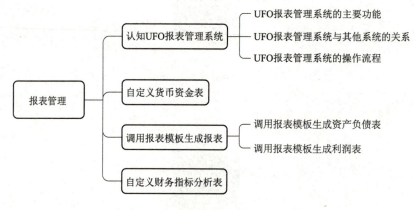

图 3-25 "报表管理"工作任务导图

【实训三】报表管理实训

实训三（PDF）

项目四

薪资管理

【知识目标】

◎了解薪资管理系统的基本功能；

◎掌握薪资管理系统初始化设置的操作方法；

◎掌握薪资管理系统日常业务处理的操作方法；

◎掌握薪资管理系统月末处理的操作方法。

【能力目标】

◎能够按业务要求建立薪资管理系统账套；

◎能够按业务要求设置工资项目和计算公式；

◎能够正确进行工资数据处理和工资分摊；

◎能够熟练进行记账凭证的生成、修改、删除处理；

◎能够熟练进行月末结账与取消结账处理。

【素质目标】

◎培养学生具有数字敏感性，养成对薪资数据的保密习惯和严谨细致的工作态度；

◎培养学生追求极致的工匠精神；

◎培养学生爱岗敬业，安心本职岗位，忠于职守，尽心尽力，尽职尽责；

◎提高学生的自我学习能力、灵活应变能力、交流沟通能力、团结协作能力。

任务 4.1　认知薪资管理系统

4.1.1　薪资管理系统的主要功能

企业在启用了薪资管理系统后，有关薪资的核算业务将在薪资管理系统中进行。根据企业需要建立的薪资账套数据，设置薪资管理系统运行所需要的各项基础信息。该系统可以设置单个工资类别和多个工资类别；根据企业需要设置工资项目和计算公式，对人员增减、工资变动进行处理；自动计算个人所得税、向代发工资的银行传输工资数据；自动计算、汇总工资数据；自动完成工资分摊和相关费用计提；提供多层次、多角度的工资数据查询功能，包括账表和凭证查询、输出工资表格及生成的凭证查询。该系统的主要功能有初始化设置、业务处理、统计分析、维护等。

4.1.2　薪资管理系统与其他系统的主要关系

薪资管理系统与多个系统有数据联系，其中最主要的联系如下。

（1）薪资管理系统将工资费用分配以及其他与工资发放、计提、扣款有关的信息，以记账凭证的形式传递给总账管理系统。

（2）如果用户启用了成本核算系统，薪资管理系统还会将工资费用分摊的数据传输给成本核算系统。

4.1.3　薪资管理系统的操作流程

薪资管理系统的操作流程如图 4-1 所示。

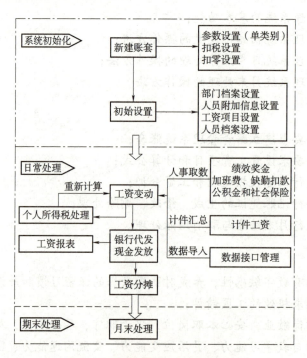

图 4-1　薪资管理系统的操作流程

任务 4.2　薪资管理系统初始化

4.2.1　任务布置

新星有限公司 2020 年 1 月 1 日启用薪资管理系统，由 02 李佳登录企业应用平台，在薪资管理系统中进行如下操作。

（1）建立薪资管理系统账套。

启用参数：略；

工资类别：多个；

扣税设置：代扣个人所得税；

扣零设置：不扣零；

系统启用时间：2020 年 1 月。

（2）建立工资类别。

类别名称：正式人员工资；

类别人员所属部门：全部部门；

工资类别的启用日期：2020-01-01。

（3）设置人员附加信息：工龄。

（4）批量增加"正式人员工资"类别各部门人员档案并输入每位员工的开卡银行、银行账号、工龄，如表 4-1 所示。

表 4-1　人员档案

人员编码	姓名	管理部门	人员类别	银行	账号	工龄
101	李佳玉	管理部	企管人员	中国工商银行	111101	26
201	陈宇	财务部	企管人员	中国工商银行	111102	25
202	李佳	财务部	企管人员	中国工商银行	111103	10
203	张怡	财务部	企管人员	中国工商银行	111104	7
301	宋岩	采购部	企管人员	中国工商银行	111105	9
401	常静	销售部	销售人员	中国工商银行	111106	4
501	张静	一车间	生产工人	中国工商银行	111107	15
502	王岩	一车间	生产工人	中国工商银行	111108	13
503	安菲	一车间	车间管理人员	中国工商银行	111109	23
601	张帅	二车间	生产工人	中国工商银行	111110	11
602	张古月	二车间	生产工人	中国工商银行	111111	6
603	郑慧	二车间	车间管理人员	中国工商银行	111112	20
701	崔斌	仓管部	企管人员	中国工商银行	111113	5

（5）设置工资项目和公式，如表 4-2 所示。

表 4-2　工资项目和公式设置

项目名称	类型	长度	小数位数	增减项	公式设置
基本工资	数字	8	2	增项	
岗位工资	数字	8	2	增项	
津贴	数字	8	2	增项	iff（人员类别="生产工人"，1500，iff（人员类别="车间管理人员"，1000，500））
日工资	数字	8	2	其他	（基本工资＋岗位工资）/22
应发合计	数字	10	2	增项	基本工资＋岗位工资＋津贴
缺勤天数	数字	8	2	其他	
缺勤扣款	数字	8	2	减项	日工资 × 缺勤天数
应付工资	数字	8	2	其他	基本工资＋岗位工资＋津贴—缺勤扣款
个人养老保险	数字	8	2	减项	五险一金计提基数 ×0.08
个人医疗保险	数字	8	2	减项	五险一金计提基数 ×0.02
个人失业保险	数字	8	2	减项	五险一金计提基数 ×0.005
个人住房公积金	数字	8	2	减项	五险一金计提基数 ×0.1
累计已预扣预缴税额	数字	8	2	减项	
企业养老保险	数字	8	2	其他	五险一金计提基数 ×0.16
企业医疗保险	数字	8	2	其他	五险一金计提基数 ×0.075
企业失业保险	数字	8	2	其他	五险一金计提基数 ×0.005
企业工伤保险	数字	8	2	其他	五险一金计提基数 ×0.008
企业住房公积金	数字	8	2	其他	五险一金计提基数 ×0.1
五险一金计提基数	数字	8	2	其他	3160
累计应付工资	数字	8	2	其他	
累计减除费用	数字	8	2	其他	5000*month（）
累计专项附加扣除	数字	8	2	其他	
累计预扣预缴应纳税所得额	数字	8	2	其他	累计应付工资—累计减除费用—（个人养老保险＋个人医疗保险＋个人失业保险＋个人住房公积金）*month（）—累计专项附加扣除
代扣税	数字	10	2	减项	
扣款合计	数字	10	2	减项	缺勤扣款＋个人养老保险＋个人医疗保险＋个人失业保险＋个人住房公积金＋代扣税＋累计已预扣预缴税额
实发合计	数字	10	2	增项	应发合计—扣款合计

（6）代扣个人所得税设置。

2020 年 1 月 1 日，按照累计预扣法，设置征税依据为"累计预扣预缴应纳税所得额"工资项，将税率表中的"基数""附加费用"暂设为零。根据表 4-3 将税率表调整为预扣率表。

表 4-3　个人所得税税率表（综合所得适用）

累计预扣预缴应纳税所得额	预扣率 /%	速算扣除数 / 元
不超过 36 000 元	3	0
超过 36 000~144 000 元	10	2 520
超过 144 000~300 000 元	20	16 920
超过 300 000~420 000 元	25	31 920
超过 420 000~660 000 元	30	52 920
超过 660 000~960 000 元	35	85 920
超过 960 000 元	45	181 920

4.2.2　任务实施

1. 建立薪资账套

1）启用薪资管理系统

2020 年 1 月 1 日，由 01 陈宇登录企业应用平台，执行【基础设置】/【基本信息】/【系统启用】命令，打开【系统启用】对话框，勾选"WA 薪资管理"复选框，弹出【日历】窗口，选择系统启用日期为"2020-01-01"，单击【确定】按钮，系统提示"确实要启用当前系统吗？"，单击【是】按钮。

建立工资账套与
建立工资类别
（微课）

2）建立薪资账套

2020 年 1 月 1 日，由 02 李佳登录企业应用平台，执行【业务工作】/【财务会计】/【人力资源】/【薪资管理】命令，系统打开【建立工资套】对话框，如图 4-2 所示。

（1）参数设置。

选择本账套所需处理的工资类别个数为"多个"，选择币别名称为"人民币"，单击【下一步】按钮。

（2）扣税设置。

勾选"是否从工资中代扣所得税"复选框，如图 4-3 所示，单击【下一步】按钮。

图 4-2　【建立工资套】对话框（参数设置）　　图 4-3　【建立工资套】对话框（扣税设置）

（3）扣零设置。

扣零设置通常在发放现金工资时使用，因为单位采用银行代发工资，因此没有必要扣零，因此不勾选"扣零"复选框，单击【下一步】按钮。

（4）人员编码。

系统要求与公共平台的人员编码一致，在此不需要设置，单击【完成】按钮。

温馨提示

以上部分参数设置可以通过【设置】/【选项】命令进行设置或修改。

2. 新建工资类别

（1）2020年1月1日，由02李佳登录企业应用平台，在薪资管理系统中，执行【工资类别】/【新建工资类别】命令，打开【新建工资类别】对话框。

（2）输入工资类别名称为"正式人员工资"，如图4-4所示。单击【下一步】按钮，打开【请选择部门】界面。

（3）单击【选定全部部门】按钮，如图4-5所示，单击【完成】按钮，系统提示"是否以2020-01-01为当前工资类别的启用日期？"，单击【是】按钮。

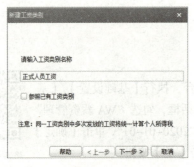 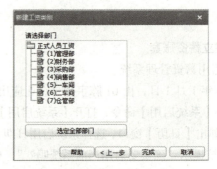

图4-4　【新建工资类别】对话框　　　图4-5　【选择部门】界面

3. 设置人员附加信息

（1）在薪资管理系统中，执行【设置】/【人员附加信息设置】命令，打开【人员附加信息设置】对话框。

（2）单击【增加】按钮，输入信息名称为"工龄"，再单击【增加】按钮。

（3）单击【确定】按钮。

设置人员附加
信息（微课）

4. 批增并修改人员档案

（1）在薪资管理系统中，执行【工资类别】/【打开工资类别】命令，打开【打开工资类别】对话框，单击"正式人员工资"类别，单击【确定】按钮。

（2）执行【设置】/【人员档案】命令，打开【人员档案】窗口，单击【批增】按钮，打开【人员批量增加】对话框，单击【查询】按钮，选择各类人员，单击【确定】按钮，如图4-6所示。

批量增加人员
档案（微课）

图4-6　【人员档案】窗口

（3）单击该档案中的第一笔记录，单击【修改】按钮，选择"银行名称"为"中国工商银行"，输入"银行账号"为"111101"，再单击【附加信息】选项卡，输入"工龄"为"26"，如图4-7所示。单击【确定】按钮，系统提示"写入该人员档案信息吗？"，单击【确定】按钮。系统自动列出下一位职员。

图4-7 【人员档案明细】对话框【附加信息】选项卡

（4）重复步骤（3），设置其他人员档案信息。

温馨提示

（1）打开某工资类别后才能设置人员档案。

（2）人员档案中的人员编号不能修改，人员被删除后，人员编号不会重新调整。

5.设置工资项目和公式

1）设置工资项目

（1）在薪资管理系统中，执行【工资类别】/【关闭工资类别】命令，系统提示"已关闭工资类别"，单击【确定】按钮。

（2）执行【设置】/【工资项目设置】命令，弹出【工资项目设置】对话框。

设置工资项目
（微课）

（3）单击【增加】按钮，输入"工资项目名称"为"基本工资"，也可以从"名称参照"下拉列表中选择系统提供的"基本工资"选项。双击"类型"栏，选择"类型"为"数字"，将"长度"调整为"8"，将"小数"调整为"2"，选择"增减项"为"增项"，如图4-8所示。

（4）重复步骤（3），增加其他工资项目。

（5）单击【确定】按钮，系统提示"工资项目已经改变，请确认各工资类别的公式是否正确，否则计算结果可能不正确"，再单击【确定】按钮。

（6）执行【工资类别】/【打开工资类别】命令，打开"正式人员工资"工资类别。

（7）执行【设置】/【工资项目设置】命令，单击【增加】按钮，在"名称参照"下拉列表中选择"基本工资"选项，如图4-9所示。

（8）重复步骤（7），选择其他工资项目。

（9）单击要移动的工资项目所在行，再单击【上移】【下移】【置顶】【置底】等按钮，调整工资项目顺序，将工资项目顺序调整为与任务资料一致。

图 4-8 【工资项目设置】对话框（关闭工资类别状态）

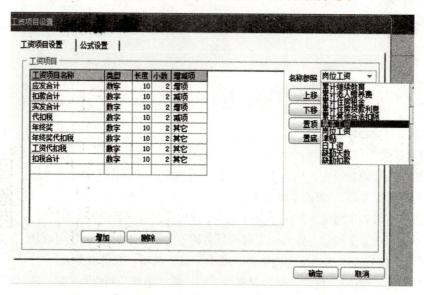

图 4-9 【工资项目设置】对话框（打开工资类别状态）

温馨提示

（1）系统提供了"应发合计""扣款合计""实发合计"等固定项目，这些项目不用再设置，也不能修改或删除。

（2）"代扣税"项目不能增加，在建立工资账套或选项设置中选择了"从工资中代扣个人所得税"时，系统自动生成"代扣税"项目。

（3）在关闭工资类别状态下，可以进行所有工资类别全部工资项目设置，在打开某个工资类别状态下，只能从已设置的全部工资项目中选择当前工资状态类别所需的工资项目。【工资项目设置】对话框中，没有【公式设置】选项卡，说明关闭了工资类别，有【公式设置】选项卡，说明打开了某个工资类别。

（4）工资项目不能重复选择，没有选择的工资项目不允许在计算公式中出现，不能删除已录入数据的工资项目和已设置计算公式的工资项目。

2）设置计算公式

（1）定义"津贴"公式（函数公式向导设置法）。

①执行【工资类别】/【打开工资类别】命令，打开"正式人员工资"工资类别，单击【确定】按钮。

②执行【设置】/【工资项目设置】命令，打开【工资项目设置】对话框，单击【公式设置】选项卡，单击【增加】按钮，选择"津贴"选项，如图4-10所示。

设置工资项目计算公式（微课）

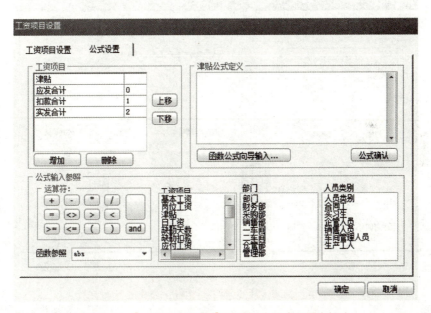

图4-10 【工资项目设置】对话框（公式设置）（1）

③单击【函数公式向导输入】按钮，弹出【函数向导——步骤之1】对话框，选择"iff"函数，如图4-11所示，单击【下一步】按钮，弹出【函数向导——步骤之2】对话框，单击【逻辑表达式】参照按钮，弹出【参照】对话框，在"参照列表"框中选择"人员类别"选项，再从下面表中选择"生产工人"选项，如图4-12所示，单击【确定】按钮。

④在"算术表达式1"后面的文本框中输入"1500"，如图4-13所示。

⑤单击【完成】按钮，生成公式，如图4-14所示。

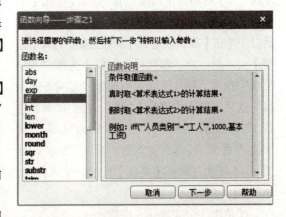

图4-11 【函数向导——步骤之1】对话框

图 4-12 【参照】对话框　　　　图 4-13 【函数向导——步骤之 2】对话框（1）

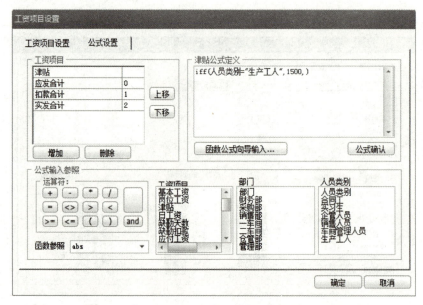

图 4-14 【工资项目设置】对话框（公式设置）（2）

⑥单击公式末端括号前面的空白处，再单击【函数公式向导输入】按钮，在【函数向导——步骤之 1】对话框中选择"iff"函数，单击【下一部】按钮，在【函数向导——步骤之 2】对话框中单击【逻辑表达式】参照按钮，打开【参照】对话框，在"参照列表"框中选择"人员类别"选项，再从下面表中选择"车间管理人员"选项，单击【确定】按钮。在"算术表达式 1"后面的文本框中输入"1000"，在"算术表达式 2"后面的文本框中输入"500"，如图 4-15 所示。单击【完成】按钮，生成公式，如图 4-16 所示。

⑦单击【公式确认】按钮。

图 4-15 【函数向导——步骤之 2】对话框（2）

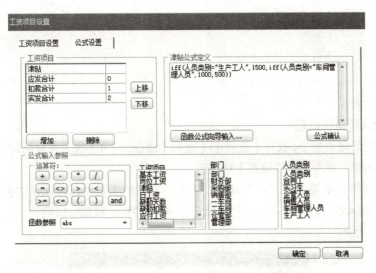

图 4-16 【工资项目设置】对话框（公式设置）（3）

（2）设置"日工资"公式（一般公式设置方法）。

在上面的公式设置窗口中单击【增加】按钮，选择"工资项目"为"日工资"，在公式定义区域设置公式，如图 4-17 所示公式。

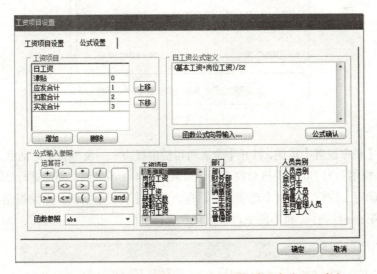

图 4-17 "工资项目设置——公式设置"选项卡（日工资）

（3）用设置"日工资"公式的方法设置其他计算公式。

（4）将公式设置完成后，通过单击【上移】【下移】按钮，调整公式顺序。

（5）所有公式设置完毕，单击【确定】按钮退出。

温馨提示

（1）公式可以直接输入，但要注意标点符号必须在英文半角状态下输入。

（2）公式输入完毕，必须单击【公式确认】按钮，进行公式确认。

（3）设置的工资项目计算公式要符合公式逻辑，对于不符合逻辑的公式系统给予提示，不能保存。

（4）应发合计、扣款合计、实发合计的公式不用设置，这些公式错误，是因为工资项目设置时的"增减项"选择错误，更正增减项，公式自动修改。

（5）公式计算有先后顺序，因此，公式设置完后必须进行正确排序，上面的公式先计算，顺序错误可能导致工资计算错误。

6. 代扣个人所得税设置

（1）在薪资管理系统中，执行【设置】/【选项】命令，打开【选项】对话框，单击【编辑】按钮，单击【扣税设置】选项卡。

代扣个人所得
税设置（微课）

（2）个人所得税申报表中"收入额合计"项所对应的工资项目默认是"实发工资"，选择收入额合计为"累计预扣预缴应纳税所得额"，税款所属期为"当月"，如图 4-18 所示。

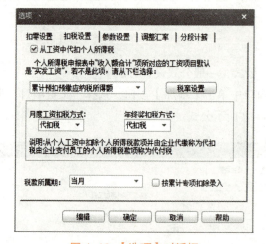

图 4-18 【选项】对话框

（3）单击【税率设置】按钮，打开【个人所得税申报表——税率表】对话框，修改"基数"为"0"，"附加费用"为"0"，再核对税率表，如果与表 4-3 不一致，则要进行修改，如图 4-19 所示，单击【确定】按钮，返回【选项】对话框，单击【确定】按钮，系统提示"您需要确认您的税款所属期：一旦确认，将不能更改！您现在选择的税款所属期是当月"，单击【是】按钮。

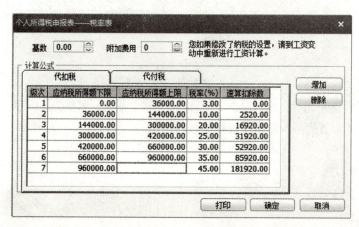

图 4-19 【个人所得税申报表——税率表】对话框

任务 4.3　薪资管理系统日常业务处理

4.3.1　任务布置

新星有限公司 2020 年 1 月份工资数据如下，由 02 李佳登录企业应用平台，在薪资管理系统中进行如下操作。

1. 录入工资数据

新星有限公司工资数据如表 4-4 所示。

表 4-4　新星有限公司工资数据

人员编码	姓名	管理部门	人员类别	基本工资/元	岗位工资/元	请假天数	累计应付工资/元	累计专项附加扣除/元
101	李佳玉	管理部	企管人员	10 000.00	1 000.00	4	9 500.00	1 000.00
201	陈宇	财务部	企管人员	9 000.00	800.00	1	9 854.55	1 000.00
202	李佳	财务部	企管人员	8 900.00	800.00		10 200.00	1 000.00
203	张怡	财务部	企管人员	8 500.00	800.00	2	8 954.54	
301	宋岩	采购部	企管人员	9 000.00	800.00		10 300.00	
401	常静	销售部	销售人员	10 000.00	800.00		11 300.00	
501	张静	一车间	生产工人	8 000.00	300.00	3	9 100.00	2 000.00
502	王岩	一车间	生产工人	8 000.00	300.00	2	9 500.00	2 000.00
503	安菲	一车间	车间管理人员	10 000.00	800.00		11 800.00	1 000.00
601	张帅	二车间	生产工人	8 300.00	300.00	5	8 531.80	1 000.00
602	张古月	二车间	生产工人	8 200.00	300.00		10 500.00	
603	郑慧	二车间	车间管理人员	10 000.00	800.00		11 800.00	1 000.00
701	崔斌	仓管部	企管人员	10 000.00	800.00		11 300.00	
合计				117 900	8 600	17	132 640.89	10 000

录入工资数据后进行数据替换。因本月产品生产质量提高，将生产工人的岗位工资调增500 元。

2. 发放工资

制作"正式人员工资"类别人员的银行代发文件，由中国工商银行代发，银行文件格式采用系统默认设置，以 TXT 格式输出银行代发文件。

3. 工资分摊（合并科目相同、辅助项相同的分录）

（1）分配本月职工工资，如表 4-5 所示。

表 4-5　工资费用分配

计提工资分摊		应付工资 ×100%	
部门		借方科目	贷方科目
管理部、财务部、采购部、仓管部	企管人员	660201 管理费用 / 职工薪酬	221101 应付职工薪酬 / 工资
销售部	销售人员	660101 销售费用 / 职工薪酬	
一车间、二车间	车间管理人员	510101 制造费用 / 职工薪酬	
一车间	生产工人	500102 生产成本 / 直接人工（单色笔）	
二车间	生产工人	500102 生产成本 / 直接人工（三色笔）	

（2）代扣个人所得税，如表 4-6 所示。

表 4-6　代扣个人所得税

代扣个人所得税分摊		代扣税 ×100%	
部门		借方科目	贷方科目
管理部、财务部、采购部、仓管部	企管人员	221101 应付职工薪酬 / 工资	222103 应交税费 / 应交个人所得税
销售部	销售人员		
一车间、二车间	车间管理人员		
一车间、二车间	生产工人		

4.3.2　任务实施

1. 录入工资数据

（1）2020 年 1 月 31 日，由 02 李佳登录企业应用平台，执行【业务工作】/【人力资源】/【薪资管理】/【业务处理】/【工资变动】命令，打开"正式人员工资"类别，单击【确定】按钮，进入【工资变动】窗口。

（2）直接录入每人的基本工资、岗位工资、缺勤天数、子女教育、老人赡养费、累计应付工资。为了方便输入，也可以在"过滤器"下拉列表框中选择"过滤设置"选项，打开【项目过滤】对话框，选择"工资项目"列表框中的"姓名""基本工资""岗位工资""缺勤天数""累计应付工资""累计专项附加扣除"选项，单击【>】按钮，将这六项选入"可选项目"列表框中，如图 4-20 所示。单击【确定】按钮，返回【工资变动】窗口，此时每人的工资项目只显示该六项，输入数据。

工资变动（微课）

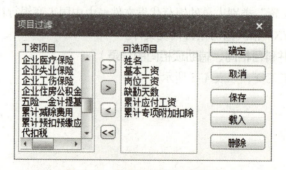

图 4-20　【项目过滤】对话框

（3）单击【计算】【汇总】按钮，进行工资的重新计算与汇总，如图 4-21 所示。

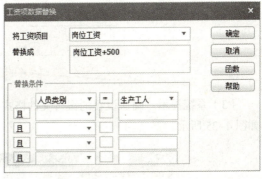

图 4-21 【工资变动】窗口（计算汇总后）

2. 数据替换

（1）在【工资变动】窗口中单击【全选】按钮，在"选择"栏打上"Y"标记。

（2）单击【替换】按钮，打开【工资项数据替换】对话框，在"将工资项目"下拉列表框中选择"岗位工资"选项，在"替换成"文本框中输入"岗位工资+500"，在"替换条件"区域分别选择"人员类别""="生产工人"选项，如图 4-22 所示。

图 4-22 【工资项数据替换】对话框

（3）单击【确定】按钮，系统提示"数据替换后将不可恢复，是否继续？"，单击【是】按钮，系统提示"4 条记录被替换，是否重新计算？"，单击【是】按钮。系统自动完成工资计算，如图 4-23 所示。

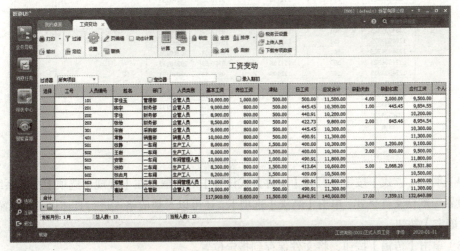

图 4-23 【工资变动】窗口（替换后数据）

温馨提示

如果未输入替换条件，则系统默认对该类别所有人员进行替换。

3. 发放工资

（1）2020 年 1 月 31 日，由 02 李佳登录企业应用平台，执行【业务工作】/【人力资源】/【薪资管理】/【业务处理】/【银行代发】命令，打开【请选择部门范围】对话框，选择所有部门。

银行代发（微课）

（2）单击【确定】按钮，打开【银行文件格式设置】对话框。选择"银行模板"为"中国工商银行"，其他默认，如图 4-24 所示，单击【确定】按钮。

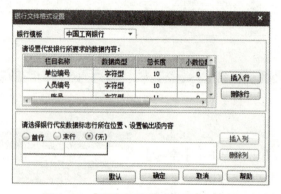

图 4-24　【银行文件格式设置】对话框

（3）系统提示"确认设置的银行文件格式？"，单击【是】按钮，打开【银行代发】窗口，如图 4-25 所示。

银行代发一览表

名称：中国工商银行　　　　　　　　　　　　　　　　　　　　人数：13

单位编号	人员编号	账号	金额	录入日期
1234934325	101	111101	8766.63	20200131
1234934325	201	111102	9110.55	20200131
1234934325	202	111103	9445.63	20200131
1234934325	203	111104	8207.54	20200131
1234934325	301	111105	9512.63	20200131
1234934325	401	111106	10482.63	20200131
1234934325	501	111107	8408.63	20200131
1234934325	502	111108	8796.63	20200131
1234934325	503	111109	10997.63	20200131
1234934325	601	111110	7827.48	20200131
1234934325	602	111111	9706.63	20200131
1234934325	603	111112	10997.63	20200131
1234934325	701	111113	10482.63	20200131
合计			122,742.87	

图 4-25　【银行代发】窗口

（4）单击【方式】按钮。打开【文件方式设置】对话框。在【常规】选项卡中，系统已将 TXT 设置为默认文件格式，单击【高级】选项卡，还可以对数值格式进行具体设置，设置完毕，单击【确定】按钮。

（5）单击【传输】按钮，将文件保存到指定位置。

4. 工资分摊

1）工资分摊设置

（1）2020 年 1 月 31 日，由 02 李佳登录企业应用平台，执行【业务工作】/
【人力资源】/【薪资管理】/【设置】/【分摊类型设置】命令，打开【分摊类
型设置】窗口，单击【增加】按钮，输入"分摊类型名称"为"分配工资费用"，
输入"分摊比例"为"100"，输入"凭证类别字"为"记"。分别选择"人员
类别""部门""工资项目""借方科目""借方项目大类""借方项目""贷方
科目"等信息，如图 4-26 所示，单击【保存】按钮。

工资分摊（微课）

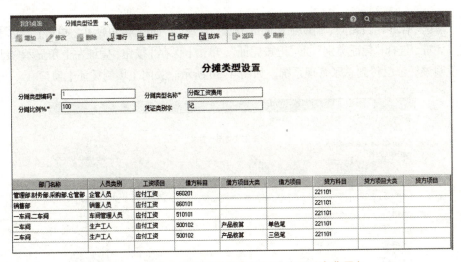

图 4-26 【分摊类型设置】窗口（分配工资费用）

（2）单击【增加】按钮，输入"分摊类型名称"为"代扣个人所得税"，输入"分摊比例"
为"100"，输入"凭证类别字"为"记"。分别选择"人员类别""部门""工资项目""借方科
目""贷方科目"等信息，如图 4-27 所示，单击【保存】按钮。

部门名称	人员类别	工资项目	借方科目	借方项目大类	借方项目	贷方科目	贷方项目大类	贷方项目
管理部,财务部,采购部,仓管部	企管人员	代扣税	221101			222103		
销售部	销售人员	代扣税	221101			222103		
一车间,二车间	车间管理人员	代扣税	221101			222103		
一车间,二车间	生产工人	代扣税	221101			222103		

图 4-27 【分摊类型设置】窗口（代扣个人所得税）

2）生成凭证

（1）执行【业务处理】/【工资分摊】命令，打开【工资分摊】对话框，勾选计"提费用类型"框中的"分配工资费用"和"代扣个人所得税"选项，选择所有部门，勾选"明细到工资项目"和"按项目核算"复选框，如图4-28所示。

（2）单击【确定】按钮，打开【工资分摊】窗口。

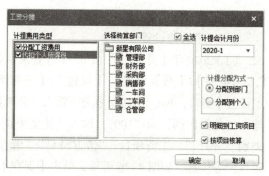

图4-28 【工资分摊】对话框

（3）勾选"合并科目相同、辅助项相同的分录"复选框，如图4-29所示。单击【制单】按钮，生成记账凭证，选择"凭证类别"为"记账凭证"，单击【保存】按钮，凭证左上角显示"已生成"字样，说明该凭证已传到总账管理系统，如图4-30所示。关闭【填制凭证】窗口。

分配工资费用一览表

☑ 合并科目相同、辅助项相同的分录

类型 分配工资费用   计提会计月份 1月

人员类别	应付工资						
	分配金额	借方科目	借方项目大类	借方项目	贷方科目	贷方项目大类	贷方项目
企管人员	9500.00	660201			221101		
	29009.09	660201			221101		
	10300.00	660201			221101		
销售人员	11300.00	660101			221101		
车间管理人员	11800.00	510101			221101		
生产工人	18600.00	500102	产品核算	单色笔	221101		
车间管理人员	11800.00	510101			221101		
生产工人	19031.80	500102	产品核算	三色笔	221101		
企管人员	11300.00	660201			221101		

图4-29 【工资分摊】窗口

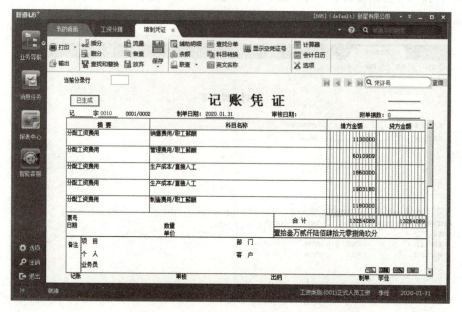

图4-30 记账凭证（分配工资费用）

（4）在"类型"下拉列表框中选择"代扣个人所得税"选项，重复步骤（3）的操作，生成代扣个人所得税凭证，如图 4-31 所示。

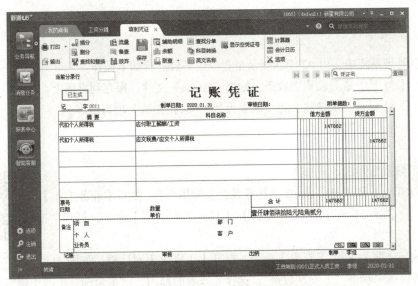

图 4-31　记账凭证（代扣个人所得税）

🗨 **温 馨 提 示**

在【工资分摊】对话框中，若勾选"明细到工资项目"复选框，则在【工资分摊】窗口自动出现会计科目，不用再重新选择科目，若勾选"按项目核算"复选框，而在【工资分摊】窗口中，有按项目核算科目，则不用再选择项目大类和项目名称。

【知识拓展一】计提五险一金、工会经费、职工教育经费

计提五险一金、工
会经费、职工教育
经费（PDF）

【知识拓展二】修改、删除、冲销凭证

修改、删除、冲
销凭证（PDF）

任务 4.4　薪资管理系统期末处理

4.4.1　任务布置

在薪资管理系统中，由 02 李佳登录企业应用平台进行如下操作。

（1）1 月 31 日，查看薪资发放条，输出 "fft.xls" 文件，保存到桌面上。

（2）1 月 31 日，月末结账，将 "缺勤天数""缺勤扣款" 项目清零。

4.4.2　任务实施

1. 工资数据查询统计

（1）2020 年 1 月 31 日，由 02 李佳登录企业应用平台，执行【业务工作】/【人力资源】/【薪资管理】/【工资类别】/【打开工资类别】命令，打开 "正式人员工资" 类别。

期末处理（微课）

（2）执行【账表】/【工资表】命令，打开【工资表】对话框，如图 4-32 所示。在列表框中双击 "工资发放条"，选择要查看的部门，这里全选，单击【确定】按钮。

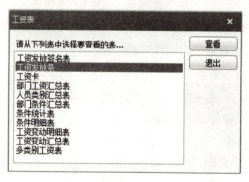

图 4-32　【工资表】对话框

（3）打开【工资发放条】窗口，单击【输出】按钮，输入文件名和保存位置，单击【保存】按钮。

2. 月末结账

（1）在薪资管理系统中，如果已经打开某一工资类别，执行【业务处理】/【月末处理】命令，则直接弹出【月末处理】对话框，如图 4-33 所示。

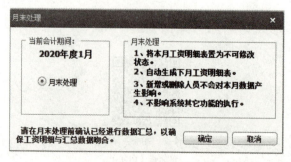

图 4-33　【月末处理】对话框

（2）确认没问题后，单击【确定】按钮，系统提示"月末处理之后，本月工资将不许变动！继续月末处理吗？"。

（3）单击【是】按钮。

（4）系统提示"是否选择清零项？"。

（5）单击【是】按钮，系统打开【选择清零项目】对话框，将"缺勤天数""缺勤扣款""累计应付工资""累计专项附加扣除"从左侧选到右侧，如图4-34所示。

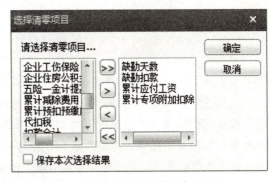

图4-34 【选择清零项目】对话框

（6）单击【确定】按钮，系统提示"月末处理完毕"，单击【确定】按钮。

如果关闭了所有工资类别，执行命令后，打开【月末处理】对话框，在"选择栏"打上"Y"标记，选择清零项目，再单击【确定】按钮，即可完成结账工作。

温馨提示

（1）期末结账的作用在于将本期的工资数据结转到下一期，并自动生成下一期的工资明细表。

（2）进行月末处理后，本月数据将不允许变动。

（3）结账时，如果选择了清零项目，则系统会自动将用户所选项目的数据清零，所以清零适用于工资中的变动项目，但清零时要谨慎，如果删除了工资中的固定数据，则会增加不必要的工作量。

（4）结账后，若发现还有一些业务或事项需要在已结账月进行处理，可使用反结账功能，将薪资管理账套恢复至结账前状态。

（5）总账管理系统已结账或成本管理系统上月已结账，则不允许反结账。

常见问题分析

问题一：以"02李佳"的身份建完工资类别后，系统提示"此操作员没有任何部门权限"。

原因分析及解决办法：这是因为系统自动限制用户能够对各工资类别中哪些部门或者工资项目有查询和录入工资数据的权限，工资系统中控制该权限。解决的办法是将操作员换成"01陈宇"，执行【系统服务】/【权限】/【数据权限控制设置】命令，打开【数据权限控制设置】窗口，在【记录级】选项卡下，单击【全销】按钮，将"工资权限""部门"等复选框取消勾选，单击【确定】按钮。应收款、应付款管理系统的操作员权限也是如此设置。

问题二：【工资公式】不能点开，不能操作。

原因分析及解决办法：原因是没有录入人员档案，批增完人员档案后公式就能录入。

问题三：公式设置时出现应发合计公式和扣款合计公式错误，公式中的增减项目不是多就是少。

原因分析及解决办法：这是因为在设置工资项目时"增减项"选错，增减项有"增项""减项"和"其他"3种选择，"应发合计"公式中的项目均为"增项"，"扣款合计"公式中的项目均为"减项"，"其他"项目既不构成"应发合计"，也不构成"扣款合计"。请到【工资项目设置】对话框中检查并修改。

※※※※※※※※※※※※※※※※※※※※※※※※※※※※※※※※※※※※※

德育栏目——爱岗敬业

爱岗敬业的具体要求为：①正确认识职业，树立职业荣誉感；②热爱工作，敬重职业；③安心工作，任劳任怨；④严肃认真，一丝不苟；⑤忠于职守，尽职尽责。

王进喜曾当选"100位新中国成立以来感动中国人物"，荣获"最美奋斗者""全国劳动模范"称号。1960年3月，王进喜在工作中因被钻杆撞倒而晕倒，但他醒来继续工作。当领导把他送到医院时，他从医院跑到第二口井的井场，用双拐指挥钻井；当钻井至700米左右时，突然发生井喷。井场内无压井用重晶石粉。经过研究，他决定通过添加水泥压井来增加泥浆密度。当水泥被加入泥浆池时，它沉到了底部，由于没有搅拌机，王进喜扔掉拐杖，跳进泥浆池，用身体搅拌泥浆，其他同志也纷纷跳进泥浆池，终于制止了井喷，保住了钻机和油井。王进喜是我国合格，并且十分优秀的共产党员，其爱岗敬业的事迹妇孺皆知，是我辈之楷模。我们要学习"铁人"身上"爱岗敬业、舍我其谁"的奉献精神。

项目小结

本项目工作任务导图如图4-35所示。

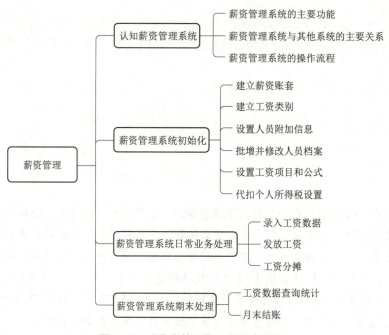

图4-35　"薪资管理"工作任务导图

【实训四】薪资管理实训

实训四（PDF）

项目五

固定资产管理

【知识目标】

◎了解固定资产管理系统的基本功能；

◎掌握固定资产管理系统初始化设置的操作方法；

◎掌握固定资产管理系统日常业务处理的操作方法；

◎掌握固定资产管理系统月末处理的操作方法。

【能力目标】

◎能够熟练进行固定资产管理系统的初始化设置；

◎能够熟练进行固定资产增加、减少、变动的处理；

◎能够正确进行固定资产折旧的计算与计提；

◎能够熟练进行固定资产凭证的生成、修改、删除处理；

◎能够熟练进行月末结账与取消结账处理。

【素质目标】

◎具有会计软件操作的规范性和发现问题的敏感性；

◎具有语言表达、会计职业沟通和协调能力；

◎具有踏实肯干的工作作风和主动、热情、耐心的服务意识；

◎具有强烈的团队精神和协作精神、较强的应变能力。

任务 5.1 认知固定资产管理系统

5.1.1 固定资产管理系统的主要功能

固定资产管理系统主要完成企业固定资产业务的核算和管理，按月反映固定资产的增减、原值变化等变动业务，生成固定资产卡片，并输出相应的增减变动明细账，按月自动计提折旧，生成折旧分配凭证，输出一些与设备管理相关的报表和账簿。该系统的主要功能有初始化设置、日常处理、账表管理、月末处理。

5.1.2 固定资产管理系统与其他系统的主要关系

固定资产管理系统中资产增加、资产减少、原值和累计折旧调整、减值准备和折旧计提等业务都要生成记账凭证，并将记账凭证传输到总账管理系统；同时通过对账保持与总账管理系统的平衡，固定资产管理系统可以修改、删除以及查询凭证。固定资产管理系统也为成本核算系统提供与计提折旧有关的数据。UFO 报表系统也可以通过相应的取数函数从固定资产管理系统中提取分析数据。

5.1.3 固定资产管理系统的操作流程

固定资产管理系统的操作流程如图 5-1 所示。

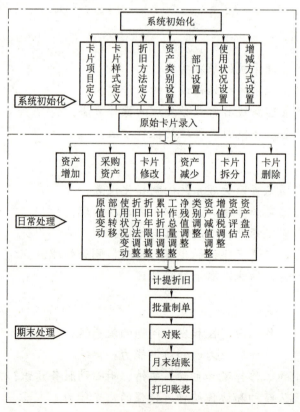

图 5-1 固定资产管理系统的操作流程

任务 5.2　固定资产管理系统初始化

5.2.1　任务布置

新星有限公司 2020 年 1 月 1 日启用固定资产管理系统，由 02 李佳登录企业应用平台，进行如下操作。

（1）设置固定资产管理系统账套参数，如表 5-1 所示。

表 5-1　固定资产管理系统账套参数

控制参数	参数设置
约定与说明	同意
启用月份	2020-01
折旧信息	本账套计提折旧 主要折旧方法：平均年限法（一） 折旧汇总分配周期：1 个月 当月初已计提月份 = 可使用月份 − 1 时，将剩余折旧全部提足
编码方式	资产类别编码方式：2112 固定资产编码方式：自动编码——类别编码 + 部门编码 + 序号 卡片序号长度为 3
账务接口	与账务系统进行对账 对账科目： 固定资产对账科目：固定资产（1601） 累计折旧对账科目：累计折旧（1602） 在对账不平的情况下，允许固定资产月末结账
补充参数	业务发生后立即制单 月末结账前一定要完成制单登账业务 ［固定资产］缺省入账科目：1601 ［累计折旧］缺省入账科目：1602 ［固定资产减值准备］缺省入账科目：1603 ［增值税进项税额］缺省入账科目：22210101 ［固定资产清理］缺省入账科目：1606

（2）设置部门及对应科目，如表 5-2 所示。

表 5-2　部门及对应科目

部门	对应折旧科目
管理部、采购部、仓管部、财务部	管理费用 / 折旧费
销售部	销售费用 / 折旧费
一车间、二车间	制造费用 / 折旧费

（3）设置资产类别表，如表 5-3 所示。

表 5-3　资产类别表

编码	类别名称	预计使用年限	净残值率 /%	卡片样式	计提属性
01	房屋及建筑物	30	5	含税卡片样式	正常计提
02	设备			含税卡片样式	正常计提
021	生产设备	6	4	含税卡片样式	正常计提
022	办公设备	3	3	含税卡片样式	正常计提

（4）设置增减方式的对应入账科目，如表 5-4 所示。

表 5-4　对应入账科目

增加方式	对应入账科目	减少方式	对应入账科目
直接购入	银行存款 / 工行存款（100201）	出售	固定资产清理（1606）

（5）录入固定资产原始卡片。

新星有限公司 2020 年 1 月 1 日固定资产原始卡片数据，如表 5-5 所示。

表 5-5　原始卡片

固定资产名称	类别编号	所在部门	增加方式	可使用年限 / 月	净残值率 /%	开始使用日期	原值 / 元	累计折旧 / 元	增值税 / 元	对应折旧科目名称
电脑	022	管理部	购入	36	3	2018-06-2	4 000	1 936.8	680	管理费用 / 折旧费
电脑	022	管理部	购入	36	3	2018-06-2	4 000	1 936.8	680	管理费用 / 折旧费
电脑	022	管理部	购入	36	3	2018-06-2	4 000	1 936.8	680	管理费用 / 折旧费
复印机	022	销售部	购入	36	3	2018-12-18	5 000	1 614	850	销售费用 / 折旧费
单色笔生产线	021	一车间	购入	72	4	2014-12-06	300 000	239 400		制造费用 / 折旧费
三色笔生产线	021	二车间	购入	72	4	2014-12-06	500 000	399 000		制造费用 / 折旧费
厂房	01	一车间 50%，二车间 50%	在建工程转入	360	5	2014-12-01	600 000	93 600		制造费用 / 折旧费
合计							1 417 000	739 424.4	2 890	

注：使用状况均为"在用"，折旧方法均采用平均年限法（一）。

5.2.2　任务实施

1.建立固定资产账套

1）启用固定资产管理系统

2020 年 1 月 1 日，由 02 李佳登录企业应用平台，执行【基础设置】/【基

建立固定资产账套（微课）

本信息】/【系统启用】命令，打开【系统启用】对话框，勾选"FA 固定资产"复选框，弹出【日历】对话框，选择系统启用日期为"2020-01-01"，单击【确定】按钮，系统提示"确实要启用当前系统吗？"，单击【是】按钮。

2）建立固定资产账套

2020 年 1 月 1 日，由 02 李佳登录企业应用平台，执行【业务工作】/【财务会计】/【固定资产】命令，系统提示"这是第一次打开此账套，还未进行过初始化，是否进行初始化？"，单击【是】按钮，打开【初始化账套向导】对话框，如图 5-2 所示。

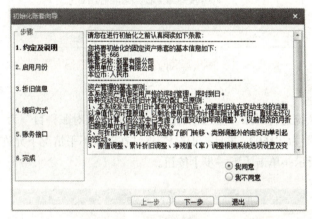

图 5-2 【初始化账套向导】对话框（约定及说明）

（1）约定及说明。阅读后单击【我同意】单选按钮，再单击【下一步】按钮。

（2）启用月份。启用月份只能查看不能修改，单击【下一步】按钮。

（3）折旧信息。勾选"本账套计提折旧"复选框，选择"主要折旧方法"为"平均年限法（一）"等信息，如图 5-3 所示，单击【下一步】按钮。

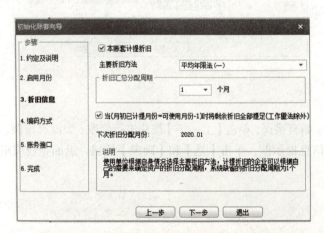

图 5-3 【初始化账套向导】对话框（折旧信息）

（4）编码方式。

确定编码长度为"2112"，单击【自动编码】单选按钮，选择"编码方式"为"类别编码＋部门编码＋序号"，"序号长度"为"3"，如图 5-4 所示，单击【下一步】按钮。

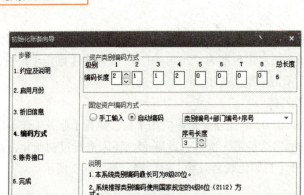

图 5-4 【初始化账套向导】对话框（编码方式）

（5）财务接口。

勾选"与财务系统进行对账"复选框，选择"固定资产对账科目"为"1601，固定资产"，"累计折旧对账科目"为"1602，累计折旧"，勾选"在对账不平情况下允许固定资产月末结账"复选框，如图 5-5 所示，单击【下一步】按钮。

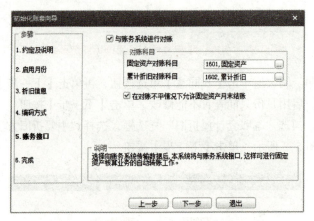

图 5-5 【初始化账套向导】对话框（财务接口）

（6）完成。

审查汇总报告，如有错误，单击【上一步】按钮进行修改；如没有错误，单击【完成】按钮，系统先后弹出两个信息提示框，单击【是】和【确定】按钮，返回企业应用平台。

温馨提示

（1）固定资产管理系统初始化设置时登录的日期应为"2020-01-01"。

（2）建账结束后有些参数能在【选项】对话框中修改，有些参数是不能修改的，若要改只能通过固定资产管理系统中的【维护】/【重新初始化账套】命令实现。

2. 设置选项

（1）2020 年 1 月 1 日，由 02 李佳登录企业应用平台，执行【业务工作】/【财务会计】/【固定资产】/【设置】/【选项】命令，打开【选项】对话框。

（2）单击【编辑】按钮，在【与财务系统接口】选项卡中勾选"业务发生后立即制单"复选框。选择"固定资产""累计折旧""减值准备""增值税进项税额""固定资产清理"等缺省入账科目，如图5-6所示，单击【确定】按钮。

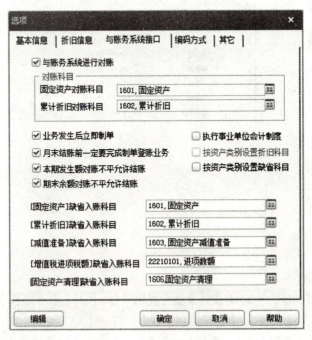

图5-6 【选项】对话框

温馨提示

（1）【选项】对话框主要包括【基本信息】【折旧信息】【与财务系统接口】【编码方式】【其他】等5个选项卡，除了在账套初始化中设置的参数外，还增加了一些参数。初始化中可修改的参数在这里可以修改。

（2）若在【与财务系统接口】选项卡中设置了缺省入账科目，则在生成记账凭证时系统会按所设置的缺省入账科目自动带出相应的科目；若缺省入账科目为空，则生成记账凭证的相关科目也为空，届时需要由操作员手工填制。

3.设置部门及对应折旧科目

（1）2020年1月1日，由02李佳登录企业应用平台，执行【业务工作】/【财务会计】【固定资产】/【设置】/【部门对应折旧科目】命令，打开【部门对应折旧科目】窗口。

（2）在"固定资产部门编码目录"列表中选择"管理部"选项，然后单击【修改】按钮（或单击【编辑】按钮，再单击【编辑】命令）。

（3）选择"对应折旧科目"为"660202，管理费用/折旧费"，单击【保存】按钮。

（4）重复步骤（2）~（3），完成对其他部门对应折旧科目的设置，如图5-7所示。

设置部门及对应
折旧科目（微课）

图 5-7 【部门对应折旧科目】窗口

温馨提示

（1）部门对应折旧科目是固定资产折旧费用的入账科目，设置部门对应折旧科目的好处在于录入固定资产卡片时，由系统自动带出部门对应折旧科目的内容，以减少手工录入的工作量。

（2）选择部门对应折旧科目时，必须选择末级会计科目。

4. 设置资产类别

（1）2020 年 1 月 1 日，由 02 李佳登录企业应用平台，执行【业务工作】/【财务会计】/【固定资产】/【设置】/【资产类别】命令，打开【资产类别】窗口。

（2）单击【增加】按钮，输入"类别名称"为"房屋及建筑物"，"使用年限"为"30"，"净残值率"为"5"，"卡片样式"为"含税卡片样式"等信息。

（3）单击【保存】按钮，如图 5-8 所示。

设置资产类别
（微课）

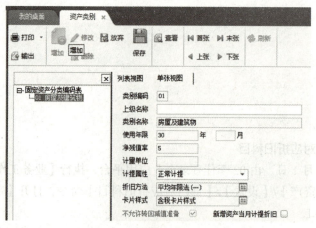

图 5-8 【资产类别】窗口

（4）重复步骤（2）~（3），完成对固定资产其他类别的设置。

温馨提示

在设置生产设备和办公设备二级类别时，先在"固定资产分类编码表"列表中选择"设备"选项，再单击【增加】按钮，输入类别名称等信息后保存。

5. 设置增减方式及对应入账科目

（1）2020 年 1 月 1 日，由 02 李佳登录企业应用平台，执行【业务工作】/【财务会计】【固定资产】/【设置】/【增减方式】命令，打开【增减方式】窗口。

（2）在"增减方式目录表"列表中双击展开"增加方式"，选定"直接购入"增加方式，单击【修改】按钮，在【单张视图】选项卡中选择"对应入账科目"为"100201 工行存款"，如图 5-9 所示，单击【保存】按钮。

（3）重复步骤（2），完成对其他增减方式对应科目的设置。

设置增减方式及
对应入账科目
（微课）

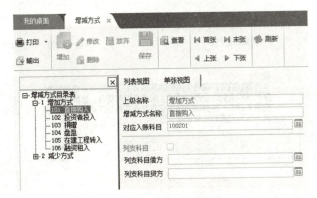

图 5-9 【增减方式】窗口

🎯 **温馨提示**

设置对应入账科目是为了在系统生成记账凭证时使该科目自动生成，如果生成记账凭证时入账科目发生了变化，要及时修改科目，再保存凭证。

6. 录入固定资产原始卡片

（1）2020 年 1 月 1 日，由 02 李佳登录企业应用平台，执行【业务工作】/【财务会计】/【固定资产】/【卡片】/【录入原始卡片】命令，打开【固定资产类别档案】窗口，勾选"022 办公设备"选项，单击【确定】按钮，打开【固定资产卡片】窗口。

（2）录入固定资产名称、原值、累计折旧、开始使用日期，选择使用部门、增加方式、使用状况等信息，如图 5-10 所示。单击【保存】按钮，系统提示"数据成功保存！"，单击【确定】按钮。

录入固定资产原
始卡片（微课）

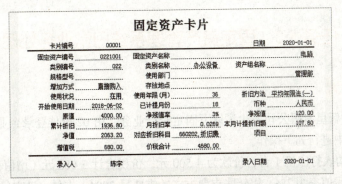

图 5-10 【固定资产卡片】窗口

（3）单击【放弃】按钮，再单击【复制】按钮，系统弹出复制卡片对话框，输入起始资产编号、终止资产编号和卡片复制数量，如图5-11所示，单击【确定】按钮，系统提示"卡片批量复制完成"，单击【确定】按钮。

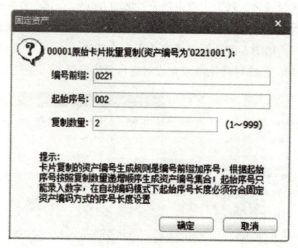

图5-11　复制卡片对话框

（4）重复步骤（2），完成其他卡片的录入。

温馨提示

（1）在建立固定资产账套时对固定资产编码方式设定了"自动编码"方式，录入固定资产卡片时，"固定资产编号"栏不能编辑，编号由系统自动生成。

（2）不能在"增加状态"下修改、删除、复制卡片，单击【放弃】按钮后才能操作。

【知识拓展一】固定资产卡片的修改

固定资产卡片的
修改（PDF文件）

任务 5.3　固定资产管理系统日常业务处理

5.3.1　任务布置

2020年1月新星有限公司发生了以下固定资产业务，由02李佳登录企业应用平台，在固定资产管理系统中进行如下操作。

（1）3日，购入打印机1台，价款为4 500元，价税合计5 085元（增值税率为13%），预计使用3年，净残值率为3%，以转账支票方式（支票号2004）支付，已交付管理部使用。

（2）4日，为管理部使用的电脑（编号：0221002）增加硬件，原值增加1 000元，以转账支票方式（支票号2005）支付。

（3）4日，由于销售部急需电脑，将管理部的电脑（编号：0221001）转移到销售部。

（4）14日，对一车间已经发生减值迹象的单色笔生产线提减值准备10 000元。

（5）31日，出售销售部使用的复印机，收到复印机出售款3 390元（含税），以转账支票（支票号：3001）收讫。

（6）31日，管理部盘亏电脑1台（编号：0221003），销售部盘盈打印机1台，预计使用年限为36个月，原值为8 000元，残值率为3%，开始使用日期为2020年1月1日，采用折旧方法（一）。

（7）31日，计提本月折旧费用（采用批量制单）。

5.3.2　任务实施

1. 资产增加

（1）2020年1月3日，由02李佳登录企业应用平台，执行【业务工作】/【财务会计】/【固定资产】/【卡片】/【资产增加】命令，打开【固定资产类别档案】窗口，勾选"022办公设备"选项，单击【确定】按钮，打开【固定资产卡片】窗口。

资产增加（微课）

（2）输入"固定资产名称"为"打印机"，选择"使用部门"为"管理部"，"增加方式"为"直接购入"，"使用状况"为"在用"，录入"开始使用日期"为"2020-01-03"，"原值"为"4500"，"增值税"为"585"等，如图5-12所示。

固定资产卡片

卡片编号	00008			日期	2020-01-03
固定资产编号	0221004	固定资产名称			打印机
类别编号	022	类别名称	办公设备	资产组名称	
规格型号		使用部门			管理部
增加方式	直接购入	存放地点			
使用状况	在用	使用年限（月）	36	折旧方法	平均年限法（一）
开始使用日期	2020-01-03	已计提月份	0	币种	人民币
原值	4500.00	净残值率	3%	净残值	135.00
累计折旧	0.00	月折旧率	0	本月计提折旧额	0.00
净值	4500.00	对应折旧科目	660202,折旧费	项目	
增值税	585.00	价税合计	5085.00		
录入人	李佳			录入日期	2020-01-03

图5-12　【固定资产卡片】窗口

（3）单击【保存】按钮。系统自动打开【填制凭证】窗口，并提示"数据成功保存！"，单击【确定】按钮，选择"凭证类别"为"记账凭证"，单击"银行存款/工行存款"科目，鼠标下移至"日期"附近双击，弹出【辅助项】窗口，选择"结算方式"为"102转账支票"，输入"票号"为"2004"，单击【确定】按钮，再单击【保存】按钮，凭证显示"已生成"，如图5-13所示。

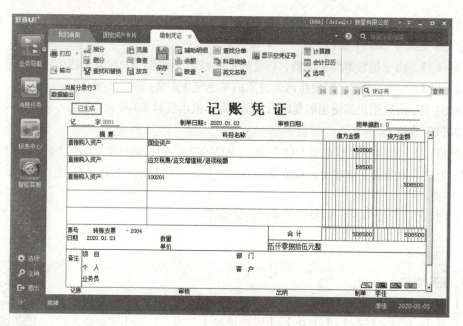

图 5-13　记账凭证

温馨提示

（1）在【资产增加】窗口和【原始卡片】窗口都能录入卡片，但它们的开始使用日期不同，只有当开始使用日期的期间等于录入的期间时，才能通过【资产增加】窗口录入。

（2）只有在系统选项中设置了"业务发生后立即制单"，才能在保存固定资产卡片后自动弹出【填制凭证】窗口；否则，必须在【批量制单】窗口中制单。如同时新增多项资产并且合并制单，则不在此逐项生成凭证，必须通过【批量制单】窗口合并生成凭证。

（3）如果发现凭证有错误，但卡片没有错误，可以在【查询凭证】窗口中单击【编辑】按钮进行修改；如果卡片错误导致凭证出错，则需要删除凭证，修改卡片后，再次生成凭证。

（4）录入多个相同的卡片，可以采用卡片复制功能，即录入完一张卡片后，单击【放弃】按钮，再单击【复制】按钮，即可复制多张相同的卡片。

2. 原值增加

（1）2020 年 1 月 4 日，由 02 李佳登录企业应用平台，执行【业务工作】/【财务会计】/【固定资产】/【变动单】/【原值增加】命令，打开【固定资产变动单】窗口，在"卡片编号"栏选择"0221002"，单击【确定】按钮，在"增加金额"栏输入"1000"，在"变动原因"栏输入"原值增加"，单击【保存】按钮，如图 5-14 所示。

资产变动（微课）

（2）系统提示"数据成功保存！"，单击【确定】按钮，并自动打开【填制凭证】窗口，选择"凭证类别"为"记账凭证"，选择"缺省科目"为"100201，银行存款/工行存款"（选择"结算方式"为"102 转账支票"，录入"票号"为"2005"），单击【确定】按钮，再单击【保存】按钮，如图 5-15 所示。

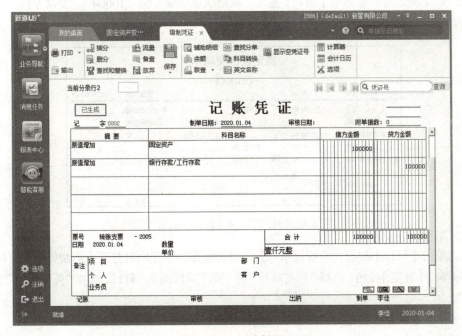

图 5-14 【固定资产变动单】窗口

图 5-15 记账凭证

3. 部门转移

（1）2020 年 1 月 4 日，由 02 李佳登录企业应用平台，执行【业务工作】/【财务会计】/【固定资产】/【变动单】/【部门转移】命令，打开【固定资产变动单】窗口，单击【卡片编号】按钮，勾选 "0221001 电脑" 选项，单击【确定】按钮。

（2）选择 "变动后部门" 为 "销售部"，录入 "变动原因" 为 "销售部门急需"。

（3）单击【保存】按钮，系统提示 "数据成功保存！" 和 "部门已改变，请检查资产对应折旧科目是否正确！"，单击【确定】按钮，如图 5-16 所示。

4. 计提固定资产减值准备

（1）2020 年 1 月 14 日，由 02 李佳登录企业应用平台，执行【业务工作】/【财务会计】/【固定资产】/【减值准备】/【计提减值准备】命令，打开【固定资产变动单】窗口，单击【卡片编号】按钮，勾选 "0215001 单色笔生产线" 选项，单击【确定】按钮。

资产减值（微课）

图 5-16 【固定资产变动单】窗口（部门转移）

（2）在【固定资产变动单】窗口，输入"减值准备金额"为"10000"，"变动原因"为"发生减值迹象"，如图 5-17 所示。

图 5-17 【固定资产变动单】窗口（计提减值准备）

（3）单击【保存】按钮，系统提示"数据成功保存！"并同时打开【填制凭证】窗口。

（4）单击【确定】按钮，选择"缺省科目"为"资产减值损失"科目，选择"凭证类别"为"记账凭证"。

（5）单击【保存】按钮，如图 5-18 所示。

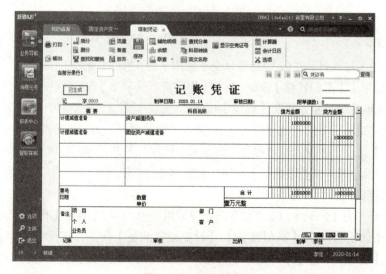

图 5-18 记账凭证

温馨提示

固定资产变动单不能修改，只有当月的固定资产变动单可删除重做，所以请仔细检查后再保存。

5. 资产减少

（1）2020 年 1 月 31 日，由 02 李佳登录企业应用平台，执行【业务工作】/【财务会计】/【固定资产】/【资产处置】/【资产减少】命令，系统提示"本账套需要进行计提折旧后，才能减少资产！"，说明需要先执行【折旧计提】/【计提本月折旧】命令，计提折旧，然后再减少资产。

资产减少（微课）

（2）计提完折旧后，再执行【资产处置】/【资产减少】命令，打开【资产减少】窗口，单击"卡片编号"右侧按钮，系统弹出【固定资产卡片档案】窗口，勾选"004 复印机"选项，单击【确定】按钮。

（3）单击【增加】按钮，窗口中显示该固定资产卡片编号、资产编号、资产名称等内容。

（4）选择"减少方式"为"出售"，录入"清理收入"为"3390"，"增值税"为"390"，"清理原因"为"出售"，如图 5-19 所示。

图 5-19 【资产减少】窗口

（5）单击【确定】按钮，系统提示"所选卡片已经减少成功！"，并自动打开【生成凭证】窗口，单击【确定】按钮。

（6）选择"凭证类别"为"记账凭证"，选择"缺省科目"为"100201，银行存款/工行存款"（选择"结算方式"为"102 转账支票"，录入"票号"为"3001"）和"22210105 应交税费/应交增值税/销项税额"。

（7）单击【保存】按钮，如图 5-20 所示。

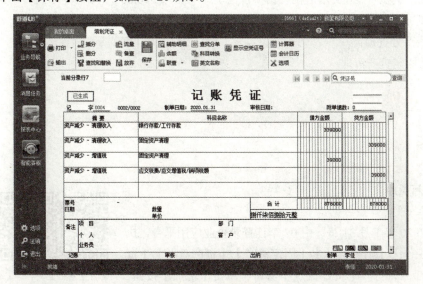

图 5-20 记账凭证

（8）在总账管理系统中执行【凭证】/【填制凭证】命令，打开【填制凭证】窗口，单击【增加】按钮，填制结转清理净损益的记账凭证并保存，结果如图 5-21 所示。

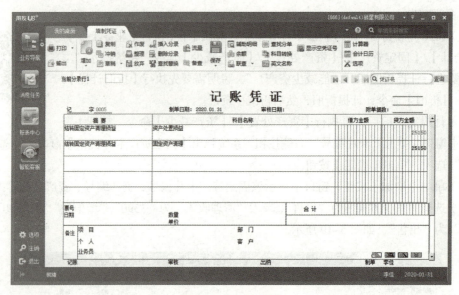

图 5-21　记账凭证

出售固定资产记账凭证的完整会计分录为：

借：累计折旧　　　　　　　　　　　　　1 748.5

　　固定资产清理　　　　　　　　　　　3 251.5

　　贷：固定资产　　　　　　　　　　　　　　5 000.00

借：银行存款 / 工行存款　　　　　　　　3 390.00

　　贷：固定资产清理　　　　　　　　　　　　3 390.00

借：固定资产清理　　　　　　　　　　　　390.00

　　贷：应交税费 / 应交增值税（销项税额）　　390.00

在总账管理系统中填制的记账凭证的会计分录为：

贷：资产处置损益　　　　　　　　　　251.5（红字）

贷：固定资产清理　　　　　　　　　　251.5

温 馨 提 示

（1）由于当月减少的固定资产当月计提折旧，因此固定资产减少的核算必须在计提了当月的折旧以后才能进行。

（2）处置固定资产损益要在总账管理系统中直接填制凭证。

6. 资产盘点

1）录入实际盘点数据

（1）2020 年 1 月 31 日，由 02 李佳登录企业应用平台，执行【业务工作】/【财务会计】/【固定资产】/【资产盘点】/【资产盘点】命令，打开【资产盘点】窗口，单击【增加】按钮，

资产盘点（上）
（微课）

资产盘点（下）
（微课）

弹出【新增盘点单-数据录入】窗口。单击【范围】按钮，打开【盘点范围设置】对话框。在"资产类别"栏勾选"022-办公设备"选项，如图5-22所示，单击【确定】按钮。

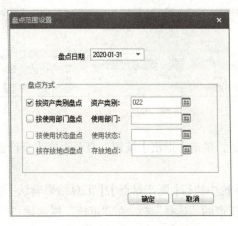

图5-22 【盘点范围设置】对话框

（2）单击【确定】按钮，显示所有办公设备类资产。双击"0221003"号资产的"选择"栏，如图5-23所示。

图5-23 【新增盘点单-数据录入】窗口

（3）单击【盘亏删除】按钮，删除"0221003"号资产。

（4）单击【盘盈增加】按钮，在空白行中分别录入固定资产编号"0221005"、固定资产名称、部门编号、使用年限、开始使用日期、原值、净残值等信息，如图5-24所示。

图5-24 【新增盘点单-数据录入】窗口

（5）单击【保存】按钮，系统提示"盘点单保存成功！"，单击【退出】按钮。

2）资产盘点汇总

（1）返回【资产盘点】窗口，双击"汇总选择"栏，如图5-25所示。

图5-25 【资产盘点】窗口

（2）单击【汇总】按钮，打开【新增盘点单－汇总盘点单】窗口，单击【保存】按钮。单击【核对】按钮，打开【盘点结果清单】窗口，如图5-26所示。

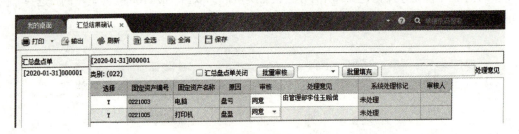

图5-26 【盘点结果清单】窗口

（3）单击【保存】按钮，单击【退出】按钮，直至返回【资产盘点】窗口，关闭该窗口。

3）汇总盘点确认

（1）在固定资产管理系统中执行【资产盘点】/【汇总结果确认】命令，打开【汇总结果确认】窗口，双击"0221003"号资产的"选择"栏，在"审核"栏选择"同意"选项，在"处理意见"栏输入"由管理部李佳玉赔偿"；双击"0221005"号资产的"选择"栏，在"审核"栏选择"同意"选项，如图5-27所示。

图5-27 【汇总结果确认】窗口

（2）单击【保存】按钮，系统提示"保存成功！"，单击【确定】按钮，关闭【汇总结果确认】窗口。

4）资产盘亏

（1）盘亏处理。

在固定资产管理系统中执行【资产盘点】/【资产盘亏】命令，打开【资产盘亏】窗口。双击"0221003"号资产的"选择"栏，如图5-28所示。

我的桌面	资产盘亏	×							
打印 ▼	输出	刷新	全选	全消	盘亏处理				
汇总盘点单 [2020-01-31]000001	[2020-01-31]000001 类别: (022)		批量填充	日期 2020-01-31	资产类别				
		选择	固定资产编号	固定资产名称	开始使用日期	资产类别	原因	审核	审核人	处理意见	系统处理标记
		Y	0221003	电脑	2018-06-02	办公设备	盘亏	同意	李佳	由管理部李...	未处理

图5-28 【资产盘亏】窗口

单击【盘亏处理】按钮，打开【资产减少】窗口。在"清理原因"栏输入"资产盘亏"，如图5-29所示。单击【确定】按钮，系统提示"所选卡片已经减少成功！"，单击【确定】按钮。

图 5-29 【资产减少】窗口

（2）批量制单。

在固定资产管理系统中执行【凭证处理】/【批量制单】命令，打开【查询条件 – 批量制单】窗口，单击【确定】按钮，打开【批量制单】窗口，在【制单选择】选项卡中双击第一行的"选择"栏，如图 5-30 所示。

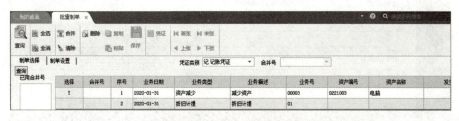

图 5-30 【批量制单】窗口

单击【制单设置】选项卡，在"凭证类别"下拉列表框中选择"记账凭证"选项。

单击【凭证】按钮，系统生成一张记账凭证，将"1606固定资产清理"科目修改为"190102-待处理固定资产损溢"，单击【保存】按钮，结果如图 5-31 所示。

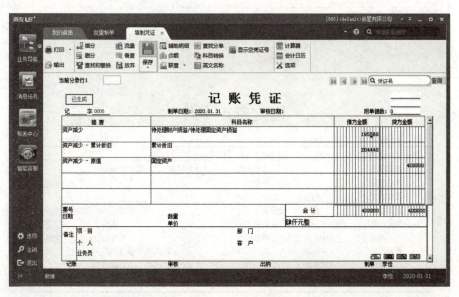

图 5-31 记账凭证

（3）处理盘亏净损失。

在总账管理系统中填制盘亏处理结果的记账凭证，结果如图 5-32 所示。

5）资产盘盈。

（1）在固定资产管理系统中执行【资产盘点】/【资产盘盈】命令，打开【资产盘盈】窗口，双击"选择"栏，如图5-33所示。

（2）单击【盘盈处理】按钮，系统弹出【固定资产卡片】窗口，如图5-34所示。

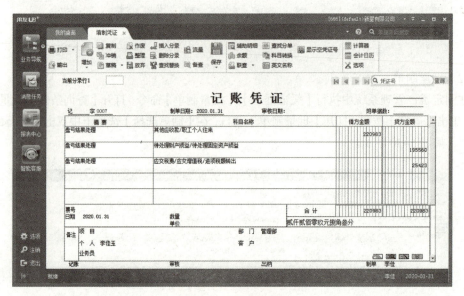

图5-32　记账凭证

图5-33　【资产盘盈】窗口

固定资产卡片

卡片编号	00009		日期	2020-01-31
固定资产编号	0224002	固定资产名称	打印机	
类别编号	022	类别名称	办公设备	资产组名称
规格型号		使用部门		销售部
增加方式	盘盈	存放地点		
使用状况	在用	使用年限（月）	36	折旧方法　平均年限法（一）
开始使用日期	2020-01-01	已计提月份	0	币种　人民币
原值	8000.00	净残值率	3%	净残值　240.00
累计折旧	0.00	月折旧率	0	本月计提折旧额　0.00
净值	8000.00	对应折旧科目	660103折旧费	项目
增值税	0.00	价税合计	8000.00	

| 录入人 | 李佳 | | 录入日期 | 2020-01-31 |

图5-34　【固定资产卡片】窗口

（3）单击【保存】按钮，系统提示"数据成功保存"，单击【确定】按钮，在弹出的【填制凭证】窗口中，贷方科目选择"以前年度损益调整"科目，选择凭证类别后保存凭证，如图5-35所示。

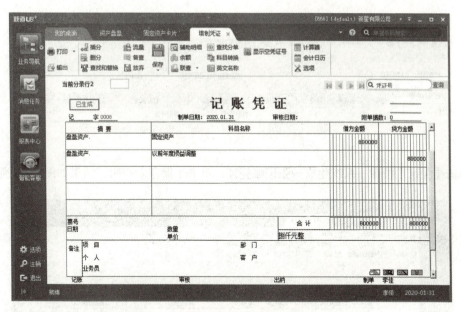

图 5-35　记账凭证

7. 折旧处理

（1）2020 年 1 月 31 日，由 02 李佳登录企业应用平台，执行【业务工作】/【财务会计】/【固定资产】/【折旧计提】/【计提本月折旧】命令，系统提示"是否要查看折旧清单"，单击【是】按钮，系统提示"本操作将计提本月折旧，并花费一定的时间，是否要继续？"，单击【是】按钮，打开【折旧清单】窗口。

计提折旧（微课）

（2）查看折旧情况后，单击【退出】按钮，系统提示"计提折旧完成"，自动弹出折旧分配表，如图 5-36 所示。单击【凭证】按钮，系统弹出【填制凭证】窗口，选择凭证类别后保存凭证。也可以执行【处理】/【折旧分配表】命令，打开【折旧分配表】窗口生成凭证，在此处不生成凭证，此笔业务在【批量制单】窗口中生成凭证。

图 5-36　【折旧分配表】窗口

（3）在固定资产管理系统中执行【凭证处理】/【批量制单】命令，打开【查询条件 - 批量制单】对话框，单击【确定】按钮。打开【批量制单】窗口，在【制单选择】选项卡中，双击第一行的"选择"栏，如图 5-37 所示。单击【制单设置】选项卡的，"凭证类别"下拉列表中选择"记账凭证"选项。

图 5-37 【批量制单】窗口

单击【凭证】按钮，系统生成一张记账凭证，单击【保存】按钮，结果如图 5-38 所示。

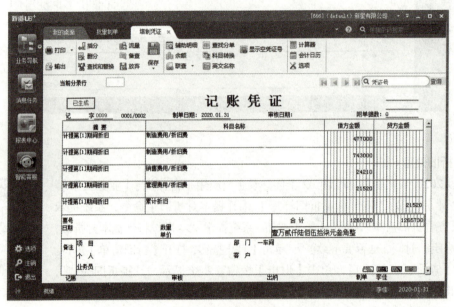

图 5-38   记账凭证

温馨提示

（1）账套内有采用工作量法计提折旧的资产时，每月计提折旧前必须录入资产当月的工作量。

（2）本系统在一个期间内可以多次计提折旧，每次计提折旧后，只是将计提的折旧累加到月初的累计折旧，不会重复累计。

（3）如果计提折旧后已制单，则必须删除该凭证后方可重新计提折旧。

（4）该系统有两种制作凭证的方法。第一种方法是"立即制单"，需要在固定资产选项设置时勾选"业务发生后立即制单"选项；另一种方法是"批量制单"，该系统需要生单的业务均可以在此处生成凭证，比如在固定资产选项设置没有勾选"业务发生后立即制单"选项、放弃立即制单、需要合并制单等情况下，均可以利用此功能生成凭证。

（5）固定资产管理系统生成的错误凭证一般是录入单据错误产生的，因此，需要把生成的记账凭证删除，重新修改单据上的错误后再保存，重新生成凭证。

【知识拓展二】撤销固定资产减少

撤销固定资产减
少（PDF 文件）

【知识拓展三】修改、删除记账凭证

修改、删除记账
凭证（PDF 文件）

任务 5.4　固定资产管理系统期末处理

5.4.1　任务布置

　　2020 年 1 月 31 日，新星有限公司将本月发生的固定资产业务均处理完毕，由 02 李佳登录企业应用平台，在该公司固定资产管理系统中进行对账、结账处理。

5.4.2　任务实施

1. 对账

　　2020 年 1 月 31 日，由 02 李佳登录企业应用平台，执行【业务工作】/【财务会计】/【固定资产】/【资产对账】/【对账】命令，系统弹出【对账条件】对话框，勾选"固定资产"和"累计折旧"科目，勾选"包含总账系统未记账记录"复选框，如图 5-39 所示。单击【确定】，显示对账结果，如图 5-40 所示。

月末处理——资
产对账（微课）

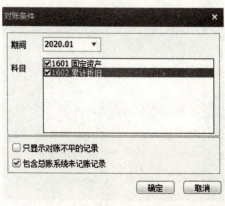

图 5-39　【对账条件】对话框

科目		固定资产				总账				对照差异			
编码	名称	期初余额	借方金额	贷方金额	期末余额	期初余额	借方金额	贷方金额	期末余额	期初余额	借方金额	贷方金额	期末余额
1601	固定资产	1417000.00	13500.00	9000.00	1421500.00	1417000.00	13500.00	9000.00	1421500.00	0.00	0.00	0.00	0.00
1602	累计折旧	739424.40	3792.90	12657.30	748288.80	739424.40	3792.90	12657.30	748288.80	0.00	0.00	0.00	0.00

图 5-40 【对账】窗口

温馨提示

（1）只有系统初始化或在选项设置时选择了与账务对账，本功能才可操作。

（2）原始卡片录入错误也会导致对账不平衡。

2. 月末结账

（1）2020 年 1 月 31 日，由 02 李佳登录企业应用平台，执行【业务工作】/【财务会计】/【固定资产】/【期末处理】/【月末结账】命令，打开【月末结账】对话框，如图 5-41 所示。

（2）单击【开始结账】按钮，系统进行结账处理。

（3）系统弹出【与总账对账结果】对话框，如图 5-42 所示，单击【确定】按钮。系统提示"月末结账成功完成！"，单击【确定】按钮。

期末处理——月末结账（微课）

（4）系统弹出结账情况说明提示框，单击【确定】按钮，完成结账。

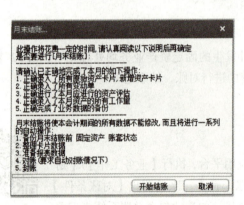

图 5-41 【月末结账】对话框

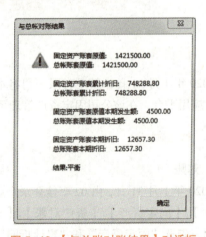

图 5-42 【与总账对账结果】对话框

温馨提示

（1）结账前系统会自动检查当月是否计提了折旧，所有业务是否都已经生成凭证，经检查符合结账的基本条件后，才能进行月末结账。结账后当期的数据不能修改。

（2）如果在选项设置时没有勾选"在对账不平衡情况下允许固定资产月末结账"选项，则只有总账与固定资产管理系统对账平衡后才能进行固定资产管理系统月末结账。

（3）月末结账前一定要进行数据备份，以防数据丢失。

（4）结账后发现结账前的数据有错误时，可在固定资产管理系统中执行【期末处理】/【恢复月末结账前状态】命令，恢复数据，再进行修改。

常见问题分析

问题一：进入固定资产管理系统后，没有【原始卡片】【资产增加】等命令。

原因分析及解决办法：因为这次登录日期在上次操作日期之前，即操作时间不序时，比如以"2020-01-20"日期登录固定资产管理系统并进行操作，以后再以1日—19日日期登录时，系统不允许对本账套进行修改操作。因此，固定资产管理系统必须按经济业务发生的时间先后顺序登录操作。

问题二：录入原始卡片时无法录入增值税数据。

原因分析及解决办法：原因是在设置固定资产类别时，选择卡片类型错误，应选择"含税卡片"样式。

问题三：系统自动生成的固定资产凭证只有金额，没有科目。

原因分析及解决办法：凭证中没有自动出现"固定资产""应交税费/应交增值税/进项税额""累计折旧""固定资产减值准备"科目，是因为在选项设置时没有定义缺省入账科目，应该执行【设置】/【选项】命令，单击【编辑】按钮，在【与财务系统接口】选项卡中完善设置；如果凭证中没有自动出现"银行存款/工行存款"科目，是因为在【增减方式】窗口中没有定义固定资产增减对应入账科目，应该执行【设置】/【增减方式】命令，修改增减对应入账科目；如果计提折旧凭证中没有出现累计折旧对方科目，是因为在【部门对应折旧科目】窗口中没有设置对应折旧科目，导致录入的固定资产卡片没有对应折旧科目，应该执行【设置】/【部门对应折旧科目】命令，修改部门对应折旧科目，然后执行【卡片】/【卡片管理】命令，将已经录入的固定资产卡片选上对应折旧科目。以上凭证缺省会计科目均可以手动选科目。

※※※

德育栏目——诚实守信

会计人员应立足会计实践，诚实守信。诚实守信包括四层含义——会计人员要以诚待人，做老实人，说老实话，办老实事；会计工作要实事求是，不弄虚作假；数据要真实，计算要正确；严密保守因工作关系获取的机密。

陈美丽，女，32岁，汉族，江西省德兴市李宅乡宗儒村村民。2007年，陈美丽的丈夫扑救山火时意外身亡，不仅突然把她丢进孤苦无助的生活困境，还给她留下数万元债务。她原本可以靠丈夫的死亡赔偿金维持一大家子的生计，但"欠账还钱，天经地义"这一信念使她毅然作出用死亡赔偿金来偿还债务的决定。在这个崇尚诚信的时代里，一位只有小学文化的村妇，使人们看到诚信可以如此朴素，网友称她为当下"中国最诚实守信的村妇"。

☑ **项目小结**

本项目工作任务导图如图 5-43 所示。

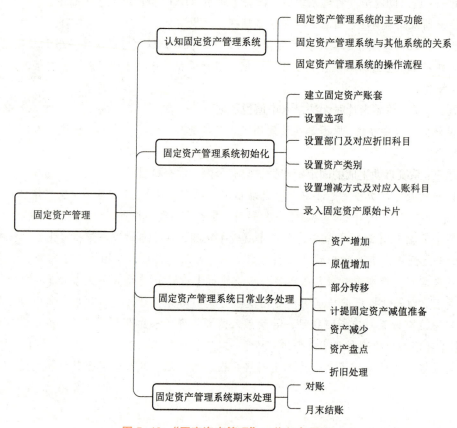

图 5-43 "固定资产管理"工作任务导图

【实训五】固定资产管理系统实训

实训五（PDF）

项目六

应付款管理

【知识目标】

◎ 了解应付款管理系统的基本功能；

◎ 掌握应付款管理系统初始化设置的操作方法；

◎ 掌握应付款管理系统应付款、预付款、红字单据、票据等日常业务处理的操作方法；

◎ 掌握应付款管理系统月末处理的操作方法。

【能力目标】

◎ 能够按业务要求进行应付款管理系统初始化设置；

◎ 能够按业务要求进行采购发票等应付单据的录入、审核、制单等操作；

◎ 能够按业务要求进行付款申请和付款单据的录入、审核、制单等操作；

◎ 能够正确进行核销、转账、票据管理等业务处理；

◎ 能够熟练进行应付款管理系统账簿的查询；

◎ 能够熟练进行月末结账与取消结账处理。

【素质目标】

◎ 识别采购业务风险，严格执行采购业务流程；

◎ 培养学生养成廉洁自律、公私分明、不贪不占、遵纪守法、清正廉洁的工作作风；

◎ 培养学生养成认真、严谨、细致的工作态度；

◎ 提高学生的自我学习能力、灵活应变能力、交流沟通能力、团结协作能力。

任务 6.1   认知应付款管理系统

6.1.1   应付款管理系统的主要功能

企业在启用了应付款管理系统后，有关应付款的核算和管理均在应付款管理系统中进行。该系统以采购发票、其他应付单、付款单等原始单据为依据，记录采购业务及其他业务所形成的往来款项，处理应付款的支付、转账等情况，同时提供票据处理功能和统计分析功能。该系统主要提供系统初始化、日常处理、单据查询、账表管理、其他处理、期末处理等功能。该系统提供了应付款"详细核算"和"简单核算"两种应用方案。供用户选择，用户必须选择其中一种方式，系统缺省选择"详细核算"方式。

1. "详细核算"方案

该方案可以对往来业务进行详细的核算、控制、查询、分析。如果企业采购业务以及应付款核算与管理业务比较复杂，或者需要追踪每一笔业务的应付款、付款等情况，又或者需要将应付款核算到产品一级，可以选择"详细核算"方案。

2. "简单核算"方案

该方案只是完成将采购传递过来的发票生成凭证传递给总账这样的模式（在总账中以凭证为依据进行往来业务的查询）。如果企业的采购业务以及应付账款业务不复杂，或者现结业务很多，可以选择此方案。

6.1.2   应付款管理系统与其他系统的主要关系

应付款管理系统与采购、总账、财务分析、UFO 报表等许多系统都有密切关系，最主要的联系如下。

（1）如果应付款管理系统与采购管理系统同时启用，则与采购有关的票据（如发票）均应在采购管理系统中输入，应付款管理系统与其共享数据，进行必要的核销、制单等处理，在应付款管理系统中只需输入其他应付单。如果不启用采购管理系统，则所有票据都必须在应付款管理系统中输入。

（2）应付款管理系统向总账管理系统传递凭证。

（3）应付款管理系统和应收款管理系统之间可以进行转账处理，如应付冲应收。

（4）应付款管理系统向 UFO 报表管理系统提供数据。

（5）应付款管理系统向专家财务评估系统提供各种分析数据。

6.1.3   应付款管理系统的操作流程

应付款管理系统的操作流程如图 6-1 所示。

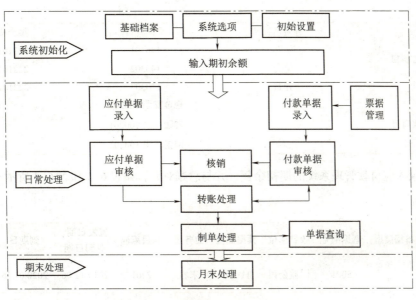

图 6-1 应付款管理系统的操作流程

任务 6.2　应付款管理系统初始化

6.2.1　任务布置

新星有限公司于 2020 年 1 月 1 日启用应付款管理系统，由 02 李佳登录企业应用平台，在应付款管理系统进行如下操作。

（1）设置应付款管理系统控制参数，如表 6-1 所示。

表 6-1　应付款管理系统控制参数

选项卡	参数设置
常规	自动计算现金折扣：是 其他采用系统默认值
凭证	受控科目制单方式：明细到供应商 核销生成凭证：是 其他采用系统默认值
权限与预警/核销设置	采用系统默认值

（2）设置应付款管理系统科目，如表 6-2 所示。

表 6-2　应付款管理系统科目设置

基本科目	应付科目：220201 应付账款/应付货款；预付科目：1123 预付账款；采购科目：1402； 税金科目：22210101 应交税费/应交增值税/进项税额；银行承兑科目：2201 应付票据； 商业承兑科目：2201 应付票据；票据利息科目：660301 财务费用/利息

续表

对方科目	存货名称	采购科目	税金科目
	笔芯	140301	22210101
	笔壳	140302	22210101
	弹簧	140303	22210101
结算科目	现金支票 100201 转账支票 100201 网银转账 100201		

（3）录入应付款管理系统的期初余额，并与总账对账，如表 6-3 和表 6-4 所示。

表 6-3　应付票据期初余额

单据名称	单据类型	票据编号	收款单位	票据面值	业务员	科目编码	签发日期、收到日期	到期日	摘要
应付票据	商业承兑汇票	5001	同益公司	11 300	宋岩	2201	2019.12.06	2020.01.26	采购笔芯

表 6-4　应付账款——应付货款下业务数据

单据名称	开票日期	供应商名称	业务员	科目编码	商品名称	数量	无税单价	价税合计	发票号
采购专用发票	2019.12.31	同益公司	宋岩	220201	弹簧	170 000	0.12	23 052.00	190597

6.2.2　任务实施

1. 设置应付款管理系统控制参数

（1）2020 年 1 月 1 日，由 02 李佳登录企业应用平台，执行【业务工作】/【应付款管理】/【设置】/【选项】命令，打开【账套参数设置】对话框，如图 6-2 所示。单击【编辑】按钮，系统提示"选项修改要重新登录才能生效"，单击【确定】按钮。

应付款管理系统
控制参数设置
（微课）

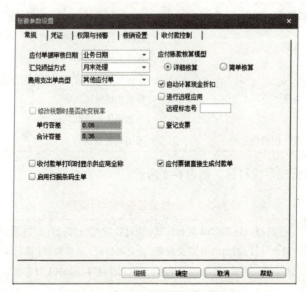

图 6-2　【账套参数设置】对话框

（2）分别对【常规】【凭证】【权限与预警】【核销设置】选项卡中各参数进行设置。在每个选项后边的下拉列表中，选择需要的账套参数，或单击单选按钮或勾选复选框，选择适当的选项，单击【确定】按钮。

温馨提示

（1）单据审核日期依据。系统提供两种确认单据审核日期的依据，即单据日期和业务日期。单据日期是在单据处理功能中进行单据审核时，自动将单据的审核日期（即入账日期）记为该单据的单据日期。业务日期，是在单据处理功能中进行单据审核时，自动将单据的审核日期（即入账日期）记为当前业务日期（即登录日期）。

（2）是否自动计算现金折扣。勾选"自动计算现金折扣"复选框，系统会在核销界面显示可享受折扣和本次折扣，并计算可享受的折扣，否则系统既不计算也不显示现金折扣。

（3）受控科目制单方式。有"明细到供应商""明细到单据"两种制单方式供选择。

明细到供应商：将一个供应商的多笔业务合并生成一张凭证时，如果核算这多笔业务的控制科目相同，系统自动将其合并成一条分录。这种方式可以在总账管理系统中根据供应商查询其详细信息。

明细到单据：将一个供应商的多笔业务合并生成一张凭证时，系统会将每一笔业务形成一条分录。这种方式可以在总账管理系统中查看到每个供应商的每笔业务的详细情况。

（4）核销生成凭证。选择"否"时，不管核销双方单据的入账科目是否相同，均不需要对这些记录进行制单。若选择"是"，则需要判断核销双方的单据在当时的入账科目是否相同，若不相同，则需要生成一张调整凭证。有现金折扣业务时此项应该选择"是"。

2. 设置会计科目

（1）2020年1月1日，由02李佳登录企业应用平台，执行【业务工资】/【应付款管理】/【设置】/【科目设置】/【基本科目】命令，打开【应付基本科目】窗口，再单击【增行】按钮，根据表6-2录入相关基本科目，如图6-3所示。

设置科目（微课）

基本科目种类	科目	币种
应付科目	220201	人民币
预付科目	1123	人民币
采购科目	1402	人民币
税金科目	22210101	人民币
银行承兑科目	2201	人民币
商业承兑科目	2201	人民币
票据利息科目	660301	人民币

图6-3 【应付基本科目】窗口

（2）执行【业务工资】/【应付款管理】/【设置】/【科目设置】/【对方科目】命令，打开【应付对方科目】窗口，单击【增行】按钮，根据表6-2录入相关科目，单击【保存】按钮，如图6-4所示。

图 6-4 【应付对方科目】窗口

（3）执行【业务工资】/【应付款管理】/【设置】/【科目设置】/【结算科目】命令，打开【应付结算科目】窗口，单击【增行】按钮，根据表 6-2 录入相关科目，选择结算方式、币种、结算科目，单击【保存】按钮，如图 6-5 所示。

结算方式科目

结算方式	币　种	本单位账号	科　目
101 现金支票	人民币	666999444555	100201
102 转账支票	人民币	666999444555	100201
2 网银转账	人民币	666999444555	100201

图 6-5 【应付结算方式科目】窗口

温馨提示

（1）预先设置好基本科目、对方科目、结算科目后，系统制单时会自动带出，否则需要手工输入凭证科目。

（2）在基本科目设置中，应付科目"2202 应付账款"、预付科目"1123 预付账款"、商业承兑科目和银行承兑科目"2201 应付据"必须是供应商往来辅助核算科目，并且受控于应付款管理系统。

（3）对方科目设置中，一般设置采购科目为"在途物资"，如果启用了采购管理和存货核算系统，则材料入库业务在存货核算系统中生成凭证（借：原材料；贷：在途物资），如果没有启用存货核算系统，材料入库业务在总账管理系统中填制凭证，新星有限公司直接将采购科目设置成"原材料"科目。

（4）结算科目不能带有客户往来和供应商往来辅助核算。

3. 录入期初余额并对账

1）录入应付票据期初余额

（1）2020 年 1 月 1 日，由 02 李佳登录企业应用平台，执行【业务工作】/【应付款管理】/【期初余额】/【期初余额】命令，打开【期初余额——查询】对话框，单击【确定】按钮，打开【期初余额】窗口。

（2）单击【增加】按钮，打开【单据类别】对话框，选择"单据名称"为"应

录入应付款管理
期初余额（微课）

付票据"，选择"单据类型"为"商业承兑汇票"，如图 6-6 所示。

（3）单击【确定】按钮，系统打开【期初单据录入】窗口。单击【增加】按钮，在表头中输入"票据编号"为"5001"，选择"收票单位"为"同益公司"，输入"票据面值"为"11300"选择"科目"为"2201 应付票据"，输入"签发日期"为"2019-12-06"，输入"到期日"为"2020-1-25"，选择"业务员"为"宋岩"，输入"摘要"为"采购笔芯"，其他信息由系统自动生成，单击【保存】按钮，如图 6-7 所示。

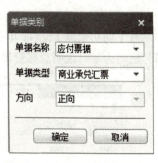

图 6-6 【单据类别】对话框

图 6-7 【期初单据录入】窗口

2）录入应付账款期初余额

（1）在【期初余额】窗口，单击【增加】按钮，打开【单据类别】对话框，选择"单据名称"为"采购发票"，选择"单据类型"为"采购专用发票"，默认"方向"为"正向"，单击【确定】按钮，系统打开【采购发票】窗口。

（2）单击【增加】按钮，在表头中输入"发票号"为"190597"，修改"开票日期"为"2019-12-31"，选择"供应商"为"同益公司"，选择"科目"为"220201 应付账款/应付货款"，选择"业务员"为"宋岩"，在表体中选择"货物编号"为"103 弹簧"，输入"数量"为"170000"，"原币单价"为"0.12"，其他信息由系统自动生成。

（3）单击【保存】按钮，如图 6-8 所示。

图 6-8 【采购发票】窗口

3）对账

在【期初余额】窗口，单击【对账】按钮，系统弹出【期初对账】窗口，如图 6-9 所示。"差额"栏均为零，说明总账管理系统的应付款与应付款管理系统的应付款余额一致。

打印编号	科目		币种	应付期初		总账期初		差额	
	编号	名称		原币	本币	原币	本币	原币	本币
	2201	应付票据	人民币	11,300.00	11,300.00	11,300.00	11,300.00	0.00	0.00
	220201	应付货款	人民币	23,052.00	23,052.00	23,052.00	23,052.00	0.00	0.00
		合计			34,352.00		34,352.00		0.00

图 6-9 【期初对账】窗口

温馨提示

（1）录完期初余额后，在【期初余额明细表】窗口没有显示记录，单击【刷新】按钮就可以显示所有录入的期初余额内容。

（2）如果总账管理系统与应付款管理系统同时启用，则总账管理系统的应付科目余额可以从应付款管理系统引入。

（3）录入期初余额时，必须选择会计科目，否则会导致总账不能引入和对账不一致。

任务 6.3　应付款管理系统日常业务处理

6.3.1　任务布置

新星有限公司 2020 年 1 月发生如下应付款业务，由 02 李佳登录企业应用平台，根据操作员的操作权限，在应付款管理系统完成各项操作。

1. 应付款业务

1 日，与同益公司签订购买弹簧合同，数量为 200 000 个，无税单价为 0.12 元，增值税率为 13%，当天收到发票（发票号：2020001）和货物，货已入库。当天以网银转账方式（票号：60022）支付同益公司的价税款为 27 120 元（立即制单）。

【知识拓展一】确认应付账款

确认应付账款

（PDF 文件）

2. 预付款业务

4 日，与美乐公司签订采购笔壳合同，当天预付货款 10 000 元（转账支票：2005）。5 日，收到美乐公司货物和采购发票（发票号：2020090），发票载明数量为 50 000 个，无税单价为

0.24 元，增值税率为 13%。本月 4 日已经预付 10 000 元，其余款暂欠（制单处理制单）。

【知识拓展二】确认预付款与冲销预付账款

确认预付款与
冲销预付账款
（PDF 文件）

3. 红字应付业务

7 日，本月 1 日从同益公司购买的弹簧中有 20 000 个存在质量问题，退给同益公司，收到红字发票（发票号：2020093），对方以网银转账方式（票号：60030）退货款，价税合计 2 712 元（立即制单）。

【知识拓展三】采购退货业务处理

采购退货业务处
理（PDF 文件）

4. 应付票据业务

（1）8 日，给同益公司签发并承兑商业承兑汇票一张（汇票号：5002），面值为 23 052 元，到期日为 2020 年 3 月 8 日，抵付上月货款（立即制单）。

（2）25 日，收到银行付款通知，支付承兑给同益公司的商业承兑汇票票款（汇票号：5001）（立即制单）。

【知识拓展四】应付票据

应付票据（PDF
文件）

5. 应付账款转账业务

25 日，明盛公司因财务困难，不能偿还上月所欠 33 900 元货款，明盛公司以其库存商品笔芯抵货款，货已到，对方开具发票（发票号：202094），数量为 60 000 个，无税单价为 0.5 元，增值税率为 13%（应付冲应收）。

【知识拓展五】应付账款转账业务

应付账款转账业
务（PDF 文件）

6. 现金折扣业务

接任务 6.4 中的案例，25 日，通过网银转账方式（票号：60031）支付美乐公司剩余款项 3 500 元，给对方 60 元现金折扣。

6.3.2　任务实施

1. 应付款业务

1）录入采购专用发票并审核

（1）2020 年 1 月 1 日，由 02 李佳登录企业应用平台，执行【业务工作】/【应付款管理】/【应付处理】/【采购发票】/【采购专用发票录入】命令，打开【采购发票】窗口，单击【增加】按钮，录入发票信息，单击【保存】按钮，如图 6-10 所示。

应付款业务
（微课）

图 6-10　【采购发票】窗口

（2）单击【审核】按钮，系统提示"是否立即制单？"，单击【是】按钮。系统打开【填制凭证】窗口，单击【保存】按钮，如图 6-11 所示。

温馨提示

（1）采购发票生成凭证规则：对采购发票制单时，若单据上有科目，则取单据上的科目带入，若单据上无科目，系统取【控制科目】中对应的科目，然后根据单据上的采购科目依据取【对方科目】中对应的科目。若没有设置，则取【基本科目】中设置的应付科目和采购科目，若无，则手工输入。

（2）已审核的发票和应付单不能修改和删除，若要修改和删除，必须取消审核，在录入界面或审核界面单击【弃审】按钮。弃审时系统会提示"继续操作将同步删除已生成的凭证"。

（3）系统在各个业务处理的过程中都提供了实时制单的功能，即立即制单，该功能需要在选项设置时勾选"单据审核后立即制单"复选框。除此之外，系统提供了一个统一制单的平台，即制单处理，用户可以在此快速、成批生成凭证，并可依据规则进行合并制单处理。

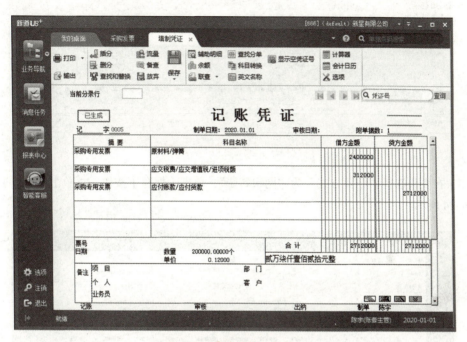

图 6-11　【填制凭证】窗口

2）录入付款申请单并审核

（1）启用付款申请单。

2020 年 1 月 1 日，由 02 李佳登录企业应用平台，执行【业务工作】/【应付款管理】/【设置】/【选项】命令，打开【账套参数设置】对话框，单击【编辑】按钮，系统提示"选项修改要重新登录才能生效"，单击【确定】按钮。

单击【收付款控制】选项卡，勾选"启用付款申请单"复选框，在"付款申请单来源"区域选择"采购发票"选项，如图 6-12 所示，单击【确定】按钮。

（2）录入付款申请单并审核。

2020 年 1 月 1 日，由 02 李佳登录企业应用平台，执行【业务工作】/【应付款管理】/【付款申请】/【付款申请

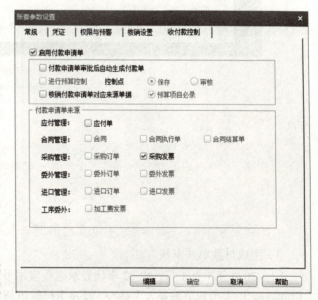

图 6-12　【账套参数设置】对话框【收付款控制】选项卡

单录入】命令，打开【付款申请单录入】窗口，单击【增加】按钮，选择"采购发票"选项，打开【查询条件－采购发票列表过滤】对话框，单击【确定】按钮，系统打开【拷贝并执行】窗口，勾选发票记录，如图6-13所示，单击【确定】按钮。

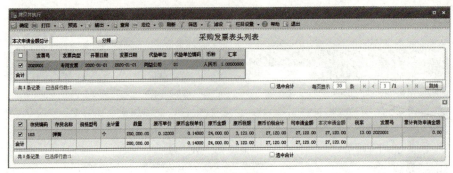

图6-13 【拷贝并执行】窗口

（3）在表头选择"结算方式"为"网银转账"，单击【保存】按钮，再单击【审核】按钮，如图6-14所示。

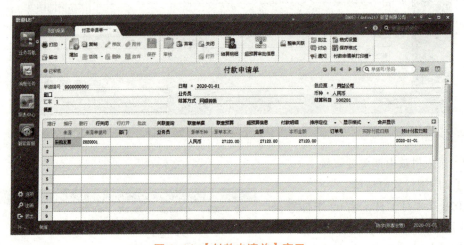

图6-14 【付款申请单】窗口

🌱 温馨提示

（1）应付款管理系统的付款申请单主要来源于采购订单、采购发票、合同、合同执行单、合同结算单等，也可以直接增加，来源于订单或合同的付款申请，默认生成的付款单，其款项类型为预付款；来源于发票或合同结算单或其他单据的付款申请所默认生成的付款单，其款项类型为应付款。

（2）付款申请单也可以在【应付款管理】/【付款申请】/【付款申请单审核】界面审核。

3）生成付款单并审核

（1）2020年1月1日，由02李佳登录企业应用平台，执行【业务工作】/【应付款管理】/【付款处理】/【付款单据录入】命令，打开【付款单录入】窗口，单击【增加】按钮，选择"付款申请单"选项，打开【查询条件－付款申请单列表过滤】对话框，单击【确定】按钮，打开【拷贝并执行】窗口，勾选付款申请单记录，单击【确定】按钮。在表头输入"票据号"为"60022"，单击【保存】按钮，如图6-15所示。

图6-15 【付款单据录入】窗口

（2）单击【审核】按钮，系统提示"是否立即制单？"，单击【否】按钮。

温馨提示

付款单生成凭证规则：收付款单表体款项类型为应付款，则借方科目为应付科目；款项类型为预付款，则借方科目为预付科目；款项类型为其他费用，则借方科目为费用科目；贷方科目为结算科目，取表头金额。

4）核销处理

（1）2020年1月1日，由02李佳登录企业应用平台，执行【核销处理】/【手工核销】命令（或在【付款单录入】窗口单击【核销】按钮），打开【核销条件】对话框，选择"供应商"为"01"。

（2）单击【确定】按钮，打开【手工核销】窗口，该窗口分为两部分，上面显示的是付款单内容，下面显示的是采购发票内容，在下面窗口的第二行"本次结算"栏录入"27120"，如图6-16所示，单击【确认】按钮。

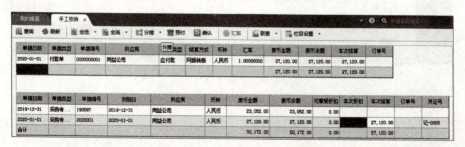

图6-16 【手工核销】窗口

（3）执行【凭证处理】/【生成凭证】命令，打开【制单查询】对话框，选择"收付款单""核销"选项，单击【确定】按钮，如图 6-17 所示。

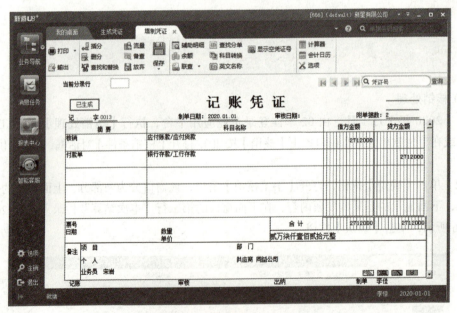

图 6-17 【制单查询】对话框

（4）打开【生成凭证】窗口，依次单击【全选】【合并】【制单】按钮，生成记账凭证，单击【保存】按钮，如图 6-18 所示。

图 6-18 记账凭证（合并）

温馨提示

（1）付款单审核后才能进行核销工作。

（2）若核销后发现业务处理错误，可执行【其他处理】/【取消操作】命令，在【取消操作条件】对话框中选择操作类型"核销"，单击【确定】按钮，在【取消操作】窗口中选择要取消的记录，单击【确认】按钮，即可将其恢复到核销前的状态，如果该处理已经制单，应先删除其对应的凭证，再进行恢复。

2. 预付款业务处理

1）录入付款单并审核

（1）2020 年 1 月 4 日，由 02 李佳登录企业应用平台，执行【业务工作】/【应付款管理】/【设置】/【选项】命令，打开【账套参数设置】对话框，单击【收付款控制】选项卡，单击【编辑】按钮，取消勾选"启用付款申请单"复选框，如图 6-19 所示，单击【确定】按钮。

预付款业务
（微课）

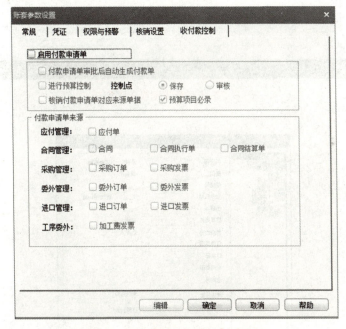

图 6-19 【账套参数设置】对话框

（2）2020 年 1 月 4 日，由 02 李佳登录企业应用平台，执行【业务工作】/【应付款管理】/【付款处理】/【付款单据录入】命令，打开【付款单据录入】窗口，单击【增加】按钮，在表头选择"供应商"为"唐山美乐"，"结算方式"为"转账支票"，输入"票号"为"2005"，"金额"为"10000"，修改表体款项类型，将"应付款"修改为"预付款"，单击【保存】按钮，如图 6-20 所示。

（3）单击【审核】按钮，系统提示"是否立即制单?"，单击【否】按钮。

（4）执行【业务工作】/【应付款管理】/【凭证处理】/【生成凭证】命令，打开【制单查询】对话框，选择"收付款单"选项，单击【确定】按钮，如图 6-21 所示。

（5）打开【生成凭证】窗口，双击"选择标志"栏，显示"1"，如图 6-22 所示。

（6）单击【制单】按钮，再单击【保存】按钮，生成记账凭证，如图 6-23 所示。

图 6-20 【付款单据录入】窗口

图 6-21 【制单查询】对话框

图 6-22 【生成凭证】窗口

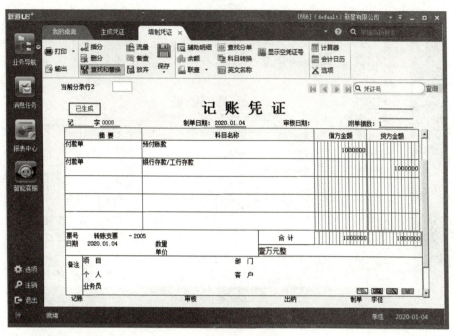

图 6-23 记账凭证

2）填制采购发票并审核

（1）2020 年 1 月 5 日，由 02 李佳登录企业应用平台，执行【业务工作】/【应付款管理】/【应付处理】/【采购发票】/【采购专用发票录入】命令，打开【采购发票】窗口，单击【增加】按钮，录入发票信息，单击【保存】按钮，如图 6-24 所示。

图 6-24 【采购发票】窗口

（2）单击【审核】按钮，系统提示"是否立即制单？"，单击【否】按钮。

（3）执行【业务工作】/【应付款管理】/【凭证处理】/【生成凭证】命令，打开【制单查询】对话框，选择"发票"选项，单击【确定】按钮，打开【生成凭证】窗口，生成记账凭证，如图 6-25 所示。

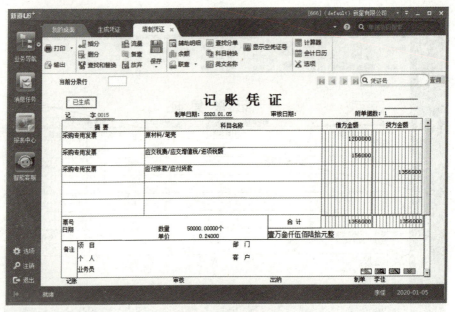

图6-25　记账凭证

3）核销处理

（1）执行【核销处理】/【手工核销】命令，打开【核销条件】对话框，选择"供应商"
为"02"。

（2）单击【确定】按钮，打开【手工核销】窗口，上、下两个窗口的"本次结算"均录入
"10000"，如图6-26所示，单击【确认】按钮。

图6-26　【手工核销】窗口

（3）执行【业务工作】/【应付款管理】/【凭证处理】/【生成凭证】命令，打开【制单查
询】对话框，选择"核销"选项，单击【确定】按钮，打开【生成凭证】窗口，生成记账凭证，
如图6-27所示。

温馨提示

核销生成凭证规则：在核销双方的入账科目不相同的情况下，需要进行核销生成凭证，同
时，该功能受系统初始选项的控制，在系统选项中选择"核销生成凭证"为"是"，在生成凭
证查询界面，才可以选择核销生成凭证。若选择为"否"则即使入账科目不一致也不生成凭证。

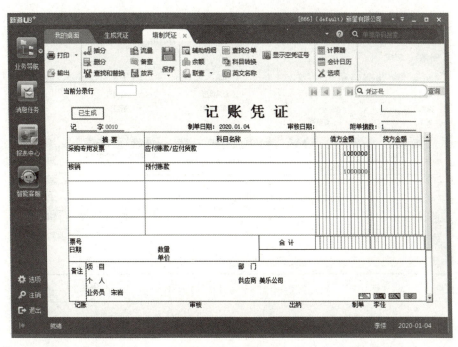

图 6-27　记账凭证

此步骤也可以预付冲应付，同核销处理的效果一样。

（1）执行【业务工作】/【应付款管理】/【转账】/【预付冲应付】命令，打开【预付冲应付】对话框，在【预付款】选项卡中，选择"供应商"为"02 唐山美乐公司"，单击【过滤】按钮，输入"转账金额"为"10000"，如图 6-28 所示，再单击【应付款】选项卡，单击【过滤】按钮，输入"转账金额"为"10000"，如图 6-29 所示。

图 6-28　【预付冲应付】对话框【预付款】选项卡

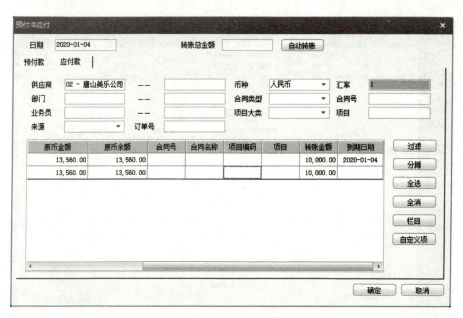

图 6-29　【预付冲应付】对话框【应付款】选项卡

（2）单击【确定】按钮，系统提示"是否立即制单？"，单击【是】按钮，生成记账凭证，如图 6-30 所示。其与核销生成的记账凭证一样。

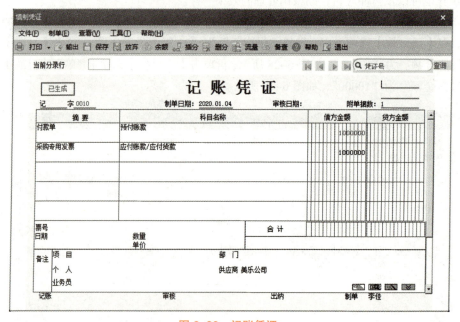

图 6-30　记账凭证

温馨提示

（1）每一笔应付款的转账金额不能大于其余额。

（2）应付款的转账金额合计应该等于预付款的转账金额合计。

（3）如果因业务处理错误需要取消预付冲应付操作，可执行【其他处理】/【取消操作】

命令，在【取消操作条件】对话框中选择操作类型"预付冲应付"，单击【确定】按钮，在【取消操作】窗口选择要取消的记录，单击【确认】按钮，即可将其恢复到冲销前的状态，如果该处理已经制单，应先删除其对应的凭证，再进行恢复。

3. 红字应付业务

1）填制红字采购发票并审核

（1）2020年1月7日，由02李佳登录企业应用平台，执行【业务工作】/【应付款管理】/【应付处理】/【采购发票】/【红字采购专用发票录入】命令，打开【采购发票】窗口，单击【增加】按钮，录入发票信息，注意"数量"为"−20000"，单击【保存】按钮，如图6-31所示。

红字应付业务
（微课）

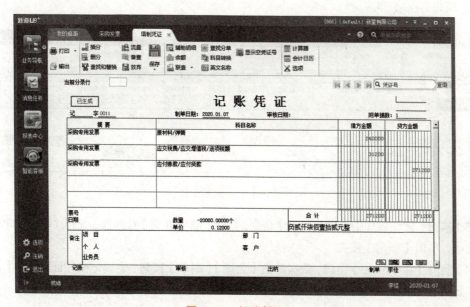

图6-31 【采购发票】窗口

（2）单击【审核】按钮，系统提示"是否立即制单？"，单击【是】按钮，生成记账凭证，单击【保存】按钮，如图6-32所示。

图6-32 记账凭证

2）填制收款单

（1）执行【业务工作】/【应付款管理】/【付款处理】/【付款单据录入】命令，打开【付款单据录入】窗口，单击【收款单】按钮，单击【增加】按钮，录入收款单信息，单击【保存】按钮，如图6-33所示。

图6-33　【付款单据录入】窗口

（2）单击【审核】按钮，系统提示"是否立即制单？"，单击【否】按钮。

3）核销处理

（1）执行【核销处理】/【手工核销】命令，打开【核销条件】对话框，在【通用】选项卡中，选择"供应商"为"01"。

（2）单击【收付款单】选项卡，选择"单据类型"为"收款单"，单击【确定】按钮，打开【手工核销】窗口，在上、下两个窗口的"本次结算"栏中均录入"2712"，如图6-34所示，单击【确认】按钮。

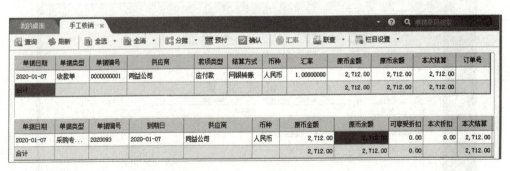

图6-34　【手工核销】窗口

（3）执行【凭证处理】/【生成凭证】命令，打开【制单查询】对话框，选择"收付款单""核销"选项，单击【确定】按钮。

（4）打开【生成凭证】窗口，依次单击【全选】【制单】按钮，生成记账凭证，单击【保存】按钮，如图6-35所示。

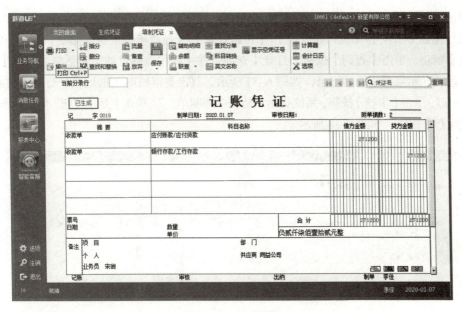

图 6-35　记账凭证

4. 应付票据业务

1）票据录入

（1）录入票据。

2020 年 1 月 8 日，由 02 李佳登录企业应用平台，执行【业务工作】/【应付款管理】/【票据管理】/【票据录入】命令，打开【应付票据录入】窗口，单击【增加】按钮，输入"票号"为"5002"，选择"票据类型"为"商业承兑汇票"，"方向"默认为"付款"，录入"出票日期"为"2020-01-08"，"到期日"为"2020-03-08"，选择"结算方式"为"商业汇票"，"收款人"为"河北同益公司"，输入"金额"为"23052"，选择"付款人银行"为"工行唐山支行"，单击【保存】按钮，如图 6-36 所示。

应付票据业务（微课）

图 6-36　【应付单据录入】窗口

（2）审核票据并制单。

执行【业务工作】/【应付款管理】/【付款处理】/【付款单据审核】命令，打开【付款单据审核】窗口，单击【查询】按钮，打开【查询条件－收付款单过滤】对话框，单击【确定】按钮，系统显示需要审核的记录，如图 6-37 所示，双击要审核的票据记录，打开【付款单据录入】窗口，单击【审核】按钮，系统提示"是否立即制单？"，单击【是】按钮，生成记账凭证，单击【保存】按钮，如图 6-38 所示。

图 6-37 【付款单据审核】窗口

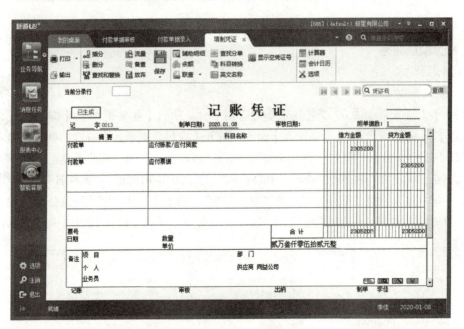

图 6-38 记账凭证

2）票据结算

（1）查询票据。

2020 年 1 月 25 日，由 02 李佳登录企业应用平台，执行【业务工作】/【应付款管理】/【票据管理】/【票据列表】命令，打开【应付票据列表】窗口，单击【查询】按钮，打开【查询条件】对话框，单击【确定】按钮，显示票据记录，如图 6-39 所示。

（2）勾选需要结算处理的票据记录，单击【结算】按钮，打开【票据结算】对话框，如图 6-40 所示，输入"结算科目"为"100201"，单击【确定】按钮，系统提示"是否立即制单？"，单击【是】按钮，生成记账凭证，单击【保存】按钮，如图 6-41 所示。

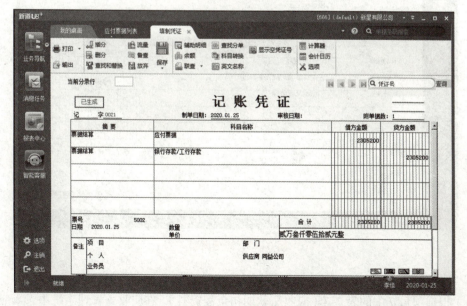

图 6-39 【应付票据列表】窗口

图 6-40 【票据结算】对话框

图 6-41 记账凭证

5. 应付账款转账业务

1）录入采购专用发票并审核

（1）2020 年 1 月 25 日，由 02 李佳登录企业应用平台，执行【业务工作】/
【应付款管理】/【应付处理】/【采购发票】/【采购专用发票录入】命令，打开【采
购发票】窗口，单击【增加】按钮，选择"供应商"为"北京明盛公司"（根据
客户档案新增供应商档案），录入其他发票信息，单击【保存】按钮，如图 6-42
所示。

应付账款转账
业务（微课）

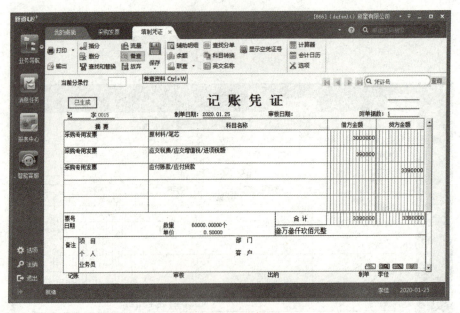

图 6-42 【采购发票】窗口

（2）单击【审核】按钮，系统提示"是否立即制单？"，单击【是】按钮，打开【生成凭证】
窗口，单击【保存】按钮，如图 6-43 所示。

图 6-43 记账凭证

2）应付冲应收

（1）根据项目 7 中的表 7-3（应收账款期初余额资料），在应收款管理系统中录入应收款

期初余额。

（2）执行【业务工作】/【应付款管理】/【转账处理】/【应付冲应收】命令，打开【应付冲应收】对话框，在【应付】选项卡中，选择"供应商"为"02 北京明盛公司"，如图6-44所示，在【应收】选项卡中，选择"客户"为"02 北京明盛公司"，如图6-45所示。

图6-44 【应付冲应收】对话框【应付】选项卡

图6-45 【应付冲应收】对话框【应收】选项卡

（3）单击【确定】按钮，打开【应付冲应收】窗口，输入转账金额"33900"，如图6-46所示。

单据日期	单据类型	单据编号	原币余额	合同号	合同名称	项目编码	项目	转账金额
2020-01-25	采购发票	202094	33,900.00					33,900.00
合计			33,900.00					33,900.00

单据日期	单据类型	单据编号	原币余额	合同号	合同名称	项目编码	项目	转账金额
2019-12-31	销售发票	191202	33,900.00					33,900.00
合计			33,900.00					33,900.00

图6-46 【应付冲应收】窗口

（4）单击【确认】按钮，系统提示"是否立即制单？"，单击【否】按钮。

（5）执行【业务工作】/【应付款管理】/【凭证处理】/【生成凭证】命令，打开【制单查询】对话框，勾选"应付冲应收"复选框，单击【确定】按钮，在【生成凭证】窗口单击【全选】按钮，再单击【制单】按钮，生成记账凭证并保存，如图 6-47 所示。

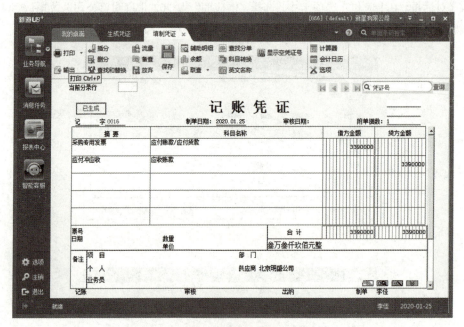

图 6-47　记账凭证

6. 现金折扣业务

1）录入付款单

（1）2020 年 1 月 25 日，由 02 李佳登录企业应用平台，执行【业务工作】/【应付款管理】/【付款处理】/【付款单据录入】命令，打开【付款单据录入】窗口，单击【增加】按钮，录入付款单信息，如图 6-48 所示。

（2）单击【审核】按钮，系统提示"是否立即制单？"，单击【否】按钮。

现金折扣业务
（微课）

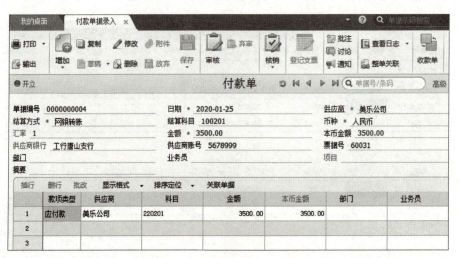

图 6-48　【付款单据录入】窗口

2）核销处理

（1）执行【业务工作】/【应付款管理】/【核销处理】/【手工核销】命令（或在【付款单据录入】窗口单击【核销】按钮），打开【核销条件】对话框，选择"供应商"为"02 唐山美乐公司"。

（2）单击【确定】按钮，打开【手工核销】窗口，在采购发票行输入"本次结算"为"3500"，"本次折扣"为"60"，如图 6-49 所示，单击【确认】按钮。

图 6-49 【手工核销】窗口

3）生成凭证

（1）执行【业务工作】/【应付款管理】/【凭证处理】/【生成凭证】命令，打开【制单查询】对话框，选择"收付款单"和"核销"选项，单击【确定】按钮，打开【生成凭证】窗口，如图 6-50 所示。

应付列表

选择标志	凭证类别	单据类型	单据号	日期	供应商编码	供应商名称	部门	业务员	金额
	记账凭证	付款单	0000000004	2020-01-25	02	唐山美…			3,500.00
	记账凭证	核销	ZKAP000…	2020-01-25	02	唐山美…	采购部	宋岩	3,580.00

凭证类别：记账凭证 　制单日期：2020-01-25

图 6-50 【生成凭证】窗口

（2）依次单击【全选】【合并】【制单】按钮，选择"现金折扣科目"为"财务费用/现金折扣"，并将其金额由贷方切换到借方，切换成红字，单击【保存】按钮，如图 6-51 所示。

温馨提示

（1）新收入准则规定：案例中购买方取得的现金折扣应冲减采购成本，不再冲减财务费用，非上市企业于 2021 年 1 月 1 日起施行新收入准则。

（2）有现金折扣的付款单，生成凭证时最好将付款单和核销单合并制单，也可以单独制单。

（3）生成的凭证中财务费用的金额要用借方红字，以便后续期末损益结转和编制会计报表时财务费用的自动计算和取数。

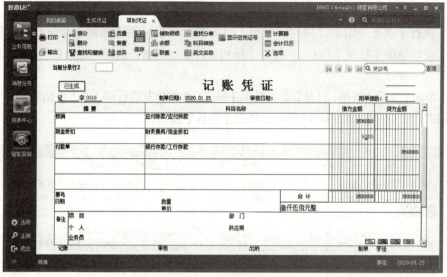

图 6-51　记账凭证

任务 6.4　应付款管理系统期末处理

6.4.1　任务布置

在应付款管理系统中，由 02 李佳登录企业应用平台，完成以下各项操作。

（1）1 月 31 日，查询河北同益公司的供应商明细账。

（2）1 月 31 日，办理月末结账。

6.4.2　任务实施

1. 账表管理

（1）2020 年 1 月 31 日，由 02 李佳登录企业应用平台，执行【业务工作】/【应付款管理】/【账表管理】/【科目账查询】/【科目明细账】命令，打开【科目明细账】对话框，在"选择查询表"列表框中选择"供应商明细账"选项，在"查询条件"区域，选择"供应商"为"01 河北同益公司"，如图 6-52 所示。

应付款管理系统期末处理（微课）

图 6-52　【科目明细账】对话框

（2）单击【确定】按钮，打开【科目明细账】窗口，如图 6-53 所示。

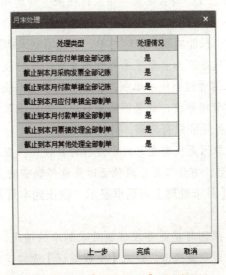

图 6-53 【科目明细账】窗口

2. 月末结账

如果确认本月的各项处理已经结束，就需要执行月末结账功能。结账后不能再进行单据、票据、转账等业务的增加、删除、修改、审核等操作。

（1）2020 年 1 月 31 日，由 02 李佳登录企业应用平台，执行【业务工作】/【应付款管理】/【期末处理】/【月末结账】命令，打开【月末处理】对话框，双击 1 月份的"结账标志"栏，打上"Y"标记。

（2）单击【下一步】按钮，显示各处理类型的处理情况，如图 6-54 所示。

处理类型	处理情况
截止到本月应付单据全部记账	是
截止到本月采购发票全部记账	是
截止到本月付款单据全部记账	是
截止到本月应付单据全部制单	是
截止到本月付款单据全部制单	是
截止到本月票据处理全部制单	是
截止到本月其他处理全部制单	是

图 6-54 【月末处理】对话框

（3）在"处理情况"都是"是"的情况下，单击【完成】按钮，系统提示"1 月份结账成功"，若"处理情况"中有"否"，则不能完成结账工作。单击【确定】按钮退出。

 温馨提示

（1）应付款管理系统与采购管理系统集成使用时，在采购管理系统结账后才能对应付款管理系统进行结账处理。

（2）当选项中设置审核日期为单据日期时，本月的单据（发票和应付单等单据）在结账前应该全部审核。

（3）当选项中设置审核日期为业务日期时，截止到本月末还有未审核单据（发票和应付单等单据），照样可以进行月结处理。

（4）如果本月的付款单还有未审核的，则不能结账。

（5）当选项中设置月结时必须将当月单据以及处理业务全部生成凭证，则月结时若检查当月有未生成凭证的记录时不能进行月结处理。

（6）当选项中设置月结时不用检查是否全部生成凭证，则无论当月有无未生成凭证的记录，均可以进行月结处理。

（7）如果结账后发现应付款管理系统有错误，需要取消月结，则执行【期末处理】/【取消月结】命令，单击"一月份已结账"标志，单击【确定】按钮，系统提示"取消结账成功"。如果当月总账管理系统已经结账，则应付款管理系统不能取消结账。

常见问题分析

问题一：在进行基本科目设置的过程中，定义应付科目、预付科目、商业承兑科目、银行承兑科目时，系统提示"应为应付受控科目"。

原因分析及解决办法：这是因为在设置会计科目时没有将应付账款、预付账款、应付票据科目定义成供应商往来。解决办法是：执行【基础设置】/【基础档案】/【财务】/【会计科目】命令，修改会计科目，为以上3个科目定义"供应商往来"辅助项，受控系统应为应付款管理系统。

问题二：填制应付单时，只能填制其他应付单，不能填制采购发票。

原因分析及解决办法：这是因为启用了采购管理系统，应付款管理系统与采购管理系统集成使用，采购发票只能在采购管理系统中填制，在应付款管理系统中只能填制其他应付单，因此要核实是否需要启用采购管理系统，如果不需要启用，则应该取消采购管理系统的启用。

问题三：生成的应付业务凭证只有金额，科目栏为空。

原因分析及解决办法：原因是没有在系统中进行科目设置。查看选项中的科目设置，解决办法：方法一是修改科目设置，方法二是生成凭证时先选择缺省的会计科目，再保存凭证。

问题四：期末结账时，【月末处理】对话框显示"截止到本月其他处理全部制单"处理情况为"否"，不能完成结账。

原因分析及解决办法：原因可能是存在核销后未制单的情况，执行【凭证处理】/【生成凭证】命令，勾选"核销制单"复选框，进入【生成凭证】窗口，有核销未制单记录，这些记录核销双方单据的入账科目相同，不能生成凭证。解决办法是：选择这些记录，然后单击【自动标记】按钮，系统提示"确实需要将借贷科目、辅助项均相同的记录自动隐藏不制单吗？"，单击【是】按钮，系统将这些记录隐藏，这样处理后就可以完成结账了。

※※※※※※※※※※※※※※※※※※※※※※※※※※※※※※※※※※※※※※※

德育栏目——廉洁自律

廉洁自律是会计职业道德的前提，也是会计职业道德的内在要求，这是会计工作的特点决定的。基本要求：①树立正确的人生观和价值观；②公私分明，不贪不占；③遵纪守法，尽职尽责。

周恩来的俭朴作风，受到了长期在他身边工作人员的交口称赞。有位秘书说："总理除了工作，个人一生无所他求。特别是生活的俭朴，更是有口皆碑"。

同周恩来接触较多的一些知名人士，对他廉洁俭朴的生活作风也是赞不绝口。宋庆龄说："周总理在个人生活和作风上，和他在政治上一样，是一个真正的共产主义者。"

☑ 项目小结

本项目工作任务导图如图 6-55 所示。

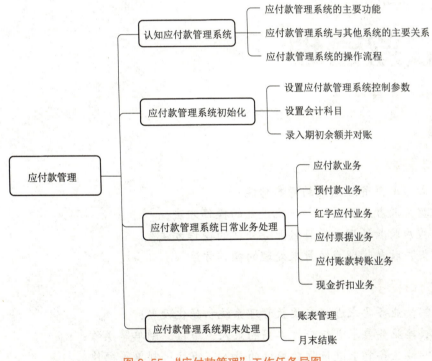

图 6-55 "应付款管理"工作任务导图

【实训六】应付款管理实训

实训六（PDF）

项目七

应收款管理

【知识目标】

◎ 了解应收款管理系统的基本功能；

◎ 掌握应收款管理系统初始化设置的操作方法；

◎ 掌握应收款管理系统日常业务处理的操作方法；

◎ 掌握应收款管理系统月末处理的操作方法。

【能力目标】

◎ 能够按业务要求进行应收款管理系统初始化设置；

◎ 能够按业务要求进行应收单据的录入、审核、制单等操作；

◎ 能够按业务要求进行收款单据的录入、审核、制单等操作；

◎ 能够正确进行核销、转账、票据管理、坏账等业务处理；

◎ 能够熟练进行应收款管理系统账簿的查询；

◎ 能够熟练进行月末结账与取消结账处理。

【素质目标】

◎ 培养学生客观具有公正的职业道德素养，端正态度，依法办事，实事求是，不偏不倚，保持应有的独立性；

◎ 培养学生提高专业技能的自觉性，勤学苦练，不断提高业务水平；

◎ 培养学生具有严肃认真、严谨细致的工作作风。

任务 7.1　认知应收款管理系统

7.1.1　应收款管理系统的主要功能

企业在启用了应收款管理系统后，有关应收款的核算和管理均在应收款管理系统中进行，该系统以销售发票、其他应收单、收款单等原始单据为依据，记录销售业务及其他业务所形成的往来款项，处理应收款的收回、坏账、转账等情况，同时提供票据处理功能和统计分析功能。该系统主要提供系统初始化、日常处理、单据查询、账表管理、其他处理、期末处理等功能。该系统提供了应收款"详细核算"和"简单核算"两种应用方案供用户选择，用户必须选择其中一种方案，该系统默认选择"详细核算"方案。

1."详细核算"方案

该方案可以对往来业务进行详细的核算、控制、查询、分析。如果销售业务以及应收款核算与管理业务比较复杂，或者需要追踪每一笔业务的应收款、收款等情况，又或者需要将应收款核算到产品一级，那么需要选择"详细核算"方案。

2."简单核算"方案

应收只是完成将销售传递过来的发票生成凭证传递给总账这样的模式（在总账中以凭证为依据进行往来业务的查询），如果销售业务以及应收账款业务不复杂，或者现销业务很多，则可以选择此方案。

7.1.2　应收款管理系统与其他系统的主要关系

应收款管理系统与销售管理、总账管理、财务分析、UFO 报表管理等许多系统都有密切关系，最主要的联系如下。

（1）如果应收款管理系统与销售管理系统同时启用，则与销售有关的票据（如发票）均应在销售管理系统中输入，应收款管理系统与其共享数据，进行必要的核销、制单等处理，在应收款管理系统中只需输入其他应收单。如果不启用销售管理系统，则所有票据都必须在应收款管理系统中输入。

（2）应收款管理系统向总账管理系统传递凭证。

（3）应收款管理系统和应付款管理系统之间可以进行转账处理，如应收冲应付。

（4）应收款管理系统向 UFO 报表管理系统提供数据。

（5）应收款管理系统向专家财务评估系统提供各种分析数据。

7.1.3　应收款管理系统的操作流程

应收款管理系统的操作流程如图 7-1 所示。

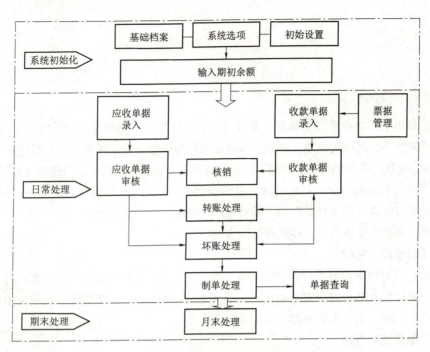

图 7-1 应收款管理系统的操作流程

任务 7.2 应收款管理系统初始化

7.2.1 任务布置

新星有限公司于 2020 年 1 月 1 日启用应收款管理系统，由 02 李佳登录企业应用平台，在应收款管理系统中进行以下操作。

（1）设置应收款管理系统控制参数，如表 7-1 所示。

表 7-1 应收款管理系统控制参数

选项卡	参数设置
常规	单据审核日期依据：业务日期 坏账处理方式：应收余额百分比法 自动计算现金折扣：是 其他采用系统默认值
凭证	受控科目制单方式：明细到客户 核销生成凭证：是 其他采用系统默认值
权限与预警 / 核销设置	应收款核销方式：按单据 其他采用系统默认值

（2）设置会计科目，如表 7-2 所示。

表 7-2　应收款管理系统会计科目设置资料

基本科目	应收科目：1122 应收账款；预收科目：2203 预收账款；税金科目：22210105 应交税费 / 应交增值税 / 销项税额；银行承兑科目：1121 应收票据；商业承兑科目：1121 应收票据；现金折扣科目：660302 财务费用 / 现金折扣；票据利息科目：660301 财务费用 / 利息；"坏账入账科目"为"1231 坏账准备"		
对方科目	存货名称	销售收入科目	销售退回科目
	单色笔	600101	600101
	三色笔	600102	600102
结算科目	现金支票：人民币 100201		
	转账支票：人民币 100201		
	网银转账：人民币 100201		

（3）设置坏账准备。

坏账准备提取比率为"0.5%"，坏账准备期初余额为"300"，坏账准备科目为"1231 坏账准备"，坏账准备对方科目为"6702 信用减值损失"。

（4）录入应收款管理系统的期初余额并与总账对账，如表 7-3、表 7-4 所示。

表 7-3　应收账款期初余额资料

单据名称	开票日期	客户名称	业务员	科目编码	货物名称	数量	无税单价 / 元	价税合计 / 元	发票号
销售专用发票	2019.12.25	浩美公司	常静	1122	单色笔	10 000	2	22 600	191201
销售专用发票	2019.12.31	明盛公司	常静	1122	单色笔	15 000	2	33 900	191202

表 7-4　应收票据期初余额资料

单据名称	票号	开票（承兑）单位	票据面值 / 元	业务员	科目编码	签发日期、收到日期	到期日	摘要
应收票据	6888	浩美公司	20 340	常静	1121	2019.11.10	2020.01.10	销售三色笔
应收票据	6890	明盛公司	16 950	常静	1121	2019.12.12	2020.03.12	销售单色笔

7.2.2　任务实施

1. 设置应收款管理系统控制参数

（1）2020 年 1 月 1 日，由 02 李佳登录企业应用平台，执行【业务工作】/【财务会计】/【应收款管理】/【设置】/【选项】命令，打开【账套参数设置】对话框，如图 7-2 所示。

（2）单击【编辑】按钮，系统提示"选项修改要重新登录才能生效"，单击【确定】按钮。

设置应收款管理系统控制参数（微课）

（3）分别对【常规】【凭证】【权限与预警】【核销设置】选项卡中各参数进行设置。单击每个选项后边的下拉列表中，选择需要的账套参数，单击单选按钮或勾选复选框，选择适当的选项。

（4）设置完成后单击【确定】按钮。

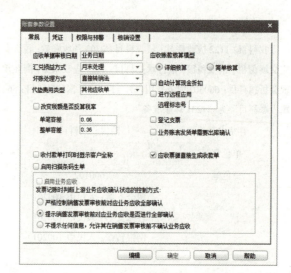

图 7-2 【账套参数设置】对话框

温馨提示

（1）坏账处理方式。系统提供应收余额百分比法、销售收入百分比法、账龄分析法、直接转销法 4 种方法。前 3 种是备抵法，需要在初始设置中录入坏账准备期初和计提比例或输入账龄区间等，并在坏账处理中进行后续处理。值得注意的是，在账套使用过程中，如果当年已经计提过坏账准备，则此参数不可以修改，只能下一年度修改。

（2）受控科目制单方式。有"明细到客户""明细到单据"两种制单方式供选择。

明细到客户：将一个客户的多笔业务合并生成一张凭证时，如果核算多笔业务的控制科目相同，系统将自动将其合并成一条分录。这种方式使用户在总账管理系统中能够根据客户查询其详细信息。

明细到单据：将一个客户的多笔业务合并生成一张凭证时，系统会将每一笔业务形成一条分录。这种方式使用户在总账管理系统中也能查看每个客户的每笔业务的详细情况。

（3）核销生成凭证。选择"否"时，不管核销双方单据的入账科目是否相同，均不需要对这些记录进行制单。若选择"是"，则需要判断核销双方的单据当时的入账科目是否相同，不相同时，需要生成一张调整凭证。有现金折扣业务的话此项应该选择"是"。

（4）应收款核销方式。系统提供"按单据""按产品"两种核销方式。如果选择按单据核销，系统将满足条件的未结算单据全部列出，由用户选择要结算的单据，根据用户所选择的单据进行核销。如果选择按产品核销，系统将满足条件的未结算单据按存货列出，由用户选择要结算的存货，根据用户所选择的存货进行核销。

2. 设置科目

（1）2020 年 1 月 1 日，由 02 李佳登录企业应用平台，执行【业务工作】/【财务会计】/【应收款管理】/【设置】/【科目设置】/【基本科目】命令，打开【应收基本科目】窗口，单击【增行】按钮，根据表 7-2 录入或选择相关基本科目代码，如图 7-3 所示。

（2）执行【业务工作】/【财务会计】/【应收款管理】/【设置】/【科目

设置科目（微课）

设置】/【对方科目】命令，打开【应收对方科目】窗口，单击【增行】按钮，根据表 7–2 录入或选择相关基本科目代码，如图 7–4 所示。

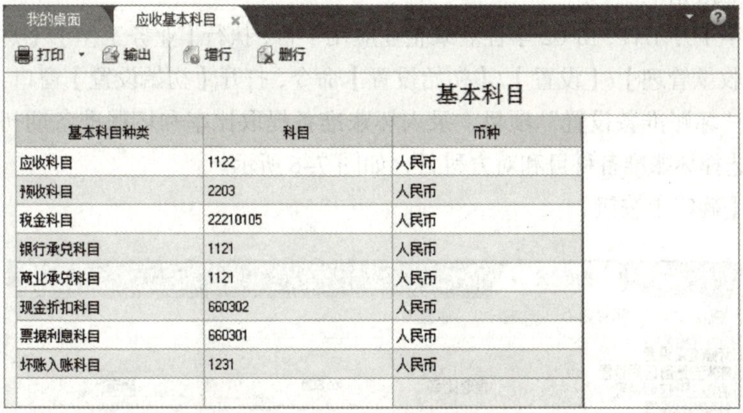

基本科目种类	科目	币种
应收科目	1122	人民币
预收科目	2203	人民币
税金科目	22210105	人民币
银行承兑科目	1121	人民币
商业承兑科目	1121	人民币
现金折扣科目	660302	人民币
票据利息科目	660301	人民币
坏账入账科目	1231	人民币

图 7–3 【应收基本科目】窗口

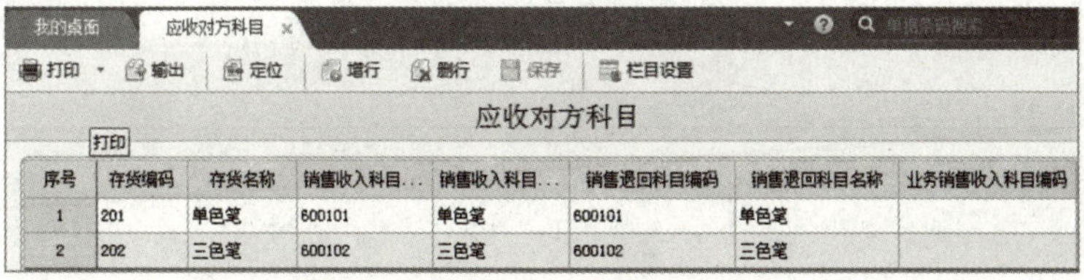

序号	存货编码	存货名称	销售收入科目...	销售收入科目...	销售退回科目编码	销售退回科目名称	业务销售收入科目编码
1	201	单色笔	600101	单色笔	600101	单色笔	
2	202	三色笔	600102	三色笔	600102	三色笔	

图 7–4 【应收对方科目】窗口

（3）执行【业务工作】/【财务会计】/【应收款管理】/【设置】/【科目设置】/【结算科目】命令，打开【应收结算科目】窗口，单击【增行】按钮，根据表 7–2 录入或选择相关基本科目代码，如图 7–5 所示。

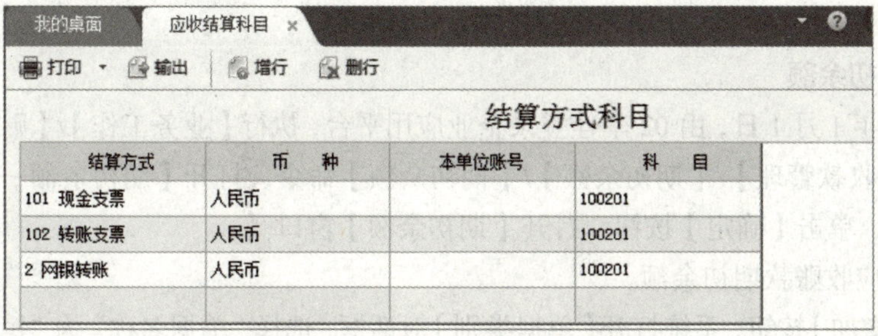

结算方式	币 种	本单位账号	科 目
101 现金支票	人民币		100201
102 转账支票	人民币		100201
2 网银转账	人民币		100201

图 7–5 【应收结算科目】窗口

温馨提示

（1）设置这些科目，系统在生成凭证时自动填制并带出相关的会计科目，如果不设置这些科目，生成凭证时没有会计科目，相应的会计科目只能手工录入。

（2）在基本科目设置中，应收科目“1122 应收账款”、预收科目“2203 预收账款”、商业承兑科目和银行承兑科目“1121 应收票据”，必须是客户往来辅助核算科目，并且受控于应收款管理系统。

（3）结算科目不能带有客户往来和供应商往来辅助核算。

3. 设置坏账准备

（1）2020 年 1 月 1 日，由 02 李佳登录企业应用平台，执行【业务工作】/【财务会计】/【应收款管理】/【设置】/【初始设置】命令，打开【初始设置】窗口。

（2）选择"坏账准备设置"项目，录入坏账准备提取比率和坏账准备期初余额，录入或选择坏账准备科目和对方科目，如图 7-6 所示。

（3）单击【确定】按钮。

设置坏账准备
（微课）

图 7-6 【初始设置】窗口（坏账准备设置）

温馨提示

（1）如果初始设置中没有"坏账准备设置"项目，说明选项中"坏账处理方式"选择的是"直接转销法"，只有在选项中选择了应收余额百分比法、销售收入百分比法或账龄分析法时，才需进行坏账准备设置，而且不同的方法需要设置的内容不同。

（2）做过任意一种坏账处理（坏账计提、坏账发生、坏账收回）后，就不能修改坏账准备数据，只允许查询。

4. 录入期初余额

（1）2020 年 1 月 1 日，由 02 李佳登录企业应用平台，执行【业务工作】/【财务会计】/【应收款管理】/【期初余额】/【期初余额】命令，打开【期初余额—查询】对话框，单击【确定】按钮，打开【期初余额】窗口。

录入期初余额
（微课）

（2）录入应收账款期初余额。

①单击【增加】按钮，系统打开【单据类别】对话框，选择"单据名称"为"销售发票"，"单据类型"为"销售专用发票"，"方向"为"正向"，单击【确定】按钮，打开【期初销售发票】窗口。

②单击【增加】按钮，在表头中修改发票日期，输入发票号，选择客户和业务员，在表体中选择"货物编号"为"201 单色笔"，输入"数量"为"10000"，"无税单价"为"2"，其他信息由系统自动生成。

③单击【保存】按钮，如图 7-7 所示。

④重复步骤②③，完成其他应收账款期初余额的录入。

图 7-7 【期初销售发票】窗口

（3）录入应收票据期初余额。

①在【期初余额】窗口，单击【增加】按钮，打开【单据类别】对话框，选择"单据名称"为"应收票据"，"单据类型"为"商业承兑汇票"，单击【确定】按钮，打开【期初单据录入】窗口。

②单击【增加】按钮，输入票据编号，选择开票单位，输入票据面值、签发日期、收到日期、到期日，选择业务员，输入摘要等信息，如图 7-8 所示，单击【保存】按钮。

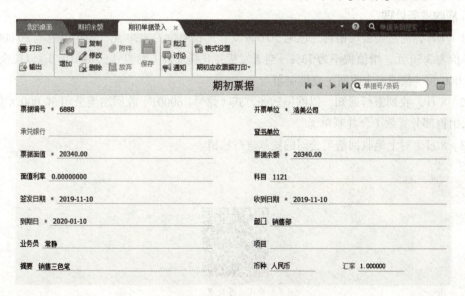

图 7-8 【期单据录入】窗口

5. 对账

在【期初余额】窗口，单击【对账】按钮，打开【期初对账】窗口，如图 7-9 所示。"差额"栏均为零，说明总账管理系统的应收款与应收款管理系统的应收款一致。

图 7-9 【期初对账】窗口

温馨提示

（1）录入完期初余额后，在【期初余额明细表】窗口没有显示记录，单击【刷新】按钮就可以显示所有录入的期初余额信息。

（2）如果总账管理系统与应收款管理系统同时启用，则总账管理系统的应收科目余额可以从应收款管理系统引入。

（3）录入应收账款期初余额时，表头和表体的科目应该显示"1122 应收账款"，否则会导致总账不能引入和对账不一致。

任务 7.3　应收款管理系统日常业务处理

7.3.1　任务布置

新星有限公司 2020 年 1 月发生如下应收款业务，由 02 李佳登录企业应用平台，在应收款管理系统中进行相应操作。

1. 应收业务处理

（1）7 日，向浩美公司销售三色笔 20 000 支，无税单价为 4.70 元，销售单色笔 20 000 支，无税单价为 3.50 元，增值税率为 13%，当天发货并开具发票（发票号：2020101），以现金代垫运费 1 000 元，款项尚未收回（立即制单）。

（2）8 日，收到银行通知，以网银转账方式（票号：60001）收回浩美公司 50 000 元货款，系昨天销售部分货款（合并制单）。

（3）8 日，对上笔收回浩美公司的货款进行核销。

【知识拓展一】应收业务处理

应收业务处理
（PDF 文件）

2. 票据业务处理

（1）10 日，收到浩美公司签发并承兑的商业承兑汇票一张（汇票号：7001），票面价值为 50 000 元，抵付本月 7 日部分货款，到期日为 3 月 10 日（票据录入）。

（2）10 日，接银行通知，收回去年 11 月 10 日收到的浩美公司签发并承兑的商业承兑汇票结算款（汇票号：6888）（票据结算）。

（3）12日，将去年12月从明盛公司收到的商业汇票（票号：6890）背书转让给同益公司（票据背书）。

（4）13日，将本月从浩美公司收到的商业汇票向银行申请贴现（票据锁定）。

（5）15日，收到银行扣除贴现利息的贴现款（贴现率为5%）（票据贴现）。

【知识拓展二】票据业务处理

票据业务处理
（PDF）

3. 红字应收业务处理

（1）15日，向明盛公司销售单色笔30 000支，无税单价为3.50元，增值税率为13%，货已发出并给对方开具销售专用发票（发票号：2020103）。

（2）22日，发现本月10日向明盛公司销售的单色笔中有2 000支存在质量问题，进行退货处理，无税单价为3.50元，开具了红字发票（发票号：2020107）。

【知识拓展三】红字应收业务处理

红字应收业处
理（PDF）

4. 坏账业务处理

（1）23日，上月25日向浩美公司销售产品产生22 600元的应收款，将该笔应收款中的3 390元确认为坏账（确认坏账）。

（2）25日，收到转账支票一张（支票号：3056），收回本月23日已作为坏账处理的浩美公司货款3 390元（坏账收回）。

（3）31日，计提本月坏账准备（计提坏账）。

【知识拓展四】坏账业务处理

坏账业务处理
（PDF）

7.3.2　任务实施

1. 应收业务处理

1）应收单据录入

（1）录入销售专用发票。

2020年1月7日，由02李佳登录企业应用平台，执行【业务工作】/【财务会计】/【应收款管理】/【应收处理】/【销售发票】/【销售专用发票录入】命令，打开【销售发票】窗口，单击【增加】按钮，录入发票信息，单击【保存】按钮，如图7-10所示。

应收业务处理
（微课）

	仓库名称	存货编码	存货名称	规格型号	主计量	数量	报价	含税单价	无税单价	无税金额	税额	价税合计	税率（%）
1		202	三色笔		支	20000.00	0.00000	5.31100	4.70000	94000.00	12220.00	106220.00	13.00
2		201	单色笔		支	20000.00	0.00000	3.95500	3.50000	70000.00	9100.00	79100.00	13.00

图7-10　【销售专用发票】窗口

（2）审核销售发票并制单。

单击【审核】按钮，系统提示"是否立即制单?"，单击【是】按钮，生成记账凭证，如图7-11所示。

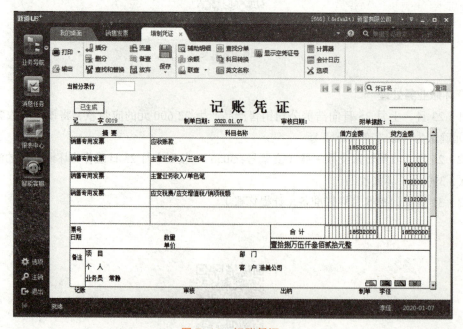

图7-11　记账凭证

（3）录入应收单。

执行【业务工作】/【财务会计】/【应收款管理】/【应收处理】/【应收单】/【应收单录入】命令，打开【应收单录入】窗口，单击【增加】按钮，选择客户和业务员，输入金额，在表体中输入贷方科目为"1001 库存现金"，单击【保存】按钮，如图 7-12 所示。

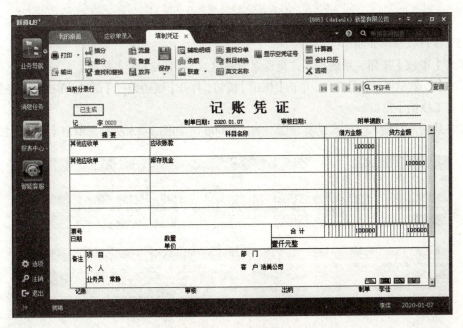

图 7-12 【应收单录入】窗口

（4）审核应收单并制单。

单击【审核】按钮，系统提示"是否立即制单？"，单击【是】按钮，生成记账凭证，如图 7-13 所示。

图 7-13 记账凭证

温馨提示

（1）已审核的发票和应收单不能修改和删除，若要修改和删除，必须取消审核，在录入界面或审核界面单击【弃审】按钮。弃审时系统会提示继续操作并同步删除已生成的凭证。

（2）系统在各个业务处理的过程中都提供了实时制单的功能，即立即制单，该功能需要在选项设置时勾选“单据审核后立即制单”复选框，除此之外，系统提供了一个统一制单的平台，即制单处理，用户可以在此快速、成批地生成凭证，并可依据规则进行合并制单等处理。

2）收款单录入

（1）录入收款单。

2020 年 1 月 8 日，由 02 李佳登录企业应用平台，执行【业务工作】/【财务会计】/【应收款管理】/【收款处理】/【收款单据录入】/命令，打开【收款单据录入】窗口，单击【增加】按钮，在表头中选择客户、结算方式、业务员，输入金额和票号，单击【保存】按钮，如图 7–14 所示。

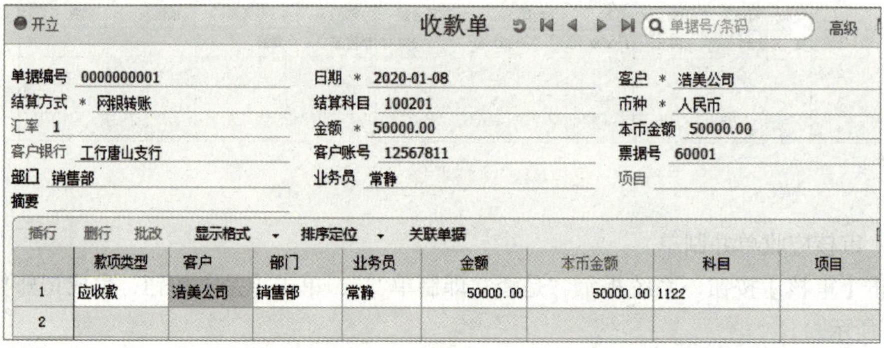
开立
收款单
单据号/条码
高级
单据编号 0000000001
日期 * 2020-01-08
客户 * 浩美公司
结算方式 * 网银转账
结算科目 100201
币种 * 人民币
汇率 1
金额 * 50000.00
本币金额 50000.00
客户银行 工行唐山支行
客户账号 12567811
票据号 60001
部门 销售部
业务员 常静
项目
摘要
插行 删行 批改 显示格式 排序定位 关联单据
款项类型 客户 部门 业务员 金额 本币金额 科目 项目
1 应收款 浩美公司 销售部 常静 50000.00 50000.00 1122
2

图 7–14 【收款单据录入】窗口

（2）审核收款单并制单。

单击【审核】按钮，系统提示“是否立即制单？”，单击【否】按钮。

①在【收款单据录入】窗口，单击【核销】按钮，打开【核销条件】窗口，单击【确定】按钮，打开【手工核销】窗口。

②在最后一行输入“本次结算金额”为“50000”，如图 7–15 所示，单击【确认】按钮。

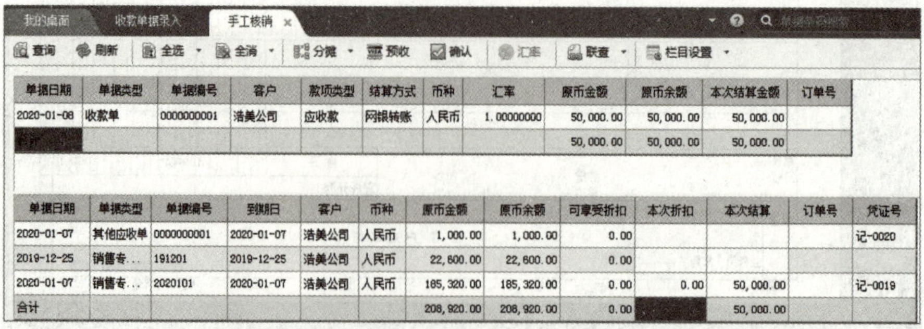
我的桌面 收款单据录入 手工核销
查询 刷新 全选 全消 分摊 预收 确认 汇率 联查 栏目设置
单据日期 单据类型 单据编号 客户 款项类型 结算方式 币种 汇率 原币金额 原币余额 本次结算金额 订单号
2020-01-08 收款单 0000000001 浩美公司 应收款 网银转账 人民币 1.00000000 50,000.00 50,000.00 50,000.00
50,000.00 50,000.00 50,000.00
单据日期 单据类型 单据编号 到期日 客户 币种 原币金额 原币余额 可享受折扣 本次折扣 本次结算 订单号 凭证号
2020-01-07 其他应收单 0000000001 2020-01-07 浩美公司 人民币 1,000.00 1,000.00 0.00 记-0020
2019-12-25 销售专... 191201 2019-12-25 浩美公司 人民币 22,600.00 22,600.00 0.00
2020-01-07 销售专... 2020101 2020-01-07 浩美公司 人民币 185,320.00 185,320.00 0.00 0.00 50,000.00 记-0019
合计 208,920.00 208,920.00 0.00 50,000.00

图 7–15 【手工核销】窗口

③执行【凭证处理】/【生成凭证】命令，打开【制单查询】对话框，选择“收付款单”“核销”选项，单击【确定】按钮，如图 7–16 所示。

④打开【生成凭证】窗口，依次单击【全选】【合并】【制单】按钮，生成记账凭证，单击【保存】按钮，如图 7–17 所示。

图 7-16 【生成凭证】窗口

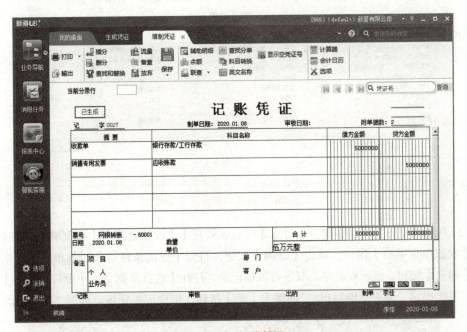

图 7-17 记账凭证

温馨提示

（1）也可以执行【业务工作】/【财务会计】/【应收款管理】/【核销处理】/【手工核销】命令，进入【手工核销】窗口。

（2）手工核销与自动核销不同，手工核销可以选择记录进行核销，而自动核销按发票和应收单发生的时间先后顺序进行核销，先审核的发票和应收款先核销。

（3）收款单审核后才能进行核销工作。

（4）核销后发现业务处理错误，可执行【其他处理】/【取消操作】命令，在【取消操作条件】对话框中选择操作类型"核销"，单击【确定】按钮，在【取消操作】窗口选择要取消的记录，单击【确认】按钮，即可将其恢复到核销前的状态，如果该处理已经制单，应先删除其对应的凭证，再进行恢复。

2. 票据业务处理

1）票据录入

（1）2020 年 1 月 10 日，由 02 李佳登录企业应用平台，执行【业务工作】/【财务会计】/【应收款管理】/【应收处理】/【票据管理】/【票据录入】命令，打开【应收票据录入】窗口，单击【增加】按钮，输入票号、收到日期、出票日期、到期日、金额，选择出票人、票据类型、收款人、结算方式等信息，单击【保存】按钮，如图 7-18 所示。

票据业务（微课）

图 7-18 【应收票据录入】窗口

（2）执行【业务工作】/【财务会计】/【应收款管理】/【收款处理】/【收款单据审核】命令，打开【收款单据审核】窗口，单击【查询】按钮，打开【查询条件 - 收付款单过滤】对话框，单击【确定】按钮，显示收款单，双击收款单记录，打开【收款单据录入】窗口，单击【审核】按钮，系统提示"是否立即制单？"，单击【是】按钮，生成记账凭证，如图 7-19 所示。

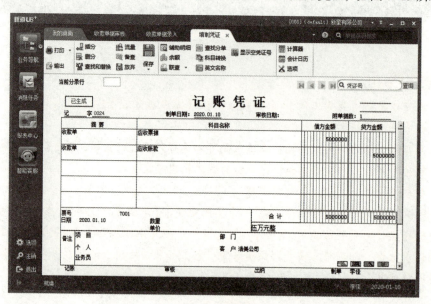

图 7-19 记账凭证

2）票据结算

（1）执行【业务工作】/【财务会计】/【应收款管理】/【应收处理】/【票据管理】/【票据列表】命令，打开【应收票据列表】窗口，单击【查询】按钮，打开【查询条件】对话框，单击【确定】按钮，勾选票号为"6888"的票据记录，如图7-20所示。

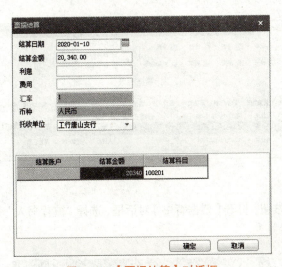

图7-20 【应收票据列表】窗口

（2）单击【结算】按钮，打开【票据结算】对话框，选择"托收单位"为"工行唐山支行"，选择"结算科目"为"100201"，如图7-21所示。

图7-21 【票据结算】对话框

（3）单击【确定】按钮，系统提示"是否立即制单？"，单击【是】按钮，生成记账凭证，单击【保存】按钮，如图7-22所示。

3）票据背书

（1）2020年1月12日，由02李佳登录企业应用平台，执行【业务工作】/【财务会计】/【应收款管理】/【应收处理】/【票据管理】/【票据列表】命令，打开【应收票据列表】窗口，单击【查询】按钮，打开【查询条件】对话框，单击【确定】按钮，勾选票号为"6890"的票据记录，如图7-23所示。

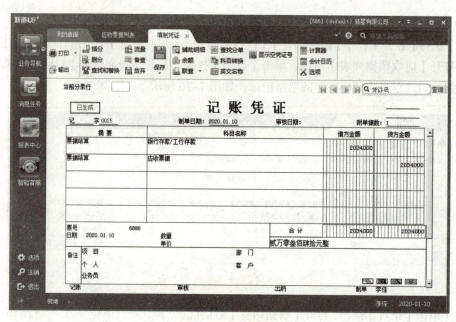

图 7-22　记账凭证

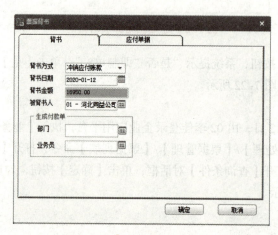

图 7-23　【应收票据列表】窗口

（2）单击【背书】按钮，打开【票据背书】对话框，选择"被背书人"为"01 河北同益公司"，如图 7-24 所示。

图 7-24　【票据背书】对话框

（3）单击【确定】按钮，打开【冲销应付账款】窗口，在最后一行输入"转账金额"为"16950"，如图7-25所示。

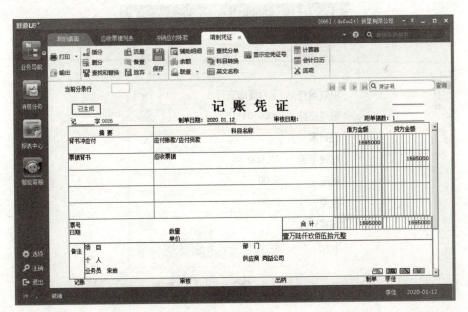

图7-25 【冲销应付账款】窗口

（4）单击【保存】按钮，系统提示本次操作成功1张，单击【确定】按钮，系统提示"是否立即制单？"，单击【是】按钮，生成记账凭证，如图7-26所示。

图7-26 记账凭证

4）票据锁定

（1）2020年1月13日，由02李佳登录企业应用平台，执行【业务工作】/【财务会计】/【应收款管理】/【应收处理】/【票据管理】/【票据录入】命令，打开【应收票据录入】窗口，翻页找到要锁定的票据记录，如图7-27所示。

（2）单击【贴现/贴现锁定】按钮，打开【票据贴现】对话框，如图7-28所示，单击【确定】按钮，完成贴现锁定处理，此时表体中处理方式显示"贴现锁定"。

图 7-27 【应收票据录入】窗口

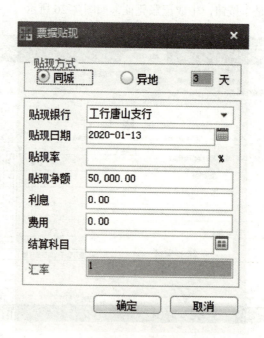

图 7-28 票据锁定

5）票据贴现

（1）2020 年 1 月 15 日，由 02 李佳登录企业应用平台，执行【业务工作】/【财务会计】/【应收款管理】/【应收处理】/【票据管理】/【票据录入】命令，打开【应收票据录入】窗口，翻页找到要贴现的票据记录，如图 7-29 所示。

（2）单击【贴现/贴现】按钮，输入贴现率和结算科目，如图 7-30 所示。

（3）单击【确定】按钮，系统提示"是否立即制单？"，单击【是】按钮，生成记账凭证，输入缺省科目"财务费用/利息"，单击【保存】按钮，如图 7-31 所示。

图 7-29 【应收票据录入】窗口

图 7-30 【票据贴现】对话框

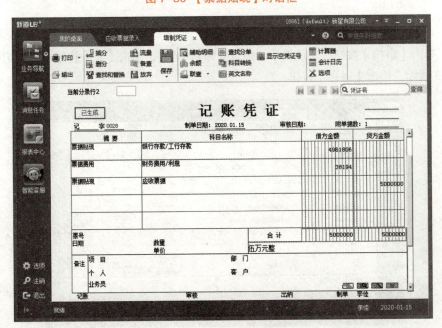

图 7-31 记账凭证

温馨提示

（1）在【应收票据录入】窗口，翻页找到相应票据后，可以进行票据结算、背书、锁定、贴现等操作，在【应收票据列表】窗口，查询票据后，勾选要处理的票据，也可以进行票据结算、背书、锁定、贴现等操作。

（2）若进行过票据结算、背书、贴现等操作后发现错误，可执行【其他处理】/【取消操作】命令，在【取消操作条件】对话框中选择操作类型"票据处理"，单击【确定】按钮，在【取消操作】窗口选择要取消的记录，单击【确认】按钮，即可将其恢复到结算、背书、贴现前的状态，如果该处理已经制单，应先删除其对应的凭证，再进行恢复。

3. 红字应收业务

1）录入销售专用发票

（1）2020年1月15日，由02李佳登录企业应用平台，执行【业务工作】/【财务会计】/【应收款管理】/【应收处理】/【销售发票】/【销售专用发票录入】命令，打开【销售发票】窗口，单击【增加】按钮，录入发票信息，单击【保存】按钮，如图7-32所示。

红字应收业务（微课）

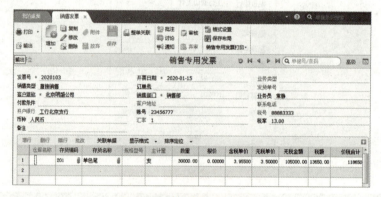

图7-32 【销售发票】窗口

（2）单击【审核】按钮，系统提示"是否立即制单？"，单击【是】按钮，生成记账凭证，如图7-33所示，单击【保存】按钮。

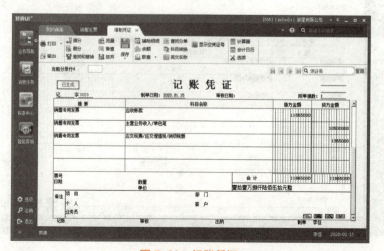

图7-33 记账凭证

2）录入红字发票

（1）2020年1月22日，由02李佳登录企业应用平台，执行【业务工作】/【财务会计】/【应收款管理】/【应收处理】/【销售发票】/【红字销售专用发票录入】命令，打开【销售发票】窗口，单击【增加】按钮，录入发票信息，单击【保存】按钮，如图7-34所示。

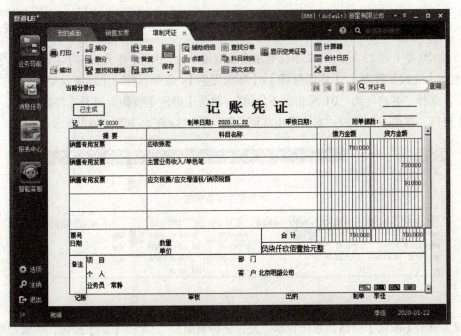

图7-34　【销售发票】窗口

（2）单击【审核】按钮，系统提示"是否立即制单？"，单击【是】按钮，生成记账凭证，单击【保存】按钮，如图7-35所示。

图7-35　记账凭证

3）红票对冲

（1）执行【业务工作】/【财务会计】/【应收款管理】/【转账】/【红票对冲】/【手工对冲】

命令，打开【红票对冲条件】对话框，选择"客户"为"02北京明盛公司"，单击【确定】按钮，打开【手工对冲】窗口。

（2）在销售发票行输入"对冲金额"为"7910"，如图7-36所示，单击【确认】按钮。

单据日期	单据类型	单据编号	客户	币种	原币金额	原币余额	对冲金额	部门	业务员	合同名称
2020-0	销售专...	2020107	北京明盛公司	人民币	7,910.00	7,910.00	7,910.00	销售部	常静	
合计						7,910.00	7,910.00			

单据日期	单据类型	单据编号	客户	币种	原币金额	原币余额	对冲金额	部门	业务员	合同名称
2019-12-31	销售专...	191202	北京明盛公司	人民币	33,900.00	33,900.00		销售部	常静	
2020-01-15	销售专...	2020103	北京明盛公司	人民币	118,650.00		7,910.00	销售部	常静	
合计					152,550.00	152,550.00	7,910.00			

图7-36 【手工对冲】窗口

温馨提示

（1）对冲金额合计不能大于红票金额。

（2）红票对冲需遵循核销规则。

（3）若红票对冲后发现操作错误，可执行【其他处理】/【取消操作】命令，在【取消操作条件】对话框中选择操作类型"红票对冲"，单击【确定】按钮，在【取消操作】窗口选择要取消的记录，单击【确认】按钮，即可将其恢复到结算前的状态。

4. 坏账业务处理

1）确认坏账

（1）2020年1月23日，由02李佳登录企业应用平台，执行【业务工作】/【财务会计】/【应收款管理】/【坏账处理】/【坏账发生】/命令，打开【坏账发生】对话框，选择"客户"为"01河北浩美公司"，单击【确定】按钮，打开【坏账发生】窗口，在第一行录入"本次发生坏账金额"为"3390"，如图7-37所示。

坏账业务处理
（微课）

坏账发生单据明细

单据类型	单据编号	单据日期	合同号	合同名称	到期日	余额	部门	业务员	本次发生坏账金额
销售专用发票	191201	2019-12-25			2019-12-25	22,800.00	销售部	常静	3390
销售专用发票	2020101	2020-01-07			2020-01-07	135,320.00	销售部	常静	
其他应收单	0000000001	2020-01-07			2020-01-07	1,000.00	销售部	常静	
合　计						158,920.00			3,390.00

图7-37 【坏账发生】窗口

（2）单击【确认】按钮，系统提示"是否立即制单？"，单击【是】按钮，生成记账凭证，单击【保存】按钮，如图7-38所示。

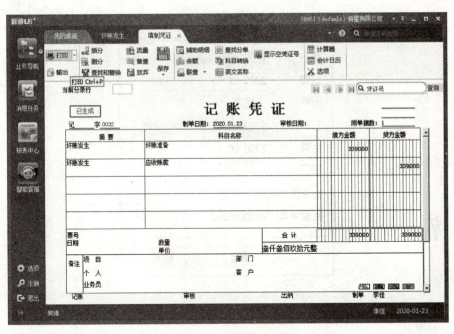

图 7-38　记账凭证

2）坏账收回

（1）录入收款单。

2020 年 1 月 25 日，由 02 李佳登录企业应用平台，执行【业务工作】/【财务会计】/【应收款管理】/【收款处理】/【收款单据录入】命令，打开【收款单据录入】窗口，单击【增加】按钮，填制收款单信息，单击【保存】按钮，如图 7-39 所示。

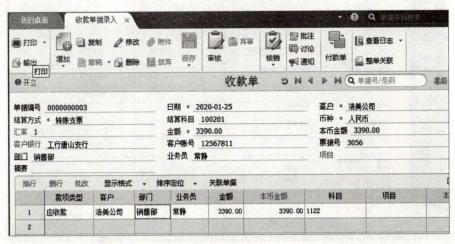

图 7-39　【收款单据录入】窗口

（2）坏账收回。

执行【业务工作】/【财务会计】/【应收款管理】/【坏账处理】/【坏账收回】命令，打开【坏账收回】对话框，选择客户、收款单号，输入结算金额，如图 7-40 所示。单击【确定】按钮，系统提示"是否立即制单？"，单击【否】按钮。

图 7-40　【坏账收回】对话框

（3）制单。

执行【业务工作】/【财务会计】/【应收款管理】/【凭证处理】/【生成凭证】命令，打开【制单查询】对话框，勾选"坏账处理"复选框，单击【确定】【全选】【制单】按钮，生成记账凭证，单击【保存】按钮，如图 7-41 所示。

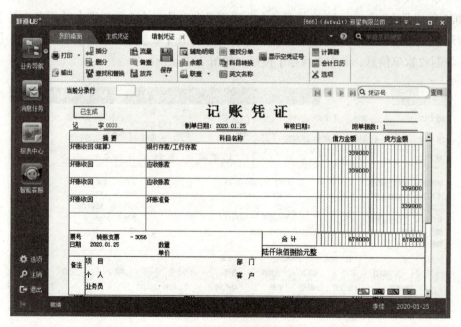

图 7-41　记账凭证

😊 温馨提示

收款单填制完后只需要保存，不需要审核，如果审核了收款单，会导致在【坏账收回】对话框中选不到结算单号。

3）计提坏账准备

（1）2020 年 1 月 31 日，由 02 李佳登录企业应用平台，执行【业务工作】/【财务会计】/【应收款管理】/【坏账处理】/【计提坏账准备】命令，打开【计提坏账准备】窗口，系统自动计算应计提的坏账准备，如图 7-42 所示。

图 7-42 【计提坏账准备】窗口

（2）单击【确认】按钮，系统提示"是否立即制单?"，单击【是】按钮，生成记账凭证，单击【保存】按钮，如图 7-43 所示。

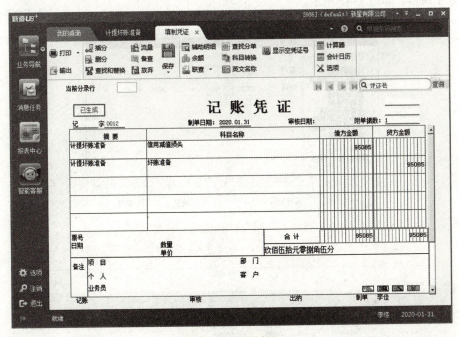

图 7-43 记账凭证

温馨提示

若进行坏账确认、坏账收回、计提坏账准备操作后发现错误，可执行【其他处理】/【取消操作】命令，在【取消操作条件】对话框中选择操作类型"坏账处理"，单击【确定】按钮，在【取消操作】窗口选择要取消的记录，单击【确认】按钮，即可将其恢复到坏账确认、坏账收回、计提坏账准备前的状态，如果该处理已经制单，应先删除其对应的凭证，再进行恢复。

任务 7.4　应收款管理系统期末处理

7.4.1　任务布置

在应收款管理系统中，由 02 李佳登录企业应用平台进行如下操作。

（1）1 月 31 日，查询河北浩美公司科目明细账。

（2）1 月 31 日，办理月末结账。

7.4.2　任务实施

1. 账表管理

2020 年 1 月 31 日，由 02 李佳登录企业应用平台，执行【业务工作】/【财务会计】/【应收款管理】/【账表处理】/【科目账查询】/【科目明细账】命令，打开【科目明细账】对话框，在左侧窗口选择"客户明细账"选项，再选择"客户"为"01 河北浩美公司"，如图 7-44 所示，单击【确定】按钮，打开【客户明细账】窗口，如图 7-45 所示。

应收款管理系统
期末处理（微课）

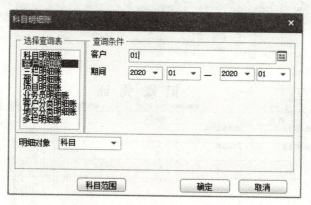

图 7-44　【科目明细账】对话框

客户明细账

客户　01　河北浩美公司　　　　　　　　　　　　　　　　　　　　　　　　　　　　　　金额式
　　　　　　　　　　　　　　　　　　　　　　　　　　　　　　　　　　　期间：2020.01-2020.01

年	月	日	凭证号		客户		科目		摘要	借方	贷方	方向	余额
				编号	名称	编号	名称		本币	本币		本币
				01	河北浩美公司	1121	应收票据	期初余额			借	20,340.00
2020	01	10	记-0004	01	河北浩美公司	1121	应收票据	收票单	50,000.00		借	70,340.00
2020	01	10	记-0005	01	河北浩美公司	1121	应收票据	票据结算		20,340.00	借	50,000.00
2020	01	15	记-0007	01	河北浩美公司	1121	应收票据	票据贴现		50,000.00	平	
2020	01			01	河北浩美公司	1121	应收票据	本月合计	50,000.00	70,340.00	平	
2020	01			01	河北浩美公司	1121	应收票据	本年累计	50,000.00	70,340.00	平	
				01	河北浩美公司	1122	应收账款	期初余额			借	22,600.00
2020	01	07	记-0001	01	河北浩美公司	1122	应收账款	销售专用发票	185,320.00		借	207,920.00
2020	01	07	记-0002	01	河北浩美公司	1122	应收账款	其他应收单	1,000.00		借	208,920.00
2020	01	08	记-0003	01	河北浩美公司	1122	应收账款	销售专用发票		50,000.00	借	158,920.00
2020	01	10	记-0004	01	河北浩美公司	1122	应收账款	收款单		50,000.00	借	108,920.00
2020	01	23	记-0010	01	河北浩美公司	1122	应收账款	坏账发生		3,390.00	借	105,530.00
2020	01	25	记-0011	01	河北浩美公司	1122	应收账款	坏账收回	3,390.00		借	108,920.00
2020	01	25	记-0011	01	河北浩美公司	1122	应收账款	坏账收回		3,390.00	借	105,530.00
2020	01			01	河北浩美公司	1122	应收账款	本月合计	189,710.00	106,780.00	借	105,530.00
2020	01			01	河北浩美公司	1122	应收账款	本年累计	189,710.00	106,780.00	借	105,530.00
				01	河北浩美公司			合计	239,710.00	177,120.00	借	105,530.00
								累计	239,710.00	177,120.00	借	105,530.00
								合计	239,710.00	177,120.00	借	105,530.00
								累计	239,710.00	177,120.00	借	105,530.00

图 7-45　【科目明细账】窗口

2. 月末结账

（1）2020 年 1 月 31 日，由 02 李佳登录企业应用平台，执行【业务工作】/【财务会计】/【应收款管理】/【期末处理】/【月末结账】命令，打开【月末处理】对话框，双击 1 月份的"结账标志"栏，打上"Y"标记。

（2）单击【下一步】按钮，显示各处理类型的处理情况，如图 7-46 所示。

（3）在处理情况都是"是"的情况下，单击【完成】按钮，系统提示"1 月份结账成功"，若处理情况中有"否"，则不能完成结账工作，单击【确定】按钮退出。

图 7-46　【月末处理】对话框

温馨提示

（1）结账时，在【月末处理】对话框中，截至本月其他处理全部制单项目的"处理情况"显示为"否"，不能结账，原因可能是存在核销或红票对冲未制单记录，因为双方单据的入账科目相同，不能生成凭证。解决办法是：执行【凭证处理】/【生成凭证】命令，在【制单查询】对话框中勾选"核销制单""红票对冲"复选框，进入【生成凭证】窗口，选中这些记录，然后单击【自动标记】按钮，系统提示"确实需要将借贷科目、辅助项均相同的记录自动隐藏不制单吗？"，单击【是】按钮，系统将这些记录隐藏，这样处理后即可以完成结账。

（2）应收款管理系统与销售管理系统集成使用时，在销售管理系统结账后，才能对应收款管理系统进行结账处理。

（3）如果结账后发现应收款管理系统有错误，需要取消月结。执行【期末处理】/【取消月结】命令，单击"一月份已结账"标志，单击【确定】按钮，系统提示"取消结账成功"。如果当月总账管理系统已经结账，则应收款管理系统不能取消结账。

常见问题分析

问题一：在进行基本科目设置的过程中，定义应收科目、预收科目、商业承兑科目、银行承兑科目时，系统提示"应为应收受控科目"。

原因分析及解决办法：这是因为在设置会计科目时没有将应收账款、预收账款、应收票据科目定义成客户往来。解决办法是：执行【基础设置】/【基础档案】/【财务】/【会计科目】命令，修改会计科目，为以上 3 个科目定义"客户往来"辅助项，受控系统应为"应收系统"。

问题二：在【应收处理】菜单下只有"应收单"选项，没有"销售发票"选项，不能填制销售发票。

原因分析及解决办法：这是因为启用了销售管理系统，应收款管理系统与销售管理系统集成使用时，销售发票只能在销售管理系统中填制，在应收款管理系统中只能填制应收单，因此要核实是否需要启用销售管理系统，如果不需要启用，则应该取消销售管理系统的启用。

问题三：生成的应收业务凭证只有金额，科目栏为空。

原因分析及解决办法：原因是没有在系统中进行科目设置，应检查基本科目设置、对方科目设置和结算方式科目设置。解决办法：方法一是完成科目设置，方法二是生成凭证时选择缺省的会计科目，再保存凭证。

问题四：在进行坏账收回操作过程中，在【坏账收回】对话框中选择结算单据号时，系统提示"没有合适的收款单"。

原因分析及解决办法：坏账收回处理需要两步操作：先录入收款单，再录入坏账收回信息。出现以上情况可能是忘记录入收款单，也可能是已录入收款单，但把收款单审核了，甚至生成凭证了。解决办法如下。如果是第一种情况，则先在"收款单据录入"功能中录入一张收款单，该收款单的金额即收回的坏账的金额。不要把该客户的其他的收款业务与该笔坏账收回业务录入同一张收款单。该收款单不需要审核。如果是第二种情况，收款单录入后审核了，应取消审核。如果已生成凭证，应将该凭证删除后再取消审核。

※※

德育栏目——客观公正

客观公正是会计工作的根本，也是维护国家和社会公众利益、维持经济持续健康发展的需要。客观是公正的基础，公正是客观的反映。基本要求：①端正态度；②依法办事；③实事求是，不偏不倚；④保持独立性。

✔ 项目小结

本项目工作任务导图如图 7-47 所示。

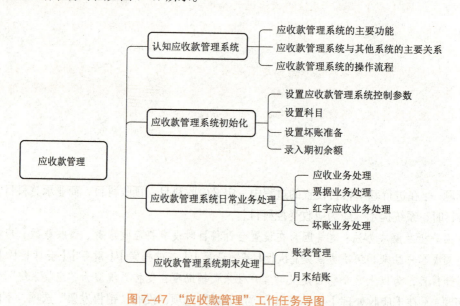

图 7-47 "应收款管理"工作任务导图

【实训七】应收款管理实训

实训七（PDF）

项目八

采购管理

任务 8.1　认知采购管理系统

供应链管理系统通过采购、库存，质量、存货等领域实现对物料的订、进、收、验、存、管、记的全流程管控，并且和制造、财务、决策支持集成，实现对客户需求的按时按量按质按地点交付。该系统主要包括合同管理、采购管理、销售管理、库存管理、存货核算等模块。其主要功能用于增加预测的准确性、减少库存、提高发货供货能力、缩短工作流程周期、提高生产效率、降低供应链成本、降低总体采购成本，缩短生产周期，加快市场响应速度，同时提供对采购、销售等业务环节以及对库存资金占用的控制，完成对存货出入库成本的核算。

采购管理系统是用友 ERP-U8 供应链的重要模块之一，帮助用户对采购业务的全部流程进行管理，提供请购、采购订货、采购到货、采购入库、采购发票、采购结算的完整采购流程，用户可根据自身实际情况进行采购流程的定制。该系统既可以单独使用，又能与用友 U8 的其他系统集成使用，提供完整全面的业务和财务流程处理。

8.1.1　采购管理系统的主要功能

（1）系统初始化：主要包括系统选项设置、期初单据录入和期初记账。

（2）供应商管理：可以对供应商资质、供应商供货的准入进行管理，也可以对供应商存货对照表、供应商存货价格表进行设置，并可按照供应商进行相关业务的查询和分析。

（3）业务处理：进行采购业务的日常操作，包括请购、采购订货、采购到货、采购入库、采购发票、采购结算等业务，企业可以根据业务需要选用不同的业务单据、定义不同的业务流程，月末进行结账操作，还可以查询库存管理系统的现存量。

（4）报表：提供采购统计表、采购账簿、采购分析表等统计分析的报表。

8.1.2　采购管理系统与其他系统的关系

采购管理系统既可以单独使用，又能与合同管理、需求规划、库存管理、应付款管理、销售管理、存货核算、质量管理等其他系统集成使用，提供完整全面的业务和财务流程处理。本书主要关注采购管理系统与应付款管理系统、库存管理系统、存货核算系统、销售管理系统之间的数据关系，如图 8-1 所示。

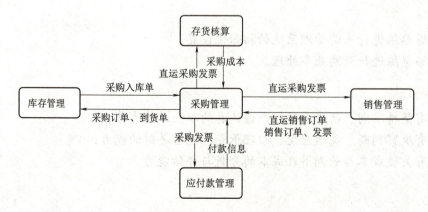

图 8-1　采购管理系统与其他系统之间的数据关系

1. 采购管理系统与应付款管理系统之间的数据关系

录入采购发票后，在应付款管理系统中对发票进行审核、制单，生成记账凭证；已审核的发票与付款单进行付款核销，并回写采购发票有关付款核销信息；可以参照采购订单和采购发票生成付款申请单，也可以在采购发票上推式生成付款申请单。

2. 采购管理系统与库存管理系统之间的数据关系

库存管理系统可以参照采购管理系统的采购订单、采购到货单生成采购入库单，并将入库情况反馈到采购管理系统；采购管理系统可以参照库存管理系统的采购入库单生成发票；采购管理系统根据库存管理系统的采购入库单和采购管理系统的发票进行采购结算；采购管理系统可以参照库存管理系统的出入库单生成代管挂账确认单，同时代管挂账确认单可和发票进行结算。

3. 采购管理系统与销售管理系统之间的数据关系

采购管理系统可参照销售订单生成请购单、采购订单，可参照直运销售订单生成直运采购订单，直运销售发票与直运采购发票可互相参照。

4. 采购管理系统与存货核算系统之间的数据关系

直运采购发票在存货核算系统中进行记账，登记存货明细账，制单生成凭证；采购结算单可以在存货核算系统中进行制单和生成凭证；存货核算系统根据采购管理系统结算的代管挂账确认单进行记账和制单，没有结算的进行暂估处理。

采购管理系统与应付款管理系统、销售管理系统、库存管理系统、存货核算系统都有数据传递关系，因此需要把这些子系统都进行初始化设置后，再处理采购业务。

任务 8.2　基础设置

8.2.1　任务布置

新星有限公司从 2020 年 1 月 1 日起启用供应链子系统，由 01 陈宇登录企业应用平台，根据企业核算与管理的需要设置业务档案。

1. 启用供应链各子系统

启用采购管理、销售管理、库存管理、存货核算各子系统，启用日期为"2020-01-01"。

2. 设置业务档案

业务档案资料如表 8-1 ~ 表 8-5 所示。

表 8-1　仓库档案资料

仓库编码	仓库名称	计价方式
01	原材料库	先进先出法
02	周转材料库	先进先出法
03	产成品库	全月平均法

表 8-2　收发类别资料

编码	名称	标志	编码	名称	标志
1	入库	收	2	出库	发
11	采购入库	收	21	生产领用	发
12	产成品入库	收	22	销售出库	发
13	盘盈入库	收	23	盘亏出库	发
14	其他入库	收	24	委托代销出库	发
			25	其他出库	发

表 8-3　采购类型资料

编码	名称	入库类别	是否默认值
01	直接采购	采购入库	是

表 8-4　销售类型资料

编码	名称	出库类别	是否默认值
01	直接销售	销售出库	是
02	委托代销	委托代销出库	否

表 8-5　费用项目资料

费用项目分类		费用项目		
编码	名称	编码	名称	方向
1	无分类	01	运费	支出
		02	装卸费	支出
		03	其他	支出

3. 单据设置

单据编号设置：采购订单、销售订单编码设置为"完全手工编号"；采购入库单、材料出库单编号设置为"手工改动，重号时自动重取"。

8.2.2　任务实施

1. 启用供应链各子系统

执行【基础设置】/【基本信息】/【系统启用】命令，打开【系统启用】对话框，分别勾选系统名称"采购管理""销售管理""库存管理""存货核算"，设置启用日期为"2020-01-01"，如图 8-2 所示。

2. 设置仓库档案

（1）在企业应用平台中，执行【基础设置】/【基础档案】/【业务】/【仓库档案】命令，打开【仓

图 8-2　【系统启用】对话框

库档案】窗口，单击【增加】按钮，输入"仓库编码"为"01"，"仓库名称"为"原材料库"，选择"计价方式"为"先进先出法"，如图8-3所示。

（2）单击【保存】按钮，继续增加其他仓库档案。

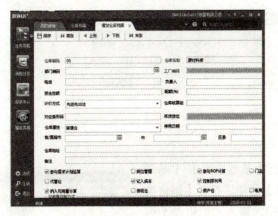

设置仓库档案
（微课）

图8-3 【增加仓库档案】窗口

🌸 温馨提示

（1）仓库编码、仓库名称为必输项，名称可重复，编码不能重复。

（2）计价方式：系统提供6种计价方式，即计划价法（商业：售价法）、全月平均法、移动平均法、先进先出法、后进先出法、个别计价法。

3. 设置收发类别

（1）在企业应用平台中，执行【基础设置】/【基础档案】/【业务】/【收发类别】命令，打开【收发类别】窗口，单击【增加】按钮，输入"收发类别编码"为"1"，"收发类别名称"为"入库"，单击收发标志"收"，如图8-4所示。

（2）单击【保存】按钮，继续增加其他类别。

设置收发类别
（微课）

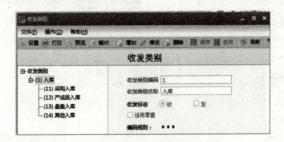

图8-4 【收发类别】窗口

🌸 温馨提示

收发类别编码必须符合编码规则。入库类别标志必须设置为"收"，出库类别标志必须设置为"发"。

4. 设置采购类型

在企业应用平台中，执行【基础设置】/【基础档案】/【业务】/【采购类型】命令，打开【采购类型】窗口，单击【增加】按钮，输入"采购类型编码"为"01"，"采购类型名称"为"直接采购"，选择"入库类别"为"采购入库"，选择"是否默认值"为"是"，单击【保存】按钮，如图8-5所示。

图8-5 【采购类型】窗口

设置采购类型和
销售类型（微课）

5. 设置销售类型

在企业应用平台中，执行【基础设置】/【基础档案】/【业务】/【销售类型】命令，打开【销售类型】窗口，单击【增加】按钮，输入"销售类型编码"为"01"，"销售类型名称"为"直接销售"，选择"出库类别"为"销售出库"，选择"是否默认值"为"是"，单击【保存】按钮，如图8-6所示。

图8-6 【销售类型】窗口

6. 设置费用项目

（1）在企业应用平台中，执行【基础设置】/【基础档案】/【业务】/【费用项目分类】命令，打开【费用项目分类】窗口，单击【增加】按钮，输入"分类编码""分类名称"等信息，单击【保存】按钮，如图8-7所示。

（2）执行【基础设置】/【基础档案】/【业务】/【费用项目】命令，打开【费用项目】窗口，单击【增加】按钮，输入费用项目编码、费用项目名称，选择费用项目分类名称、方向等信息，单击【保存】按钮，如图8-8所示。

设置费用项目
（微课）

图8-7 【费用项目分类】窗口　　图8-8 【费用项目】窗口

7. 单据编号设置

（1）在企业应用平台中，执行【基础设置】/【单据设置】/【单据编号设置】命令，打开【单据编号设置】对话框，如图8-9所示。

（2）在左边目录区展开"采购管理"，选择需要修改的单据"采购订单"，单击【修改】按钮。

单据编号设置
（微课）

（3）勾选"完全手工编号"复选框。

（4）单击【保存】按钮，继续修改其他单据。

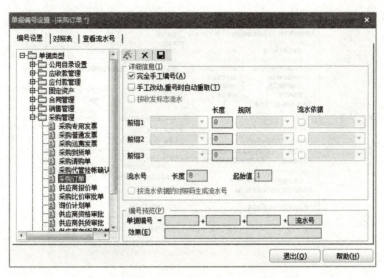

图 8-9 【单据编号设置】对话框

任务 8.3　采购管理系统初始化

8.3.1　任务布置

新星有限公司于 2020 年 1 月 1 日启用供应链管理各子系统，由 04 宋岩登录企业应用平台进行如下操作。

（1）选项设置，如表 8-6 所示。

表 8-6　采购管理系统选项资料

选项卡	内容	
业务及权限控制	启用代管业务	√
	启用询价业务	√
	普通业务必有订单：	×
公共及参照控制	单据默认税率：13%	

（2）录入期初采购入库单并进行期初采购记账。

2019 年 12 月 30 日，从同益公司采购笔壳 50 000 个，不含税单价为 0.20 元，已入库，入库类别为采购入库，发票未到，款未付。

8.3.2　任务实施

1. 选项设置

（1）执行【业务工作】/【供应链】/【采购管理】/【选项】命令，打开【采购系统选项】对话框，在【业务及权限控制】选项卡中分别勾选"启用代管业务""启用询价业务"复选框，如图 8-10 所示。

（2）单击【公共及参照控制】选项卡，修改"单据默认税率"为"13"，单击【确定】按钮。

采购管理系统
初始化（微课）

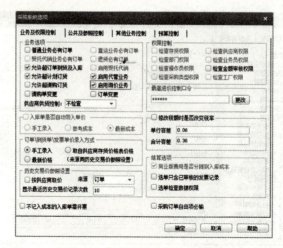

图 8-10 【采购系统选项】对话框

温馨提示

（1）引入期初余额试算平衡账套，并将应付款管理、应收款管理、采购管理、销售管理、库存管理、存货核算系统都进行初始化，然后进行采购管理和销售管理系统日常业务处理。

（2）直运业务必有订单：该选项是销售管理系统"选项"中设置的，在这里显示，不可修改，在销售管理系统"选项"中同时勾选"有直运销售业务"和"直运销售必有订单"两个选项后，该选项自动显示勾选。

（3）启用受托代销业务：只有在建立账套时选择企业类型为"商业""医药流通"的账套，才能启用受托代销业务，该选项可以在采购管理系统中设置，也可以在库存管理系统中设置。

（4）启用代管业务和启用询价业务：启用后才能处理这些业务，否则不能处理相关业务。

2. 录入期初采购入库单并进行期初采购记账

（1）执行【业务工作】/【供应链】/【采购管理】/【采购入库】/【采购入库单】命令，打开【采购入库单】窗口。

（2）执行【增加】/【空白单据】命令，在表头中选择"入库日期"为"2019-12-30"，"仓库"为"原材料库"，"供货单位"为"同益公司"，"入库类别"为"采购入库"，在表体中选择"存货编码"为"102"，输入"数量"为"50000"，"本币单价"为"0.20"，如图 8-11 所示，单击【保存】按钮。

图 8-11 【采购入库单】窗口

（3）执行【业务工作】/【供应链】/【采购管理】/【设置】/【采购期初记账】命令，打开【期初记账】对话框，如图 8-12 所示。

图 8-12 【期初记账】对话框

（4）单击【记账】按钮，系统提示"期初记账完毕！"，单击【确定】按钮。

温馨提示

期初采购入库单在采购管理系统中录入，采购系统期初记账后，本期发生的采购入库单在库存管理系统中录入。

任务 8.4 普通采购业务

8.4.1 任务布置

1 月，新星有限公司发生以下材料采购业务，请以操作员权限登录企业应用平台，在相应子系统中进行业务处理（采购员：04 宋岩，仓管员：06 崔斌，会计：02 李佳）。

1 日，与同益公司签订购买弹簧合同（合同编号：CG001），数量为 200 000 个，无税单价为 0.12 元，增值税率为 13%，当天收到发票（发票号：2020001）和货物，货已入库。

8.4.2 任务实施

1. 填制采购订单

（1）2020 年 1 月 1 日，由 04 宋岩登录企业应用平台，执行【业务工作】/【供应链】/【采购管理】/【采购订货】/【采购订单】命令，打开【采购订单】窗口。

（2）单击【增加】按钮，在表头中输入"订单编号"为"CG001"，选择"供应商"为"同益公司"，"业务员"为"宋岩"，在表体中选择"存货编码"为"103弹簧"，输入"数量"为"200000"，"原币单价"为"0.12"，默认"计划到货日期"为"2020-01-01"，单击【保存】按钮，如图 8-13 所示。

普通采购业务（微课）

图 8-13 【采购订单】窗口

（3）单击【审核】按钮，审核填制的订单。

2. 参照采购订单生成采购到货单

（1）执行【业务工作】/【供应链】/【采购管理】/【采购到货】/【到货单】命令，打开【到货单】窗口。

（2）单击【增加】/【采购订单】按钮，打开【查询条件 – 单据列表过滤】对话框，单击【确定】按钮，打开【拷贝并执行】窗口，如图 8-14 所示。

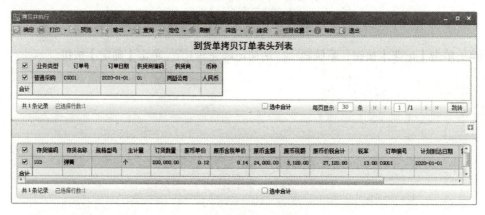

图 8-14 【拷贝并执行】窗口

（3）勾选需要拷贝的采购订单记录，单击【确定】按钮，生成到货单，单击【保存】按钮，单击【审核】按钮，如图 8-15 所示，再单击【退出】按钮。

图 8-15 【到货单】窗口

3. 参照到货单生成采购入库单

（1）2020 年 1 月 1 日，由 06 崔斌登录企业应用平台，执行【业务工作】/【供应链】/【库存管理】/【采购入库】/【采购入库单】命令，打开【采购入库单】窗口。

（2）单击【增加】/【采购】/【采购到货单】按钮，打开【查询条件 – 采购到货单列表】对话框，单击【确定】按钮，打开【到货单生单列表】窗口。

（3）勾选需要拷贝的到货单记录，单击【确定】按钮，系统自动生成采购入库单，选择对应的"仓库"为"01 原材料库"，单击【保存】按钮，单击【审核】按钮，如图 8-16 所示。

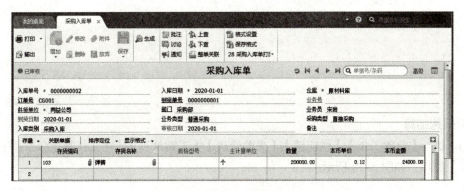

图 8-16　【采购入库单】窗口

温馨提示

（1）更换操作员"崔斌"后，如果库存管理系统中没有【采购入库单】命令菜单，则需要在"系统管理"中增加其权限，将"基本信息"中的"公共单据"的权限给他，该操作员就有权生成入库单了。

（2）只有采购管理系统和库存管理系统同时启用时，库存管理系统才能通过【生单】按钮生成采购入库单。

（3）生单时，如果没有可参照的订单或到货单，请检查订单或到货单是否审核或是否处于关闭状态。

4. 参照采购订单生成采购发票

（1）2020 年 1 月 1 日，由 04 宋岩登录企业应用平台，执行【业务工作】/【供应链】/【采购管理】/【采购发票】/【专用采购发票】命令，打开【专用发票】窗口。

单击【增加】/【入库单】按钮，打开【查询条件 - 单据列表过滤】对话框，单击【确定】按钮，打开【拷贝并执行】窗口，勾选需要拷贝的采购订单记录，单击【确定】按钮，系统生成采购专用发票，输入"发票号"为"2020001"，如图 8-17 所示，单击【保存】按钮，单击【复核】按钮。

图 8-17　【专用发票】窗口

温馨提示

（1）采购发票可以直接输入，也可以拷贝订单、入库单生成。

（2）如果发票编号不能更改，则执行【基础设置】/【单据设置】/【单据编号设置】命令，选择"采购专用发票"选项，勾选"完全手工编号"复选框，单击【保存】按钮。

（3）如果发票和货款同一天收到，保存完发票后，可以单击【现付】按钮，录入结算的金额、结算方式、结算票号，这样生成凭证时，结算金额直接计入"银行存款/工行存款"账户，而不再通过"应付账款/应付货款"科目核算。

5.采购结算

（1）执行【业务工作】/【供应链】/【采购管理】/【采购结算】/【手工结算】命令，打开【手工结算】窗口，如图 8-18 所示。

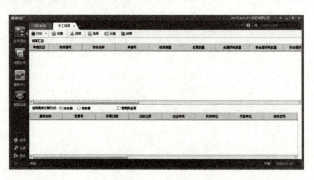

图 8-18 【手工结算】窗口

（2）单击【选单】按钮，打开【结算选单】窗口，单击【查询】按钮，打开【查询条件选择 - 采购手工结算】对话框，单击【确定】按钮，在【结算选单】窗口，勾选发票和入库单记录，如图 8-19 所示，单击【确定】按钮，在【手工结算】窗口，单击【结算】按钮，系统提示"完成结算！"，单击【确定】按钮。

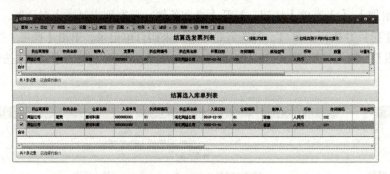

图 8-19 【结算选单】窗口

温馨提示

（1）采购结算是指采购核算人员根据采购入库单、采购发票核算采购入库成本。不管采购入库单上有无单价，采购结算后，其单价都被自动修改为发票上的存货单价，即发票金额作为入库单的实际成本。因此，采购入库单和发票都收到后必须进行采购结算，如果月末结账前存货已入库但发票未到，入库单按暂估记账、生成凭证。

（2）采购结算从操作处理上分为自动结算、手工结算两种方式。

自动结算：由系统自动将符合结算条件的采购入库单记录和采购发票记录进行结算。系统按照3种结算模式进行自动结算——入库单和发票、红蓝入库单、红蓝发票。

手工结算：手工结算适用范围比较广，内容包括入库单与发票结算、蓝字入库单与红字入库单结算、蓝字发票与红字发票结算、溢余短缺处理、费用折扣分摊。手工结算时可拆单拆记录，一行入库记录可以分次结算，可以同时对多张入库单和多张发票进行手工结算。

（3）参照入库单生成的采购发票，可以在保存完发票后，在【专用发票】窗口直接单击【结算】按钮进行采购结算，但参照采购订单生成的采购发票只能执行【采购结算】/【手工结算】或【自动结算】命令，才能完成结算工作。

（4）可以执行【采购结算】/【结算单列表】命令，查询结算单，如果需要修改或删除入库单、采购发票，必须先取消采购结算，即删除采购结算单。

6. 审核发票并生成凭证

（1）2020年1月1日，由02李佳登录企业应用平台，执行【业务工作】/【财务会计】/【应付款管理】/【应付处理】/【采购发票】/【采购发票审核】命令，打开【采购发票审核】窗口。

（2）单击【查询】按钮，系统弹出【条件查询－发票查询】对话框，单击【确定】按钮，系统显示需要审核的发票记录，如图8-20所示。

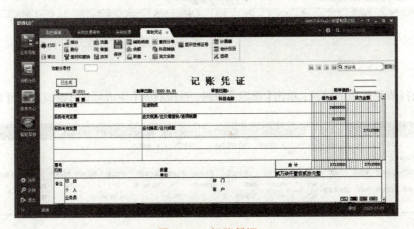

图 8-20 【采购发票审核】窗口

（3）双击该记录所在行，打开【采购发票】窗口，单击【审核】按钮，系统提示"是否立即制单？"，单击【是】按钮，系统自动生成记账凭证，单击【保存】按钮，如图8-21所示。

图 8-21 记账凭证

 温馨提示

（1）启用供应链管理系统后，采购发票和入库单分别制单，需要通过"1402在途物资"

科目核算，因此需要取消应付款管理系统对方科目设置，操作方法是：执行【业务工作】/【应付款管理】/【设置】/【科目设置】/【对方科目】命令，打开【应付对方科目】窗口，将该窗口中的记录都删除。

（2）采购发票复核后会自动传到应付款管理系统，在应付款管理系统中审核后才能制单，生成记账凭证传递给总账管理系统。

（3）如果发票未进行采购结算处理，需要在【应付单据查询条件】对话框中勾选"未完全报销"或"全部"复选框才能显示发票。

7. 正常单据记账并生成凭证

（1）执行【业务工作】/【供应链】/【存货核算】/【记账】/【正常单据记账】命令，打开【未记账单据一览表】窗口，单击【查询】按钮，打开【查询条件】对话框，单击【确定】按钮，勾选记录，如图8-22所示，单据【记账】按钮，系统提示"记账成功"。

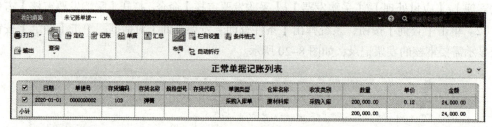

图8-22 【未记账单据一览表】窗口

（2）执行【存货核算】/【凭证处理】/【生成凭证】命令，打开【生成凭证】窗口，单击【选单】按钮，系统弹出【查询条件－生成凭证查询条件】对话框，单击【确定】按钮，打开【选择单据】窗口，如图8-23所示。

图8-23 【选择单据】窗口

（3）选择需要生单的记录，单击【确定】按钮，系统打开【生成凭证】窗口，如图8-24所示。

图8-24 【生成凭证】窗口

（4）单击【合并制单】按钮，生成记账凭证，如图8-25所示。

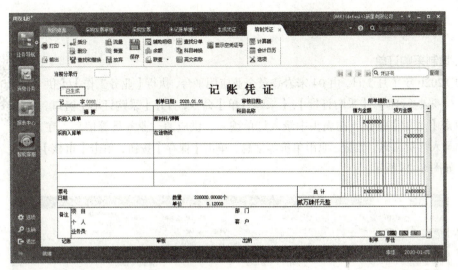

图 8-25 记账凭证

温馨提示

（1）在存货核算系统中，需要先进行"正常单据记账"处理，再生成记账凭证。

（2）若生成的记账凭证科目有错误，需要检查存货科目和存货对方科目设置是否正确。

【知识拓展一】普通采购业务流程

普通采购业务流
程（PDF）

任务 8.5　费用分摊采购业务

8.5.1　任务布置

1月，新星有限公司发生以下材料采购业务，请以操作员权限登录企业应用平台，在相应子系统中进行业务处理（采购员：04 宋岩，仓管员：06 崔斌，会计：02 李佳）。

2日，与华兴公司签订购买弹簧合同（合同编号：CG002），数量为 100 000 个，无税单价为 0.14 元，增值税率为 13%，当天收到发票（发票号：2020008）和货物，货已入库，对方代垫运费 2 000 元（不含税），增值税率为 9%（发票号：2020015），运费发票的开票单位为运达物流有限责任公司（税号：77779999，开户行：工行北京支行，账号：7890123）。

8.5.2 任务实施

1. 填制采购订单

（1）2020年1月2日，由04宋岩登录企业应用平台，执行【业务工作】/【供应链】/【采购管理】/【采购订货】/【采购订单】命令，打开【采购订单】窗口。

费用分摊采购
业务（微课）

单击【增加】按钮，在表头中录入订单编号、供应商、业务员等信息，在表体中录入存货编码、数量、原币单价等信息，单击【保存】按钮，单击【审核】按钮，如图8-26所示。

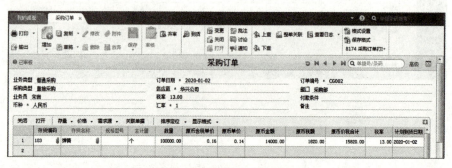

图8-26 【采购订单】窗口

2. 参照采购订单生成采购到货单

（1）执行【业务工作】/【供应链】/【采购管理】/【采购到货】/【到货单】命令，打开【到货单】窗口。

（2）单击【增加】/【采购订单】按钮，打开【查询条件－单据列表过滤】对话框，单击【确定】按钮，打开【拷贝并执行】窗口。

（3）勾选需要拷贝的采购订单记录，单击【确定】按钮，系统自动生成到货单，单击【保存】按钮，单击【审核】按钮，如图8-27所示。

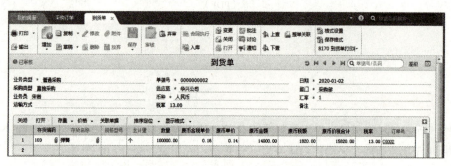

图8-27 【到货单】窗口

3. 参照到货单生成采购入库单

（1）2020年1月2日，由06崔斌登录企业应用平台，执行【业务工作】/【供应链】/【库存管理】/【采购入库】/【采购入库单】命令，打开【采购入库单】窗口。

（2）单击【增加】/【采购】/【采购到货单】按钮，打开【查询条件－采购到货单列表】对话框，单击【确定】按钮，打开【到货单生单列表】窗口。

（3）勾选需要拷贝的到货单记录，单击【确定】按钮，系统自动生成采购入库单，选择对应的"仓库"为"01原材料库"，单击【保存】按钮，单击【审核】按钮，如图8-28所示。

图8-28 【采购入库单】窗口

4. 参照采购订单生成采购发票

（1）2020年1月2日，由04宋岩登录企业应用平台，执行【业务工作】/【供应链】/【采购管理】/【采购发票】/【专用采购发票】命令，打开【专用发票】窗口。

（2）单击【增加】/【采购订单】按钮，打开【查询条件-单据列表过滤】对话框，单击【确定】按钮，打开【拷贝并执行】窗口，勾选需要拷贝的采购订单记录，单击【确定】按钮，系统生成采购专用发票，如图8-29所示，输入"发票号"为"2020008"，单击【保存】按钮，单击【复核】按钮。

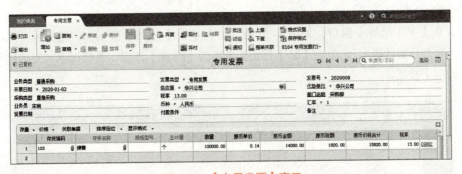

图8-29 【专用发票】窗口

（3）单击【增加】按钮，在表头中录入"发票号"为"2020015"，选择"供应商"为"运达物流有限责任公司"（新增该供应商档案），选择"代垫单位"为"华兴公司"，输入"税率"为"9"，选择业务员，在表体中录入存货编码、数量、原币单价等信息，单击【保存】按钮，单击【复核】按钮，如图8-30所示。

5. 采购结算

（1）执行【业务工作】/【供应链】/【采购管理】/【采购结算】/【手工结算】命令，打开【手工结算】窗口，单击【选单】按钮，打开【结算选单】窗口，单击【查询】按钮，打开【查询条件选择-采购手工结算】对话框，单击【确定】按钮，在【结算选单】窗口勾选需要结算的发票和入库单记录，如图8-31所示，单击【确定】按钮。

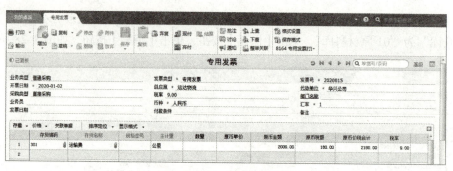

图 8-30 【专用发票】窗口

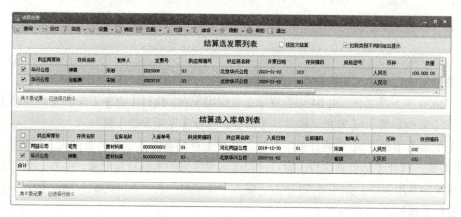

图 8-31 【结算选项】窗口

（2）在【手工结算】窗口，如图 8-32 所示，先单击【分摊】按钮，系统提示"选择按金额分摊，是否开始计算？"，单击【是】按钮，再单击【结算】按钮，系统提示"完成结算！"，单击【确定】按钮。

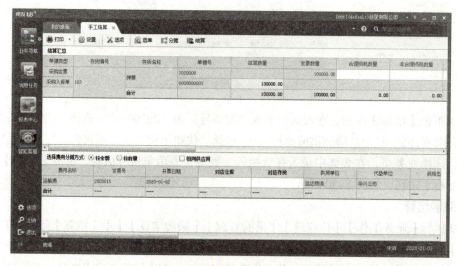

图 8-32 【手工结算】窗口

温馨提示

（1）费用分摊采购业务流程和普通采购业务流程一样，只是采购结算时先分摊费用再进行结算。

（2）本业务有运费发票，两张发票和一张入库单进行结算，只能采用手工结算，结算后，入库单金额变为两张发票不含税金额的合计。

6. 审核发票并生成凭证

（1）2020 年 1 月 2 日，由 02 李佳登录企业应用平台，执行【业务工作】/【财务会计】/【应付款管理】/【应付处理】/【采购发票】/【采购发票审核】命令，打开【采购发票审核】窗口。

（2）单击【查询】按钮，系统弹出【条件查询 - 发票查询】对话框，单击【确定】按钮，系统显示需要审核的发票记录，如图 8-33 所示。

图 8-33 【采购发票审核】窗口

（3）双击第一行记录，打开【采购发票】窗口，单击【审核】按钮，系统提示"是否立即制单？"，单击【是】按钮，系统自动生成记账凭证，如图 8-34 所示，再双击第二行记录，审核生成记账凭证，如图 8-35 所示。

7. 正常单据记账并生成凭证

（1）执行【业务工作】/【供应链】/【存货核算】/【记账】/【正常单据记账】命令，单击【查询】按钮，打开【查询条件】对话框，单击【确定】按钮，打开【未记账单据一览表】窗口，勾选记录，如图 8-36 所示，单据【记账】按钮，系统提示"记账成功"。

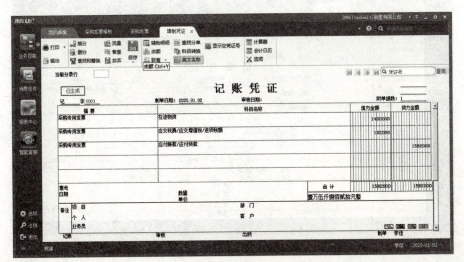

图 8-34 记账凭证

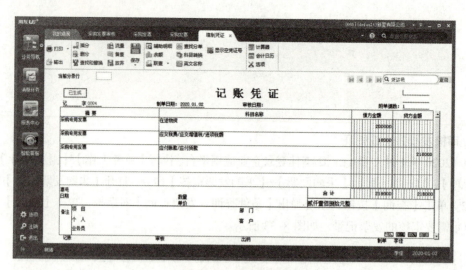

图 8-35　记账凭证

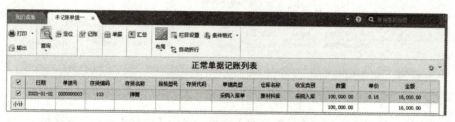

图 8-36　【未记账单据一览表】窗口

（2）执行【存货核算】/【凭证处理】/【生成凭证】命令，打开【生成凭证】窗口，单击【选单】按钮，打开【查询条件-生成凭证查询条件】对话框，单击【确定】按钮，选择需要生单的记录，单击【确定】按钮，单击【合并制单】按钮，单击【保存】按钮，生成记账凭证，如图 8-37 所示。

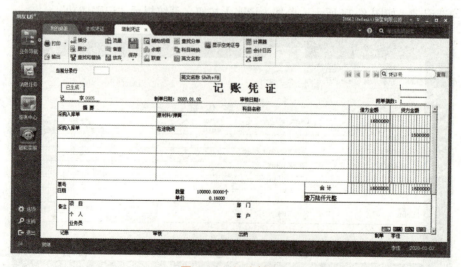

图 8-37　记账凭证

任务 8.6　合理损耗采购业务

8.6.1　任务布置

1月，新星有限公司发生合理损耗采购业务，请以操作员权限登录企业应用平台，在相应子系统中进行业务处理（采购员：04宋岩，仓管员：06崔斌，会计：02李佳）。

2日，与美乐公司签订购买笔芯合同（合同编号：CG003），数量为200 000个，无税单价为0.35元，增值税率为13%，当天收到发票（发票号：2020025）和货物，经检验入库195 000个，另5 000个为合理损耗。

8.6.2　任务实施

1. 填制采购订单

2020年1月2日，由04宋岩登录企业应用平台，执行【业务工作】/【供应链】/【采购管理】/【采购订货】/【采购订单】命令，打开【采购订单】窗口。单击【增加】按钮，录入表头和表体项目信息，如图8-38所示，单击【保存】按钮，单击【审核】按钮。

合理损耗采购
业务（微课）

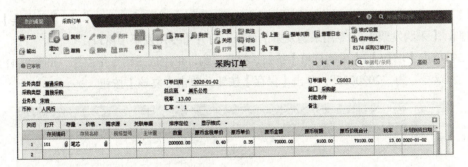

图 8-38　【采购订单】窗口

2. 参照采购订单生成采购到货单

执行【业务工作】/【供应链】/【采购管理】/【采购到货】/【到货单】命令，打开【到货单】窗口。单击【增加】/【采购订单】按钮，参照采购订单生成到货单，单击【保存】按钮，单击【审核】按钮，如图8-39所示。

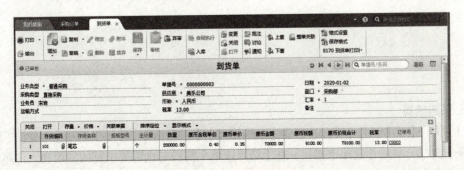

图 8-39　【到货单】窗口

3. 参照到货单生成采购入库单

（1）2020 年 1 月 2 日，由 06 崔斌登录企业应用平台，执行【业务工作】/【供应链】/【库存管理】/【采购入库】/【采购入库单】命令，打开【采购入库单】窗口。

（2）单击【增加】/【采购】/【采购到货单】按钮，参照到货单生成采购入库单，选择"仓库"为"01 原材料库"，修改"数量"为"195000"，单击【确定】按钮，单击【审核】按钮，如图 8-40 所示。

图 8-40 【采购入库单】窗口

4. 参照采购订单生成采购发票

（1）2020 年 1 月 2 日，由 04 宋岩登录企业应用平台，执行【业务工作】/【供应链】/【采购管理】/【采购发票】/【专用采购发票】命令，打开【专用发票】窗口。

（2）单击【增加】/【采购订单】按钮，参照采购订单生成采购专用发票，如图 8-41 所示，输入"发票号"为"2020025"，单击【保存】按钮，单击【复核】按钮。

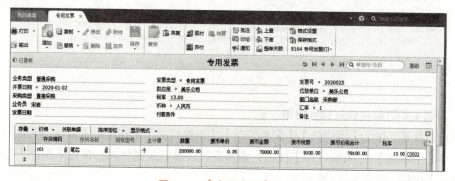

图 8-41 【专用发票】窗口

温馨提示

拷贝入库单生成的发票上的数量不能大于入库单上的数量，参照采购订单生成采购发票，没有数量限制，因此发生合理损耗采购业务，不能参照入库单生成采购发票。

5. 采购结算

（1）执行【业务工作】/【供应链】/【采购管理】/【采购结算】/【手工结算】命令，打开【手工结算】窗口，单击【选单】按钮，在【结算选单】窗口勾选需要结算的发票和入库单记录，单击【确定】按钮，如图 8-42 所示。

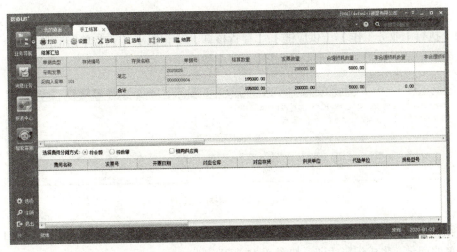

图 8-42 【手工结算】窗口

（2）在【手工结算】窗口，输入"合理损耗数量"为"5000"，单击【结算】按钮。

温馨提示

（1）合理损耗采购业务处理流程和普通采购业务处理流程一样，只是采购结算时需要录入合理损耗数量。只有"发票数量＝结算数量＋合理损耗数量＋非合理损耗数量"，入库单记录与发票记录才能进行采购结算。如果入库单数量＞发票数量，为采购溢余，应在合理损耗数量中输入"负数"，系统把多余数量按赠品处理，降低入库货物的单价，反之，为采购短缺，应在合理损耗数量中输入"正数"，合理损耗直接记入存货成本，即相应提高入库货物的单位成本。

（2）如果采购入库单和采购发票数量不一致，则只能手工结算。

6. 审核发票并生成凭证

2020 年 1 月 2 日，由 02 李佳登录企业应用平台，执行【业务工作】/【财务会计】/【应付款管理】/【应付处理】/【采购发票】/【采购发票审核】命令，打开【采购发票审核】窗口。查询发票并审核发票，生成记账凭证，如图 8-43 所示。

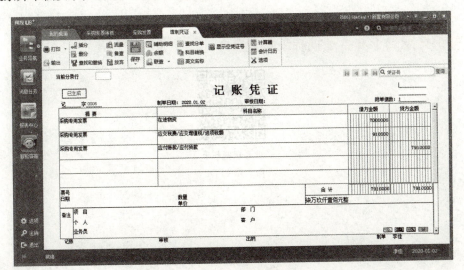

图 8-43 记账凭证

7. 正常单据记账并生成凭证

（1）执行【业务工作】/【供应链】/【存货核算】/【记账】/【正常单据记账】命令，查询、勾选入库单记录，如图 8-44 所示，单击【记账】按钮。

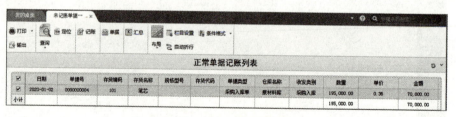

图 8-44 【未记账单据一览表】窗口

（2）执行【存货核算】/【凭证处理】/【生成凭证】命令，打开【生成凭证】窗口，勾选需要生单的记录，生成记账凭证，如图 8-45 所示。

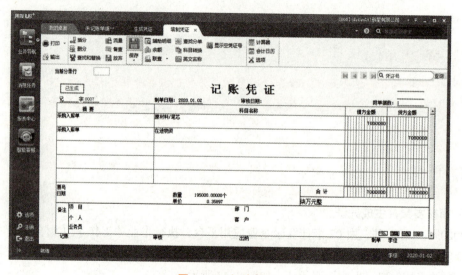

图 8-45 记账凭证

【知识拓展二】非合理损耗采购业务

非合理损耗采
购业务（PDF）

任务 8.7　暂估采购业务

8.7.1　任务布置

新星有限公司选择存货暂估方式为"单到回冲"，该公司1月发生如下采购业务，请以操作员权限登录企业应用平台，在相应子系统中进行业务处理（采购员：04宋岩，会计：02李佳）。

3日，从同益公司取得上月购买笔壳的发票（上月暂估入库），数量为50 000个，无税单价为0.20元，增值税率为13%（发票号：2020035）。

8.7.2　任务实施

1. 填制采购发票

（1）2020年1月3日，由04宋岩登录企业应用平台，执行【业务工作】/【供应链】/【采购管理】/【采购发票】/【专用采购发票】命令，打开【专用发票】窗口。

（2）单击【增加】/【入库单】按钮，参照期初入库单生成采购发票，输入"发票号"为"2020035"，单击【保存】按钮，单击【复核】按钮，如图8-46所示。

暂估采购业务
（微课）

图8-46　【专用发票】窗口

2. 采购结算

在【专用发票】窗口单击【结算】按钮，发票上直接显示"已结算"。

🌼温馨提示

（1）本业务参照入库单生成了采购发票，也可以直接填制采购发票。

（2）因为采购发票是参照入库单生成的，发票保存后可以在发票上直接单击【结算】按钮完成结算，也可以执行【采购结算】/【手工结算】或【自动结算】命令完成结算。

3. 审核发票并生成凭证

2020年1月3日，由02李佳登录企业应用平台，执行【业务工作】/【财务会计】/【应付款管理】/【应付处理】/【采购发票】/【采购发票审核】命令，审核应付单并生成记账凭证，如图8-47所示。

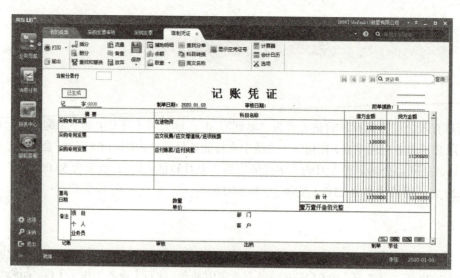

图 8-47　记账凭证

4. 结算成本处理

（1）执行【业务工作】/【供应链】/【存货核算】/【记账】/【结算成本处理】命令，打开【结算成本处理】对话框，勾选"原材料库"选项，如图 8-48 所示。

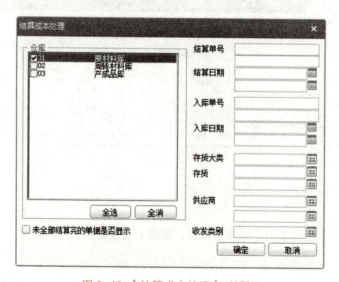

图 8-48　【结算成本处理】对话框

（2）单击【确定】按钮，打开【结算成本处理】窗口，如图 8-49 所示。

图 8-49　【结算成本处理】窗口

（3）勾选需要结算处理的记录，单击【结算处理】按钮，系统提示"结算成本处理完成"，单击【确定】按钮。

温馨提示

收到采购发票时，进行结算成本处理，系统提供月初回冲、单到回冲、单到补差3种方式进行暂估业务处理，本公司选择的是单到回冲方式。

（1）月初回冲：上月入库单做暂估处理后，上月结账，本月存货核算系统自动生成红字回冲单回冲，本月收到发票后，结算成本处理时生成蓝字回冲单插入存货明细账，数量金额与结算报销的一致。如果本月末仍未收到发票，月末再按上月金额做暂估处理。

（2）单到回冲：本月收到发票后，结算处理时红字回冲单和蓝字回冲单同时生成，如果本月末仍未收到发票，月末不用再做暂估处理。

（3）单到补差：本月收到发票后，结算成本处理时将暂估成本与实际成本之间的差异形成入库调整单，将原来的暂估成本调整为实际的结算成本，如果本月末仍未收到发票，和单到回冲一样，月末不用再做暂估处理。

5. 生成凭证

（1）执行【业务工作】/【供应链】/【存货核算】/【凭证处理】/【生成凭证】命令，打开【生成凭证】窗口。

（2）单击【选单】按钮，打开【查询条件 – 生成凭证查询条件】对话框，单击【确定】按钮，打开【选择单据】窗口，如图 8-50 所示。

图 8-50 【选择单据】窗口

（3）选择"单据类型"为"红字回冲单"记录，单击【确定】按钮，打开【生成凭证】窗口，如图 8-51 所示。

图 8-51 【生成凭证】窗口

（4）单击【合并制单】按钮，生成记账凭证，单击【保存】按钮。如图 8-52 所示。

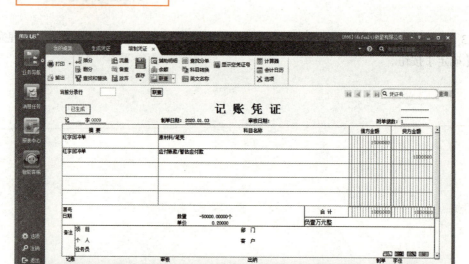

图 8-52　记账凭证

（5）选择"单据类型"为"蓝字回冲单"记录，生成记账凭证，如图 8-53 所示。

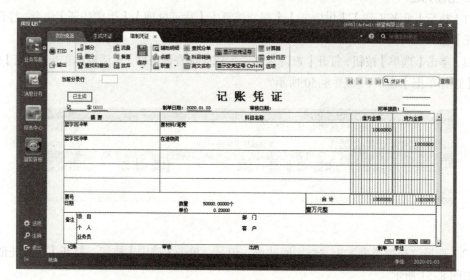

图 8-53　记账凭证

🎓 温馨提示

　　结算成本处理时，回冲单自动记账，因此存货核算系统不再进行记账处理，直接生成凭证即可。

任务 8.8　采购退货业务

8.8.1　任务布置

　　1 月，新星有限公司发生如下采购退货业务，请以操作员权限登录企业应用平台，在相应子系统中进行业务处理（采购员：04 宋岩，仓管员：06 崔斌，会计：02 李佳）。

（1）4 日，与美乐公司签订采购笔壳合同（合同编号：CG004），数量为 54 000 个，无税单价为 0.24 元，增值税率为 13%，已验收入库。

（2）5 日，发现从美乐公司购买的笔壳有 4 000 个存在质量问题，退回美乐公司并取回采购发票（发票号：2020090），发票载明数量为 50 000 个，无税单价为 0.24 元（结算前部分退货业务）。

（3）7 日，从同益公司购买的弹簧有 20 000 个存在质量问题，退回同益公司，收到红字发票（发票号：2020093），对方以网银转账方式（单据号：60030）退货款，价税合计 2 712.00 元（结算后退货业务）。

8.8.2 任务实施

1. 结算前部分退货业务——业务 1-2

1）填制采购订单

结算前部分退货业务（微课）

2020 年 1 月 4 日，由 04 宋岩登录企业应用平台，执行【业务工作】/【供应链】/【采购管理】/【采购订货】/【采购订单】命令，打开【采购订单】窗口。单击【增加】按钮，录入表头信息和表体信息，单击【保存】按钮，单击【审核】按钮，如图 8-54 所示。

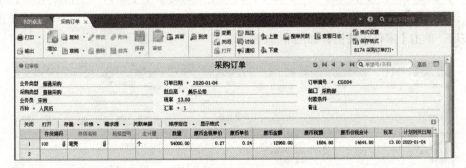

图 8-54 【采购订单】窗口

2）参照采购订单生成到货单

执行【业务工作】/【供应链】/【采购管理】/【采购到货】/【采购到货单】命令，打开【到货单】窗口，参照采购订单生成到货单，如图 8-55 所示，单击【保存】按钮，单击【审核】按钮。

图 8-55 【到货单】窗口

3）参照到货单生成采购入库单

2020年1月4日，由06崔斌登录企业应用平台，执行【业务工作】/【供应链】/【库存管理】/【采购入库】/【采购入库单】命令，打开【采购入库单】窗口。参照到货单生成入库单，单击【保存】按钮，单击【审核】按钮，如图8-56所示。

图8-56 【采购入库单】窗口

4）参照采购订单生成退货单

2020年1月5日，由04宋岩登录企业应用平台，执行【业务工作】/【供应链】/【采购管理】/【采购到货】/【采购退货单】命令，打开【采购退货单】窗口。单击【增加】/【采购订单】按钮，勾选采购订单（CG004）记录，生成退货单，修改"数量"为"-4000"，单击【保存】按钮，单击【审核】按钮，如图8-57所示。

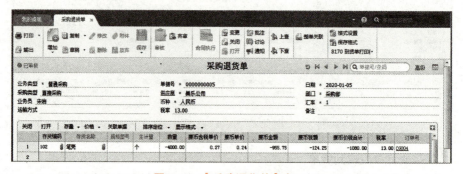

图8-57 【采购退货单】窗口

5）参照退货单生成红字采购入库单

2020年1月5日，由06崔斌登录企业应用平台，执行【业务工作】/【供应链】/【库存管理】/【采购入库】/【采购入库单】命令，打开【采购入库单】窗口。单击【增加】/【采购】/【采购到货单（红字）】按钮，参照退货单生成红字入库单，选择"仓库"为"原材料库"，单击【保存】按钮，单击【审核】按钮，如图8-58所示。

6）参照采购订单生成采购发票

2020年1月5日，由04宋岩登录企业应用平台，执行【业务工作】/【供应链】/【采购管理】/【采购发票】/【专用采购发票】命令，打开【专用发票】窗口，单击【增加】/【采购订单】按钮，勾选采购订单（CG004）记录生成采购发票，如图8-59所示，修改"数量"为"50000"，修改"价税合计"为"13560"，录入"发票号"等信息，保存并复核发票。

图 8-58 【采购入库单】窗口

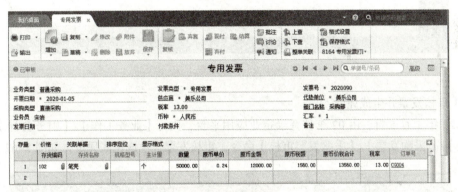

图 8-59 【专用发票】窗口

温馨提示

（1）修改完数量后，核实"原币价税合计"金额是否正确。

（2）采购退货单可以手工新增，也可以参照采购订单、原采购到货单生成，但退货必有订单时，不可手工新增。

7）采购结算

执行【业务工作】/【供应链】/【采购管理】/【采购结算】/【手工结算】命令，打开【手工结算】窗口，单击【选单】按钮，再单击【查询】按钮，勾选需要结算的发票和入库单记录，如图 8-60 所示，单击【确定】按钮，在【手工结算】窗口（如图 8-61 所示），单击【结算】按钮。

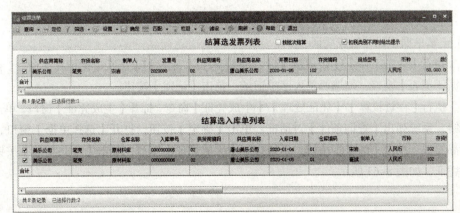

图 8-60 【结算选单】窗口

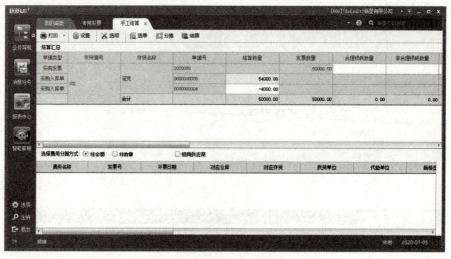

图 8-61　【手工结算】窗口

8）审核发票并生成凭证

2020年1月5日，由02李佳登录企业应用平台，执行【业务工作】/【财务会计】/【应付处理】/【采购发票】/【采购发票审核】命令，审核发票，生成记账凭证，如图8-62所示。

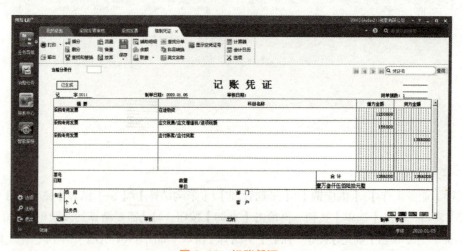

图 8-62　记账凭证

9）正常单据记账并生成凭证

（1）执行【业务工作】/【供应链】/【存货核算】/【记账】/【正常单据记账】命令，在【未记账单据一览表】窗口，勾选两条入库单记录，单击【记账】按钮。

（2）执行【存货核算】/【凭证处理】/【生成凭证】命令，打开【生成凭证】窗口，单击【选单】按钮，系统弹出【查询条件】对话框，单击【确定】按钮，打开【选择单据】窗口，将两条记录都勾选，单击【确定】按钮，系统打开【生成凭证】窗口，单击【合并制单】按钮，生成记账凭证，如图8-63所示。

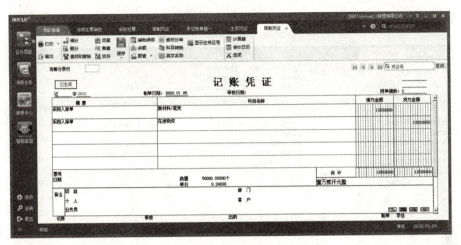

图 8-63　记账凭证

2. 结算后退货业务处理——业务 3

1）参照采购订单生成退货单

2020 年 1 月 7 日，由 04 宋岩登录企业应用平台，执行【业务工作】/【供应链】/【采购管理】/【采购到货】/【采购退货单】命令，打开【采购退货单】窗口。单击【增加】/【采购订单】按钮，勾选采购订单（CG001）记录生成退货单，修改"数量"为"–20000"，修改"原币价税合计"为"–2712"，如图 8-64 所示，单击【保存】按钮，单击【审核】按钮。

结算后退货
业务（微课）

图 8-64　【采购退货单】窗口

2）参照退货单生成红字采购入库单

2020 年 1 月 7 日，由 06 崔斌登录企业应用平台，执行【业务工作】/【供应链】/【库存管理】/【采购入库】/【采购入库单】命令，打开【采购入库单】窗口。单击【增加】/【采购】/【采购到货单（红字）】按钮，参照退货单生成红字采购入库单，单击【保存】按钮，单击【审核】按钮，如图 8-65 所示。

3）参照红字入库单生成红字专用发票并结算

（1）2020 年 1 月 7 日，由 04 宋岩登录企业应用平台，执行【业务工作】/【采购管理】/【采购发票】/【红字专用采购发票】命令，打开【专用发票】窗口。单击【增加】/【入库单】按钮，单击【确定】按钮，勾选需要拷贝的红字采购入库单记录，单击【确定】按钮，系统自动生成红字采购发票，输入"发票号"为"2020093"，单击【保存】按钮，单击【复核】

按钮，如图 8-66 所示。

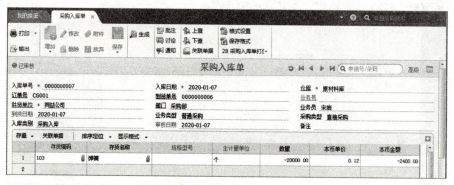

图 8-65 【采购入库单】窗口

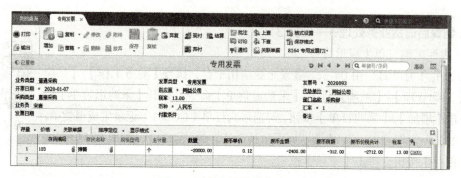

图 8-66 【专用发票】窗口

（2）单击【结算】按钮，单击【现付】按钮，选择"结算方式"为"2 网银转账"，输入"原币金额"为"-2712.00"，"票据号"为"60030"，如图 8-67 所示，单击【确定】按钮。

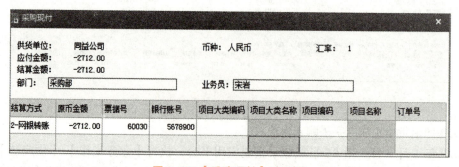

图 8-67 【采购现付】对话框

4）审核发票并生成凭证

2020 年 1 月 7 日，由 02 李佳登录企业应用平台，执行【业务工作】/【财务会计】/【应付处理】/【采购发票】/【采购发票审核】命令，审核发票，生成记账凭证，如图 8-68 所示。

5）正常单据记账并生成凭证

执行【业务工作】/【供应链】/【存货核算】/【记账】/【正常单据记账】命令，将入库单记账，然后执行【存货核算】/【凭证处理】/【生成凭证】命令，打开【生成凭证】窗口，生成记账凭证，如图 8-69 所示。

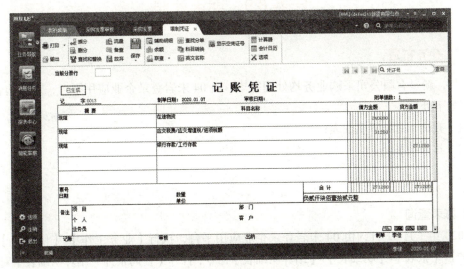

图 8-68　记账凭证

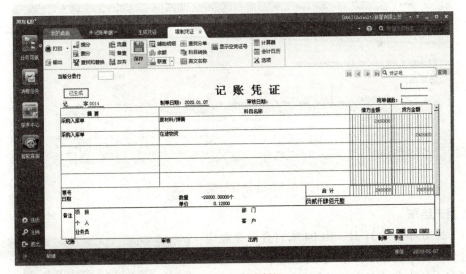

图 8-69　记账凭证

【知识拓展三】采购退货业务

采购退货业务
（PDF）

任务 8.9　期末处理

8.9.1　任务布置

1月，新星有限公司采购业务均处理完毕，由04宋岩登录企业应用平台，对采购管理系统进行如下处理。

（1）查询1月结算明细表；

（2）月末结账。

8.9.2　任务实施

1. 账表查询

2020年1月31日，由04宋岩登录企业应用平台，执行【业务工作】/【供应链】/【采购管理】/【报表】/【明细表】/【结算明细表】命令，打开【查询条件–结算明细表】对话框，单击【确定】按钮，打开【结算明细表】窗口，如图8-70所示。

图 8-70　【结算明细表】窗口

2. 月末结账

（1）2020年1月31日，由04宋岩登录企业应用平台，执行【业务工作】/【供应链】/【采购管理】/【月末结账】/【月末结账】命令，打开【结账】对话框，如图8-71所示。

（2）单击【结账】按钮，系统弹出【月末结账】对话框。

（3）单击【否】按钮，完成结账操作，【月末结账】对话框第一行"是否结账"显示为"是"。

（4）单击【退出】按钮。

（5）若要取消结账，执行【业务工作】/【供应链】/【采购管理】/【取消结账】/命令，打开【月末结账】对话框，单击要取消结账的月份，单击【取消结账】按钮。

图 8-71　【结账】对话框

【知识拓展四】固定资产采购业务

固定资产采购
业务（PDF）

常见问题分析

问题一： 拷贝订单生成到货单、拷贝到货单生成入库单、拷贝订单生成发票时，查找不到需要参照的记录

原因分析及解决办法：这可能有两个原因。一是因为单据没有审核，订单审核后才能被拷贝生成到货单和发票，到货单审核后才能被拷贝生成入库单，遇到这种情况时，需要返回审核单据。二是操作时不小心关闭了单据，关闭订单后，订单就不能再被使用，需要打开订单，再进行操作。

问题二： 填制采购订单、采购发票等单据后，修改单据数量时，系统自动计算出来的原币价税合计金额不正确。

原因分析及解决办法：最初填制单据时，录入原币单价（比如0.24）后，系统自动计算含税单价（0.271 2），第一次计算出来的价税合计是正确的，可系统默认存货单价小数位为2（0.27），修改单据数量后，系统按修改后的数量乘0.27计算原币含税金额，四舍五入导致计算错误。解决方法有两种，一是修改数量后，直接修改原币价税合计，其他数据自动计算；二是修改存货单价小数位（执行【基础设置】/【基本信息】/【数据精度】命令），保留小数位数多些（比如5位），就会减少这种错误的发生。录入含税单价一般不会出现这种错误。

问题三： 执行【应付款管理】/【应付处理】/【采购发票】/【采购发票审核】命令，不显示需要的采购发票。

原因分析及解决办法：一是采购发票可能在采购管理系统中没有复核，此时请到采购管理系统中复核发票；二是可能该发票已经审核，甚至已经制单，还可能是发票未进行采购结算，该种情况的解决方法是单击【查询】按钮，打开【条件查询-发票查询】对话框，修改查询条件，选择"审核状态"为"已审核"，"制单状态"为"已制单"，"结算状态"为"全部"，如图8-72所示。这样就可能将单据过滤出来。

图8-72 【查询条件-发票查询】对话框

德育栏目——坚持准则

坚持准则要求会计人员熟悉国家法律、法规和国家统一的会计制度，始终坚持按法律、法规和国家统一的会计制度的要求进行会计核算，实施会计监督。坚持准则的基本要求：熟悉准则、遵循准则、运用准则、坚持准则。

2012 年 11 月 19 日，朱镕基同志在第 16 届世界会计师大会闭幕式上的演讲时指出："在现代市场经济中，会计师的执业准则和职业道德极为重要。诚信是市场经济的基石，也是会计执业机构和会计人员安身立命之本。"

✅ 项目小结

本项目工作任务导图如图 8-73 所示。

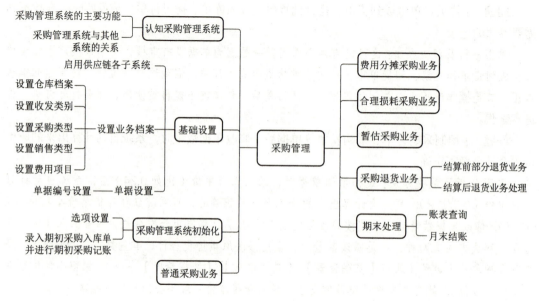

图 8-73 "采购管理"工作任务导图

【实训八】供应链系统初始化实训

实训八（PDF）

【实训九】采购管理实训

实训九（PDF）

项目九

销售管理

【知识目标】

◎了解销售管理系统的基本功能；

◎理解销售管理系统与其他系统的数据传递关系；

◎掌握销售管理系统初始化设置的操作方法；

◎掌握销售管理系统日常业务处理的操作方法；

◎掌握各种销售业务流程；

◎掌握销售管理系统月末处理的操作方法。

【能力目标】

◎能够熟练进行销售管理系统的初始化设置；

◎能够熟练进行销售业务处理。

【素质目标】

◎认真贯彻执行企业的销售管理规定和实施细则，努力提高自身业务水平；

◎具有忠于职守、廉洁奉公的职业道德素养；

◎具有踏实肯干的工作作风和主动、热情、耐心的服务意识；

◎具有良好的沟通能力与组织协调能力。

任务 9.1 　认知销售管理系统

销售管理系统是用友 ERP-U8 供应链管理系统的重要组成部分，提供了报价、订货、发货、开票的完整销售流程，支持普通销售、委托代销、分期收款、直运、零售、销售调拨等多种类型的销售业务，并可对销售价格和信用进行实时监控，支持管理销售人员日常活动，精细分析客户销售行为，用户可根据实际情况对系统进行定制，构建自己的销售业务管理平台。

9.1.1 　销售管理系统的主要功能

（1）设置：设置销售选项，设置价格管理，进行允销限设置、设置信用审批人，可以录入期初单据。

（2）业务：进行销售业务的日常操作，包括报价、订货、发货、开票等业务；支持普通销售、委托代销、分期收款、直运、零售、销售调拨等多种类型的销售业务；可以进行现结业务、代垫费用、销售支出的业务处理；可以制定销售计划，对价格和信用进行实时监控；记录销售员活动。

（3）报表：可定义"我的报表"，可以查询使用销售统计表、明细表、销售分析等。

9.1.2 　销售管理系统与其他系统的关系

销售管理系统既可以单独使用，又能与库存管理、采购管理、质量管理、存货核算、应收款管理、合同管理等其他系统集成使用，可以实现物流与资金流的管理。本书主要介绍销售管理系统与应收款管理系统、库存管理系统、存货核算系统、采购管理系统之间的数据关系，如图 9-1 所示。

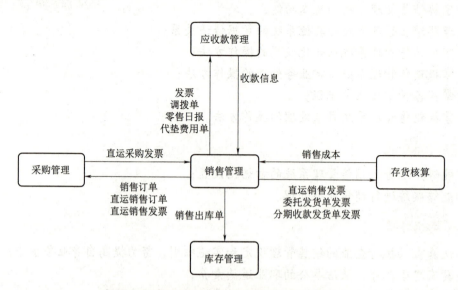

图 9-1 　销售管理系统与其他系统之间的数据关系

1. 销售管理系统与应收款管理系统的关系

销售发票、销售调拨单、零售日报、代垫费用单在应收款管理系统中审核登记应收明细账，进行制单生成凭证，以上单据在应收款管理系统中进行收款结算核销，并回写有关收款核销信息。

2. 销售管理系统与采购管理系统的关系

采购管理系统可参照销售订单生成采购订单，可参照销售管理系统的直运销售订单生成采购管理系统的直运采购订单，直运销售发票与直运采购发票可互相参照。

3. 销售管理系统与库存管理系统的关系

根据选项设置，可以在库存管理系统中参照销售管理系统的销售发货单生成销售出库单；销售出库单也可以在销售管理系统中生成后传递到库存管理系统，库存管理系统再进行审核。库存管理系统为销售管理系统提供可用于销售的存货的可用量。

4. 销售管理系统与存货核算系统的关系

直运销售发票、委托代销发货单、分期收款发货单在存货核算系统中进行记账，登记存货明细账，制单生成凭证；选项设置时选择按照销售发票确认销售成本的，销售发票在存货核算系统中进行记账、制单。存货核算系统为销售管理系统提供销售成本。

任务 9.2　销售管理系统初始化

9.2.1　任务布置

新星有限公司于 2020 年 1 月 1 日启用供应链管理各子系统，由 05 常静登录企业应用平台，进行如下操作。

1. 选项设置

销售管理系统选项资料如表 9-1 所示。

表 9-1　销售管理系统选项资料

选项卡	内容
业务及权限控制	有零售日报业务：√ 有委托代销业务：√ 有分期收款业务：√ 有直运销售业务：√ 有销售调拨业务：√ 普通销售必有订单：√ 销售生成出库单：×

2. 允限销设置

新星有限公司对中浩公司只销售单色笔。

9.2.2　任务实施

1. 选项设置

执行【业务工作】/【供应链】/【销售管理】/【选项】命令，打开【销售选项】对话框，在【业务控制】选项卡中分别勾选"有零售日报业务""有委托代

销售选项设置
（微课）

销业务""有分期收款业务""有直运销售业务""有销售调拨业务""普通销售必有订单"复选框，如图9-2所示，单击【确定】按钮。

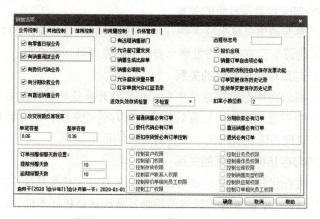

图9-2 【销售选项】对话框

温馨提示

（1）企业有委托代销业务、直运销售业务等特殊业务时，必须在此勾选，否则无法处理这些特殊业务。

（2）必有订单业务模式。必有订单业务模式的销售管理是标准、规范的销售管理模式，订单是整个销售业务的核心，必须依据订单填制发货单、发票，通过销售订单可以跟踪销售的整个业务流程。

（3）销售生成出库单。勾选此复选框，表示由销售管理系统生成出库单，销售管理系统的发货单、销售发票、零售日报、销售调拨单在审核/复核时，自动生成销售出库单，并传到库存管理系统和存货核算系统，库存管理系统不可修改出库数量，即一次发货一次全部出库。不勾选此项，销售出库单由库存管理系统参照销售发货单生成，在参照时，可以修改本次出库数量，即一次发货多次出库。此选项可随时更改，但要注意由库存管理系统生单向销售管理系统生单切换时，如果有已审核/复核的发货单、发票未在库存管理系统中生成销售出库单的，将无法生成销售出库单，因此应检查已审/复核的销售单据是否均已全部生成销售出库单后再切换。

2.允限销设置

1）修改客户档案，设置允限销控制

执行【基础设置】/【基础档案】/【客商信息】/【客户档案】命令，打开【客户档案】窗口，选择"北京中浩公司"，单击【修改】按钮，打开【修改客户档案】窗口，单击【信用】选项卡，勾选"允限销控制"复选框，如图9-3所示，单击【保存】按钮。

允限销设置
（微课）

2）在【销售选项】对话框中设置"允销限销控制"

执行【业务工作】/【供应链】/【销售管理】/【选项】命令，打开【销售选项】对话框，单击【其他控制】选项卡，勾选"允销限销控制"复选框，如图9-4所示，单击【确定】按钮。

图 9-3 【修改客户档案】窗口

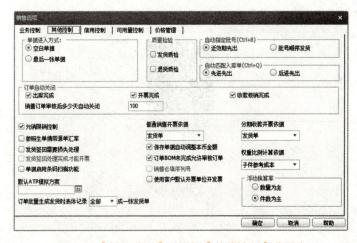

图 9-4 【销售选项】对话框【其他控制】选项卡

3）在销售管理系统中进行客户允限销商品设置

执行【业务工作】/【供应链】/【销售管理】/【设置】/【允限销控制】命令，打开【允限销设置】窗口，单击【增加】按钮，选择"客户编码"为"03"，如图 9-5 所示，再单击【存货】选项卡，选择"存货编码"为"201"，如图 9-6 所示，单击【确定】按钮。"控制方式"默认为"允销"，如图 9-7 所示。

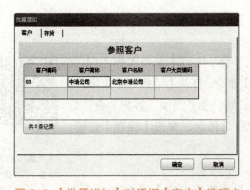

图 9-5 【批量增加】对话框【客户】选项卡

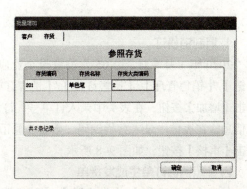

图 9-6 【批量增加】对话框【存货】选项卡

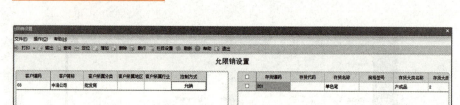

图9-7 【限销设置】窗口

温馨提示

（1）这样设置后，填制订单等单据时，如果客户是中浩公司，则只能选择单色笔，不能选择其他存货。

（2）双击"控制方式"栏，"允销"和"限销"可以切换。

【知识拓展一】设置价格策略

设置价格策略
（PDF）

任务9.3　普通销售业务

9.3.1　任务布置

1月，新星有限公司发生以下销售业务，请以操作员权限登录企业应用平台，在相应系统中进行业务处理（销售员：05常静，仓管员：06崔斌，会计：02李佳）。

1月7日，与浩美公司签订销售合同（合同编号：XS001），销售三色笔20 000支，无税单价为4.70元，销售单色笔20 000支，无税单价为3.50元，增值税率为13%，当天发货并开具发票（发票号：2020101）。公司以现金代垫运费1 000元，款项尚未收回。

9.3.2　任务实施

1. 填制销售订

2020年1月7日，由05常静登录企业应用平台，执行【业务工作】/【供应链】/【销售管理】/【销售订货】/【销售订单】命令，打开【销售订单】窗口。单击【增加】按钮，在表头中录入订单号、订单日期、业务类型、客户、业务员等信息，在表体中录入存货编码、数量、原币单价等信息，单击【保存】按钮，单击【审核】按钮，如图9-8所示。

普通销售业务
（先发货后开票）（微课）

2. 参照销售订单生成发货单

执行【业务工作】/【供应链】/【销售管理】/【销售发货】/【发货单】命

令,打开【发货单】窗口。单击【增加】/【订单】按钮,打开【查询条件 – 参照订单】对话框,单击【确定】按钮,打开【参照生单】窗口,勾选需要拷贝的销售订单记录。单击【确定】按钮,选择"仓库名称"为"产成品库",单击【保存】按钮,再单击【审核】按钮,如图9-9所示。

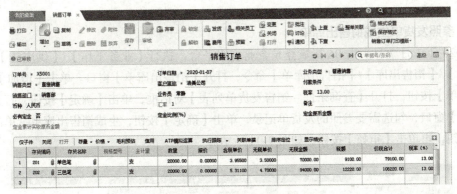

图9-8 【销售订单】窗口

图9-9 【发货单】窗口

3. 参照发货单生成销售发票

执行【业务工作】/【供应链】/【销售管理】/【销售开票】/【销售专用发票】命令,打开【销售专用发票】窗口。单击【增加】/【发货单】按钮,打开【查询条件 – 发票参照发货单】对话框,单击【确定】按钮,系统打开【参照生单】窗口。勾选需要拷贝的发货单记录,单击【确定】按钮,打开【销售专用发票】窗口,输入"发票号"为"2020101",单击【保存】按钮,再单击【复核】按钮,如图9-10所示。

图9-10 【销售专用发票】窗口

温馨提示

本业务先填发货单，然后参照发货单生成销售发票，采用的是先发货后开票业务模式。也可以采用先开票后发货模式处理，即参照订单生成销售发票，发票复核后会自动生成发货单并已审核，这样生成的发货单不能修改和删除，将发票弃审后发货单自动删除。

4.参照发货单生成销售出库单

2020年1月7日，由06崔斌登录企业应用平台，执行【业务工作】/【供应链】/【库存管理】/【销售出库】/【销售出库单】命令，打开【销售出库单】窗口。单击【增加】/【销售发货单】按钮，打开【查询条件－销售发货单列表】对话框，单击【确定】按钮，打开【销售生单】窗口，勾选需要参照的发货单记录，单击【确定】按钮，生成销售出库单，单击【保存】按钮，再单击【审核】按钮，如图9-11所示。

图9-11 【销售出库单】窗口

温馨提示

如果销售选项中勾选了"销售生成出库单"复选框，销售发货单审核后，系统会自动生成销售出库单，在库存管理系统中只需要找到销售出库单后审核即可。因为没有勾选"销售生成出库单"复选框，所以不能自动生成销售出库单，需要单击【增加】按钮，参照发货单生成出库单。

5.审核销售发票并生成凭证

2020年1月7日，由02李佳登录企业应用平台，执行【业务工作】/【财务会计】/【应收款管理】/【应收处理】/【销售发票】/【销售发票审核】命令，打开【销售发票审核】窗口。单击【查询】按钮，打开【查询条件－发票查询】对话框，单击【确定】按钮，打开【发票审核】窗口，双击需要审核的发票记录，打开【销售发票】窗口，单击【审核】按钮，系统提示"是否立即制单？"，单击【是】按钮，生成记账凭证，如图9-12所示。

6.正常单据记账

执行【业务工作】/【供应链】/【存货核算】/【记账】/【正常单据记账】命令，打开【未记账单据一览表】窗口，单击【查询】按钮，打开【查询条件】对话框，单击【确定】按钮，勾选需要记账的记录，如图9-13所示。单击【记账】按钮，系统提示"记账成功"。

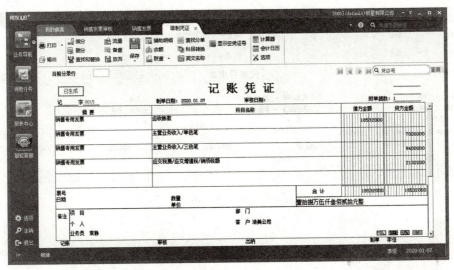

图 9-12　记账凭证

图 9-13　【未记账单据一览表】窗口

温馨提示

（1）因为存货核算系统初始设置时，存货核算方式选择了"按仓库核算"，产成品仓库的计价方法又选择了"全月加权平均法"，因此该公司的产成品按"全月加权平均法"核算，只能到月末进行"期末处理"后，系统才能计算出月末加权平均单价，从而计算出出库成本。没有出库成本，不能逐笔生成凭证。

（2）如果选择"先进先出法"或"移动加权平均法"，正常单据记账后，系统自动计算存货出库单位成本和金额，可以按业务逐笔记账并结转生成凭证。

（3）在存货核算系统选项设置中，如果"销售成本核算方式"选择了"销售发票"，记账时单据类型不是"销售出库单"而是"销售发票"，销售发票复核后就可以记账。

7. 代垫费用处理

1）填制代垫费用单

2020 年 1 月 7 日，由 05 常静登录企业应用平台，执行【业务工作】/【供应链】/【销售管理】/【代垫费用】/【代垫费用单】命令，打开【代垫费用单】窗口，单击【增加】按钮，在表头中选择客户、销售部门、业务员等信息，在表体中选择"费用项目"为"运费"，输入"代垫金额"为"1000"。单击【保存】按钮，再单击【审核】按钮，如图 9-14 所示。

代垫费用（微课）

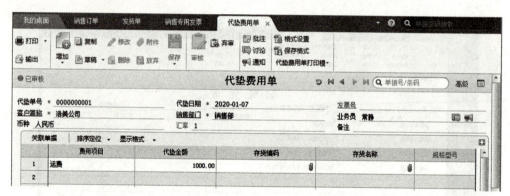

图 9-14 【代垫费用单】窗口

温馨提示

（1）代垫费用单也可以在销售发票、销售调拨单、零售日报中单击【代垫】按钮录入，与发票建立关联，可分摊到具体的货物。

（2）代垫费用实际上形成了用户对客户的应收款，代垫费用的收款核销在应收款管理系统中处理。代垫费用单审核后，在应收款管理系统中生成其他应收单。

2）应收款管理系统审核应收单并生成凭证

（1）2020 年 1 月 7 日，由 02 李佳登录企业应用平台，执行【业务工作】/【财务会计】/【应收款管理】/【应收处理】/【应收单】/【应收单审核】命令，打开【应收单审核】窗口，单击【查询】按钮，打开【查询条件 – 应收单查询】对话框，单击【确定】按钮，双击需要审核的应收单记录，打开【应收单录入】窗口，单击【修改】按钮，在表体中选择"科目"为"1001"（此处不输入科目编码，生成凭证时需要选择科目编码），如图 9-15 所示。

图 9-15 【应收单录入】窗口

（2）单击【保存】按钮，单击【审核】按钮，系统提示"是否立即制单？"，单击【是】按钮，生成记账凭证，如图 9-16 所示。

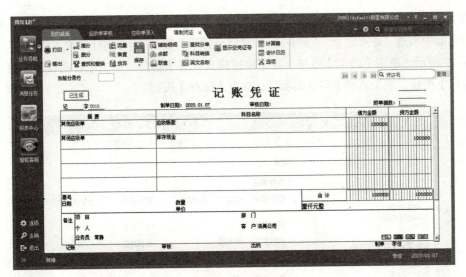

图 9-16　记账凭证

【知识拓展二】普通销售业务流程

普通销售业务
流程（PDF）

任务 9.4　收取定金销售业务

9.4.1　任务布置

　　1月，新星有限公司发生以下收取定金销售业务，请以操作员权限登录企业应用平台，在相应系统中进行业务处理。

　　（1）1月9日，与明盛公司签订销售合同（合同编号：XS002），销售单色笔 30 000 支，无税单价为 3.50 元，按销售额的 2% 收取定金，对方以网银转账方式支付（单据号：60024）定金，并约定 1月 10 日发货并开票。

　　（2）1月10日，根据销售合同（合同编号：XS002）发出单色笔 30 000 支，并给对方开具销售专用发票（发票号：2020103）。

9.4.2　任务实施

1. 填制销售订单

　　（1）2020 年 1 月 9 日，由 05 常静登录企业应用平台，执行【业务工作】/【供应链】/【销售管理】/【销售订货】/【销售订单】命令，打开【销售订单】窗口。

收取定金销售
业务（微课）

（2）单击【格式设置】按钮，打开【单据格式设置】窗口，单击【表头栏目】按钮，在【表头】对话框中勾选"必有定金""定金比例""定金原币金额""定金累计实收本币金额"选项，如图 9-17 所示，单击【确定】按钮，在【单据格式设置】窗口，单击【自动布局】按钮，单击【确定】按钮，表头新增了勾选的项目，单击【保存】按钮。

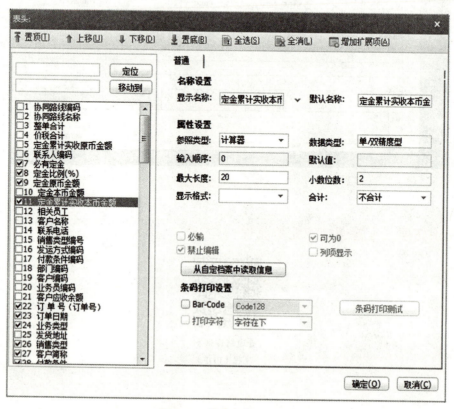

图 9-17　【表头】对话框

（3）关闭【单据格式设置】窗口，系统提示"当前显示模板已经更改，是否立即更新到当前单据？"，单击【是】按钮，单击【增加】按钮，输入订单信息，"必有定金"选择"是"，输入"订金比例"为"2"，修改"预发货日期"为"2020-01-10"，再输入其他信息，单击【保存】按钮，如图 9-18 所示。

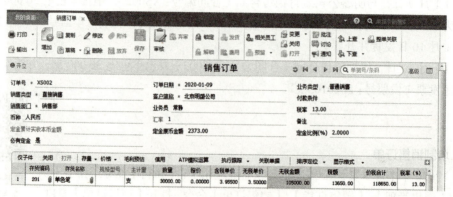

图 9-18　【销售订单】窗口

温馨提示

此时订单无法审核，需要先参照订单生成收款单（定金），审核收款单后才能审核订单。

2. 参照销售订单生成收款单

（1）2020年1月9日，由02李佳登录企业应用平台，执行【业务工作】/【财务会计】/【应收款管理】/【收款处理】/【收款单据录入】命令，打开【收款单据录入】窗口。

（2）单击【增加】/【销售定金】按钮，打开【查询条件–参照订单】对话框，单击【确定】按钮，打开【拷贝并执行】窗口，勾选需要拷贝的销售订单记录，单击【确定】按钮，生成收款单，选择"结算方式"为"网银转账"，输入"票据号"为"60024"，单击【保存】按钮，如图9-19所示。

图9-19 【收款单据录入】窗口

（3）单击【审核】按钮，系统提示"是否立即制单？"，单击【是】按钮，打开【填制凭证】窗口，选择"合同负债"科目，单击【保存】按钮，生成记账凭证，如图9-20所示。

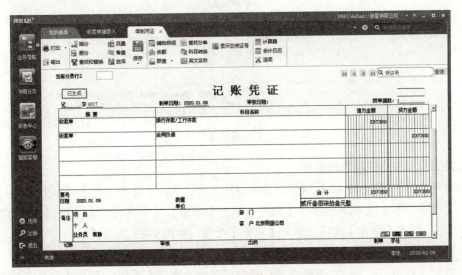

图9-20 记账凭证

3. 审核销售订单

2020年1月9日，由05常静登录企业应用平台，执行【业务工作】/【供应链】/【销售管理】/【销售订货】/【销售订单】命令，打开【销售订单】窗口，单击【末张】按钮，通过翻页找到销售订单，单击【审核】按钮。

4. 参照销售订单生成销售发货单

2020 年 1 月 10 日，由 05 常静登录企业应用平台，执行【业务工作】/【供应链】/【销售管理】/【销售发货】/【发货单】命令，打开【发货单】窗口，参照销售订单生成发货单，选择"仓库名称"为"产成品库"，单击【保存】按钮，单击【审核】按钮，如图 9-21 所示。

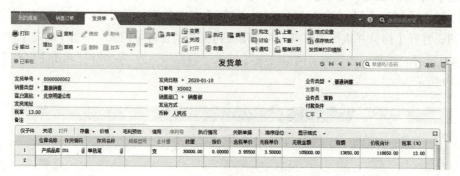

图 9-21 【发货单】窗口

5. 参照发货单生成销售发票

执行【业务工作】/【供应链】/【销售管理】/【销售开票】/【销售专用发票】命令，打开【销售专用发票】窗口，单击【增加】/【发货单】按钮，参照发货单生成销售发票，如图 9-22 所示，输入"发票号"为"2020103"，单击【保存】按钮，单击【复核】按钮。

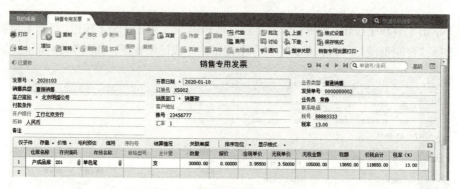

图 9-22 【销售专用发票】窗口

6. 参照发货单生成销售出库单

2020 年 1 月 10 日，由 06 崔斌登录企业应用平台，执行【业务工作】/【供应链】/【库存管理】/【销售出库】/【销售出库单】命令，单击【增加】/【销售发货单】按钮，参照发货单生成出库单，单击【保存】按钮，单击【审核】按钮，如图 9-23 所示。

7. 审核销售发票并生成凭证

2020 年 1 月 10 日，由 02 李佳登录企业应用平台，执行【业务工作】/【财务会计】/【应收款管理】/【应收处理】/【销售发票】/【销售发票审核】命令，单击【查询】按钮，找到该发票并审核，生成记账凭证，如图 9-24 所示。

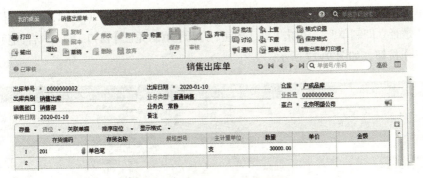

图 9-23 【销售出库单】窗口

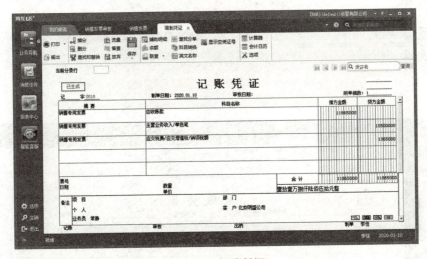

图 9-24 记账凭证

8. 定金转货款

（1）执行【业务工作】/【财务会计】/【应收款管理】/【收款处理】/【收款单据录入】命令，单击【末张】按钮，找到定金收款单，单击【转出】/【转货款】按钮，打开【销售定金转出】对话框，如图 9-25 所示，单击【确定】按钮，系统提示"转出成功，生成 1 张收款单，单据号为 0000000002"，单击【确定】按钮。

图 9-25 【销售定金转出】对话框

（2）单击【末张】按钮，显示销售订单转货款的收款单，如图 9-26 所示，单击【审核】按钮，系统提示"是否立即制单？"，单击【是】按钮，打开【填制凭证】窗口，输入"合同负债"科目，单击【保存】按钮，如图 9-27 所示。

图 9-26 【收款单据录入】窗口

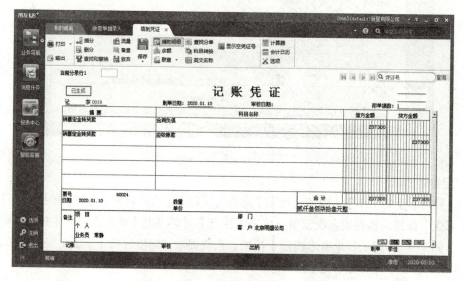

图 9-27 记账凭证

（3）在【收款单据录入】窗口，单击【核销】按钮，输入"本次结算金额"，如图 9-28 所示，与应收单进行核销。

图 9-28 【手工核销】窗口

9. 正常单据记账

执行【业务工作】/【供应链管理】/【存货核算】/【记账】/【正常单据记账】命令，勾选需要记账的销售出库单记录，单击【记账】按钮。

【知识拓展三】收取定金销售业务流程

收取定金销售业
务流程（PDF）

任务 9.5　分期收款销售业务

9.5.1　任务布置

1月，新星有限公司发生以下分期收款销售业务，请以操作员权限登录企业应用平台，在相应系统中进行业务处理（销售员：05 常静，仓管员：06 崔斌，会计：02 李佳）。

11 日，与明盛公司签订销售合同（合同编号：XS003），顾客要求采用分期付款方式购买单色笔 40 000 支，无税单价为 3.30 元，增值税率为 13%。当天发货，分 2 次等额开票并收取货款，当天开具 50% 货物发票（发票号：2020104），并收到转账支票（票号：3041），下月22 日再收取另 50% 货款并开具该部分货物发票。

9.5.2　任务实施

1. 填制销售订单

（1）2020 年 1 月 11 日，由 05 常静登录企业应用平台，执行【业务工作】/【供应链】/【销售管理】/【销售订货】/【销售订单】命令，打开【销售订单】窗口。

单击【增加】按钮，打开【销售订单】窗口，输入订单信息，选择"业务类型"为"分期收款"，单击【保存】按钮，单击【审核】按钮，如图 9-29 所示。

分期收款销售
业务（微课）

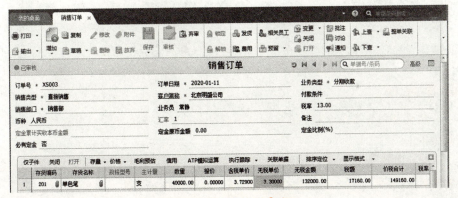

图 9-29 【销售订单】窗口

2. 参照销售订单生成销售发货单

（1）执行【业务工作】/【供应链】/【销售管理】/【销售发货】/【发货单】命令，打开【发货单】窗口。

（2）单击【增加】/【订单】按钮，打开【查询条件 – 参照订单】对话框，修改"业务类型"为"分期收款"，如图 9-30 所示，单击【确定】按钮。

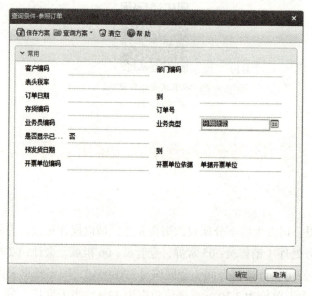

图 9-30 【查询条件 – 参照订单】对话框

（3）勾选需要拷贝的销售订单记录，单击【确定】按钮，生成发货单，在表体中选择"仓库名称"为"产成品库"，单击【保存】按钮，单击【审核】按钮，如图 9-31 所示。

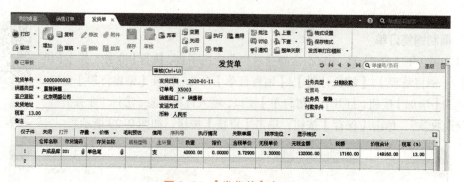

图 9-31 【发货单】窗口

温馨提示

（1）分期收款销售商品业务，在填制订单时业务类型必须选择"分期收款"，否则不能按分期收款核算。

（2）参照订单生成发货单时，必须在【查询条件 – 参照定单】对话框中选择"业务类型"为"分期收款"，才能选到分期收款业务的订单，后面参照发货单生成发票时也一样，必须先在【查询条件 – 参照定单】对话框中选择"业务类型"为"分期收款"。

3. 参照发货单生成销售出库单

2020 年 1 月 11 日，由 06 崔斌登录企业应用平台，执行【业务工作】/【供应链】/【库存管理】/【销售出库】/【销售出库单】命令，打开【销售出库单】窗口，单击【增加】/【销售发货单】按钮，生成销售出库单，单击【保存】按钮，单击【审核】按钮，如图 9-32 所示。

图 9-32 【销售出库单】窗口

4. 参照发货单生成销售发票

（1）2020 年 1 月 11 日，由 05 常静登录企业应用平台，执行【业务工作】/【供应链】/【销售管理】/【销售开票】/【销售专用发发票】命令，打开【销售专用发票】窗口。

（2）单击【增加】/【发货单】按钮，打开【查询条件 - 发票参照发货单】对话框，选择"业务类型"为"分期收款"，单击【确定】按钮。

（3）勾选需要拷贝的发货单记录，单击【确定】按钮，打开【销售专用发票】窗口，在表头中输入"发票号"为"2020104"，在表体中更改"发票数量"为"20000"，单击【保存】按钮，如图 9-33 所示。

图 9-33 【销售专用发票】窗口

（4）单击【现结】按钮，打开【现结】对话框，输入结算方式、结算金额和票据号等信息，如图 9-34 所示，单击【确定】按钮，在【销售专用发票】窗口再单击【复核】按钮。

5. 审核销售发票并制单

（1）2020 年 1 月 11 日，由 02 李佳登录企业应用平台，执行【业务工作】/【财务会计】/【应收款管理】/【应收处理】/【销售发票】/【销售发票审核】命令，打开【销售发票审核】窗口。

（2）单击【查询】按钮，打开【查询条件–发票查询】对话框，"包含已现结"选择"是"，再单击【确定】按钮，打开【销售发票审核】窗口，双击需要审核的发票记录，单击【审核】按钮，生成记账凭证，如图9-35所示。

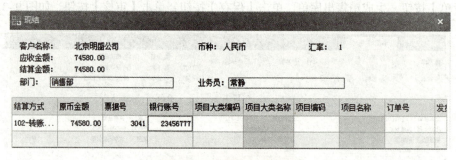

图 9-34 【现结】对话框

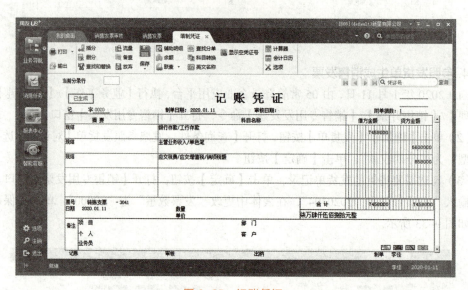

图 9-35 记账凭证

6. 发出商品记账

执行【业务工作】/【供应链管理】/【存货核算】/【记账】/【发出商品记账】命令，打开【未记账单据一览表】窗口，单击【查询】按钮，打开【查询条件】对话框，单击【确定】按钮，显示两笔记录，"单据类型"分别是"发货单"和"专用发票"，勾选这两条记录，如图9-36所示，单击【记账】按钮。

图 9-36 【未记账单据一览表】一览表

温馨提示

分期收款发出商品需要进行发出商品记账，发货单生成的记账凭证会计分录对应关系是：

借：发出商品

　　贷：库存商品

发票生成的记账凭证会计分录对应关系是：

借：主营业务成本

　　贷：发出商品

【知识拓展四】分期收款销售业务流程

分期收款销售业
务流程（PDF）

任务 9.6　直运业务

9.6.1　任务布置

1 月，新星有限公司发生以下直运业务，请以操作员权限登录企业应用平台，在相应系统中进行业务处理（采购员：04 宋岩，销售员：05 常静，会计：02 李佳）。

（1）12 日，浩美公司向本公司订购笔袋 10 000 个，无税单价为 5.20 元，本公司接受订货（合同编号：XS004）。

（2）12 日，本公司向华兴公司订购笔袋 10 000 个，无税单价为 3.80 元，要求本月12 日将货物直接发给浩美公司（合同编号：CG005）。

（3）12 日，本公司收到华兴公司的专用发票（发票号：2020092），发票载明笔袋10 000 个，无税单价为 3.80 元，货物已经发给浩美公司，本公司尚未支付货款。

（4）14 日，本公司给浩美公司开具销售专用发票（发票号：2020105），发票载明笔袋10 000 个，无税单价为 5.20 元。款项未收到。

9.6.2　任务实施

1. 填制销售订单

（1）2020 年 1 月 12 日，由 05 常静登录企业应用平台，执行【业务工作】/【供应链】/【销售管理】/【销售订货】/【销售订单】命令，打开【销售订单】窗口，在表头中录入"订单号"为"XS004"，修改"业务类型"为"直运销售"，录入表头的其他信息。

（2）在表体中单击"存货编码"，单击【编辑】按钮，增加"笔袋"存货

直运业务（微课）

档案（存货属性勾选"内销"和"采购"），输入"数量"为"10000"，"无税单价"为"5.20"，其他数据系统自动计算，单击【保存】按钮，再单击【审核】按钮，如图 9-37 所示。

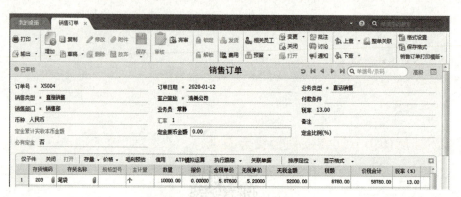

图 9-37　【销售订单】窗口

温馨提示

（1）处理直运业务，必须在销售选项中勾选"有直运销售业务"。

（2）销售订单的业务类型必须选择"直运销售"。

2. 参照销售订单生成采购订单

（1）2020 年 1 月 12 日，由 04 宋岩登录企业应用平台，执行【业务工作】/【供应链】/【采购管理】/【采购订货】/【采购订单】命令，单击【增加】/【销售订单】按钮，打开【查询条件 - 单据列表过滤】对话框，单击【确定】按钮，打开【拷贝并执行】窗口。

（2）勾选需要拷贝的销售订单记录，单击【确定】按钮，输入"订单编号"为"CG005"，选择"供应商"为"华兴公司"，输入"原币单价"为"3.80"，保存后审核，如图 9-38 所示。

图 9-38　【采购订单】窗口

3. 参照采购订单生成采购发票

执行【业务工作】/【供应链】/【采购管理】/【采购发票】/【采购专用发票】命令，打开【专用发票】窗口。单击【增加】/【采购订单】按钮，生成采购发票，保存并复核发票，如图 9-39 所示。

4. 应付款管理系统审核发票但不生成凭证

2020 年 1 月 12 日，由 02 李佳登录企业应用平台，执行【业务工作】/【财务会计】/【应付款管理】/【应付处理】/【采购发票】/【采购发票审核】命令，单击【查询】按钮，打开【查

询条件 – 发票查询】对话框，修改"结算状态"为"全部"或"未结算完"，单击【确定】按钮，审核发票但不生成凭证。

图 9-39 【专用发票】窗口

5. 直运销售记账并生成凭证

执行【业务工作】/【供应链】/【存货核算】/【记账】/【直运销售记账】命令，打开【直运采购发票核算查询条件】对话框，单击【确定】按钮，打开【未记账单据一览表】窗口，勾选需要记账的记录，如图 9-40 所示，单击【记账】按钮。

图 9-40 【未记账单据一览表】窗口

6. 采购发票在存货核算系统中生成凭证

执行【存货核算】/【凭证处理】/【生成凭证】命令，打开【生成凭证】窗口，单击【选单】按钮，单击【确定】按钮，打开【选择单据】窗口，选择"业务类型"为"直运采购"记录，单击【确定】按钮，打开【生成凭证】窗口，选择存货科目为"1402 在途物资"，如图 9-41 所示，单击【合并制单】按钮，生成记账凭证，如图 9-42 所示。

图 9-41 【生成凭证】窗口

7. 参照销售订单生成销售发票

（1）2020 年 1 月 14 日，由 05 常静登录企业应用平台，执行【业务工作】/【供应链】/【销售管理】/【销售开票】/【销售专用发票】命令，打开【销售专用发票】窗口。

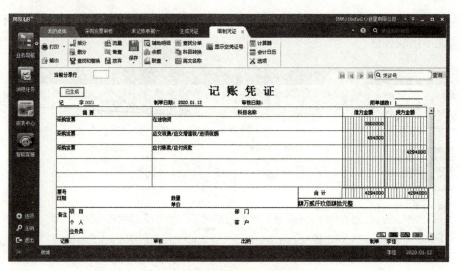

图 9-42　记账凭证

（2）单击【增加】/【订单】按钮，弹出【查询条件－参照订单】对话框，修改"业务类型"为"直运销售"，单击【确定】按钮，在【参照生单】窗口勾选需要拷贝的销售订单记录，单击【确定】按钮，输入"发票号"为"2020105"，保存并复核，如图 9-43 所示。

图 9-43　【销售专用发票】窗口

8. 审核销售发票并生成凭证

（1）2020 年 1 月 14 日，由 02 李佳登录企业应用平台，执行【业务工作】/【财务会计】/【应收款管理】/【应收处理】/【销售发票】/【销售发票审核】命令，打开【销售发票审核】窗口，单击【查询】按钮，双击需要审核的发票记录，单击【审核】按钮。系统提示"是否立即制单？"，单击【是】按钮，打开【填制凭证】窗口。

（2）在缺省科目行单击【科目参照】按钮，再单击【编辑】按钮，在主营业务收入、主营业务成本科目下增加"笔袋"明细科目（定义成数量金额式）。

（3）选择会计科目为"600103 主营业务收入 / 笔袋"，单击【保存】按钮，生成记账凭证，如图 9-44 所示。

9. 直运销售记账并生成凭证

（1）执行【业务工作】/【供应链】/【存货核算】/【记账】/【直运销售记账】命令，打开【直运采购发票核算查询条件】对话框，单击【确定】按钮，打开【未记账单据—览表】窗口，勾选需要记账的记录，如图 9-45 所示，单击【记账】按钮。

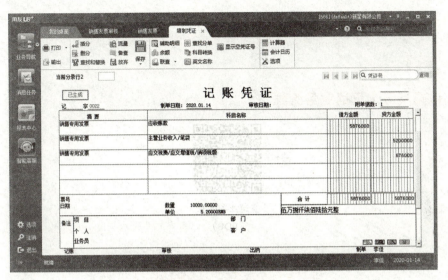

图 9-44 记账凭证

图 9-45 【未记账单据一览表】窗口

（2）执行【存货核算】/【凭证处理】/【生成凭证】命令，打开【生成凭证】窗口，单击【选单】按钮，单击【确定】按钮，打开【选择单据】窗口，选择"业务类型"为"直运销售"记录，单击【确定】按钮，在【生成凭证】窗口，选择存货科目为"1402 在途物资"，选择对方科目为"640103 主营业务成本/笔袋"，单击【合并制单】按钮，生成记账凭证，如图 9-46 所示。

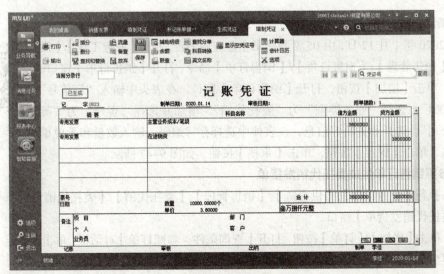

图 9-46 记账凭证

温馨提示

销售发票在应收款管理系统中审核后直接生成凭证，采购发票在应付款管理系统中审核后可以在应付款管理系统中生成凭证，也可以在存货核算系统中生成凭证，直运采购不需要入库，不需要采购结算。

【知识拓展五】直运业务流程

直运业务流程
（PDF）

任务 9.7　委托代销业务

9.7.1　任务布置

1 月，新星有限公司发生以下委托代销业务，请以操作员权限登录企业应用平台，在相应系统中进行业务处理。

17 日，与英华百货公司签订委托代销合同（合同编号：WT001），采用视同买断方式委托其代销三色笔 20 000 个，当日货物已经全部发出。

20 日，收到英华百货公司的委托代销清单和转账支票（票号：2015），已向对方开具增值税专用发票（发票号码：2020106），数量为 10 000 个，无税单价为 4 元，增值税率为 13%（英华百货公司的开户银行及账号：工行唐山支行 34567999，税号：33337777）。

9.7.2　任务实施

1. 填制销售订单

（1）2020 年 1 月 17 日，由 05 常静登录企业应用平台，执行【业务工作】/【供应链】/【销售管理】/【销售订货】/【销售订单】命令，打开【销售订单】窗口。

（2）单击【增加】按钮，打开【销售订单】窗口，在表头中输入"订单号"为"WT001"，选择"业务类型"为"委托代销"，增加并选择"客户"为"英华百货公司"，选择业务员等信息，在表体中选择存货编码，输入数量和无税单价等信息，单击【保存】按钮，单击【审核】按钮，如图 9-47 所示。

委托代销业务
（微课）

2. 参照销售订单生成委托代销发货单

（1）执行【业务工作】/【供应链】/【销售管理】/【委托代销】/【委托代销发货单】命令，打开【委托代销发货单】窗口。

（2）单击【增加】/【订单】按钮，打开【查询条件 – 参照订单】对话框，单击【确定】按钮，在【参照生单】窗口勾选需要拷贝的销售订单记录，单击【确定】按钮，生成发货单，在表体中选择"仓库名称"为"产成品库",单击【保存】按钮,单击【审核】按钮,如图9-48所示。

图 9-47 【销售订单】窗口

图 9-48 【委托代销发货单】窗口

3. 参照发货单生成销售出库单

2020年1月17日,由06崔斌登录企业应用平台,执行【业务工作】/【供应链】/【库存管理】/【销售出库】/【销售出库单】命令,单击【增加】/【销售发货单】按钮,在【销售生单】窗口勾选需要拷贝的发货单记录,单击【确定】按钮,生成销售出库单,单击【保存】按钮,单击【审核】按钮,如图9-49所示。

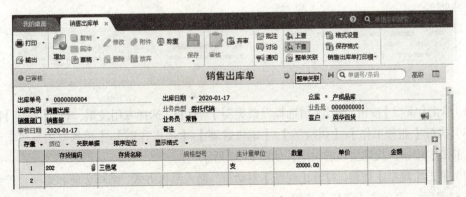

图 9-49 【销售出库单】窗口

4. 发出商品记账

执行【业务工作】/【供应链管理】/【存货核算】/【记账】/【发出商品记账】命令,打开【未记账单据一览表】窗口，单击【查询】按钮，打开【查询条件】对话框，单击【确定】按钮，勾选需要记账的记录，该记录的"单据类型"为"委托代销发货单"，如图 9-50 所示，单击【记账】按钮。

图 9-50 【未记账单据一览表】窗口

5. 参照发货单生成委托代销结算单

（1）2020 年 1 月 20 日，由 05 常静登录企业应用平台，执行【业务工作】/【供应链】/【销售管理】/【委托代销】/【委托代销结算单】命令，打开【委托代销结算单】窗口。

（2）单击【格式设置】按钮，单击【表头栏目】按钮，勾选"发票号"复选框，单击【确定】按钮，再单击【自动布局】按钮，单击【确定】按钮，单击【保存】按钮，关闭【格式设置】窗口，系统提示"当前显示模板已经更改，是否立即更新到当前单据？"，单击【是】按钮。

（3）单击【增加】按钮，打开【查询条件 – 委托结算参照发货单】对话框，单击【确定】按钮。在【参照生单】窗口勾选需要拷贝的委托代销发货单记录，单击【确定】按钮，打开【委托代销结算单】窗口。

（4）在表头中输入"发票号"为"2020106"，在表体中更改发票"数量"为"10000"，单击【保存】按钮，如图 9-51 所示。

图 9-51 【委托代销结算单】窗口

（5）单击【审核】按钮，弹出【请选择发票类型】对话框，选择专用发票，单击【确定】按钮。

（6）执行【业务工作】/【供应链】/【销售管理】/【销售开票】/【销售专用发票】命令，单击【末张】按钮，找到生成的发票，如图 9-52 所示。

（7）单击【现结】按钮，打开【现结】对话框，输入结算方式、结算金额和票据号等信息，如图 9-53 所示，再单击【复核】按钮。

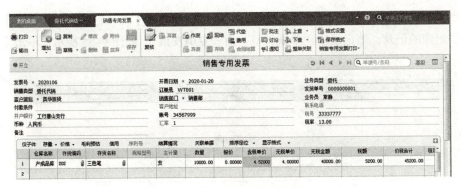

图 9-52 【销售专用发票】窗口

图 9-53 【现结】对话框

6. 审核销售发票并生成凭证

（1）2020 年 1 月 20 日，由 02 李佳登录企业应用平台，执行【业务工作】/【财务会计】/【应收款管理】/【应收处理】/【销售发票】/【销售发票审核】命令，打开【销售发票审核】窗口。

（2）单击【查询】按钮，打开【查询条件 - 发票查询】对话框，单击【确定】按钮，双击发票记录所在行，单击【审核】按钮，生成记账凭证，如图 9-54 所示。

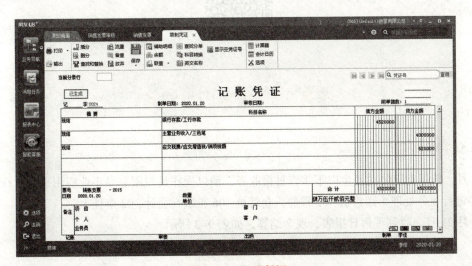

图 9-54 记账凭证

7. 发出商品记账

执行【业务工作】/【供应链管理】/【存货核算】/【记账】/【发出商品记账】命令，打开【未记账单据一览表】窗口，单击【查询】按钮，打开【查询条件】对话框，单击【确定】按钮，勾选需要记账的记录，该记录中"单据类型"为"专用发票"，如图 9-55 所示，单击【记账】按钮。

图 9-55 【未记账单据一览表】窗口

温馨提示

委托代销业务进行发出商品记账，单据类型为"委托代销发货单"，生成的记账凭证会计分录对应关系是：

借：发出商品

　贷：库存商品

单据类型为"专用发票"记录生成的记账凭证会计分录对应关系是：

借：主营业务成本

　贷：发出商品

【知识拓展六】委托代销业务流程

委托代销业务
流程（PDF）

任务 9.8　零售日报业务

9.8.1　任务布置

1 月，新星有限公司发生以下零售日报业务，请以操作员权限登录企业应用平台，在相应系统中进行业务处理（销售员：05 常静，仓管员：06 崔斌，会计：02 李佳）。

1 月 21 日，收到零售日报表，现金结算，如表 9-2 所示。

表 9-2　销售日报表

产品名称	单位	数量	单价（含税）	金额／元
单色笔	支	3 000	4	12 000.00
三色笔	支	4 000	5	20 000.00

9.8.2 任务实施

1. 填制销售日报表

（1）2020 年 1 月 21 日，由 05 常静登录企业应用平台，执行【业务工作】/【供应链】/【销售管理】/【零售日报】/【零售日报】命令，打开【零售日报】窗口，单击【增加】按钮，选择"客户"为"零散客户"（单击【编辑】按钮，新增"零散客户"客户档案），录入其他信息，单击【保存】按钮，如图 9-56 所示。

（2）单击【现结】按钮，选择"结算方式"为"现金结算"（单击【编辑】按钮，增加"现金结算"方式），输入"原币金额"为"32000"，单击【确定】按钮，再单击【复核】按钮。

零售日报业务
（微课）

图 9-56 【零售日报】窗口

温馨提示

（1）处理零售日报业务，必须在销售选项中勾选"有零售日报业务"。

（2）需要增加零散客户档案。

（3）审核"零售日报"后系统自动生成销售发货单。

2. 参照发货单生成销售出库单

（1）2020 年 1 月 21 日，由 06 崔斌登录企业应用平台，执行【业务工作】/【供应链】/【库存管理】/【销售出库】/【销售出库单】命令，打开【销售出库单】窗口。

（2）单击【增加】/【销售发货单】按钮，弹出【查询条件 - 销售发货单列表】对话框，单击【确定】按钮，打开【销售生单】窗口。

（3）勾选需要拷贝的发货单记录，单击【确定】按钮，打开【销售出库单】窗口，单击【保存】按钮，单击【审核】按钮，如图 9-57 所示。

3. 审核销售发票并生成凭证

2020 年 1 月 21 日，由 02 李佳登录企业应用平台，执行【业务工作】/【财务会计】/【应收款管理】/【应收处理】/【销售发票】/【销售发票审核】命令，在【销售发票审核】窗口，单击【查询】按钮，单击【确定】按钮，双击发票记录。单击【审核】按钮，生成记账凭证，在第一行和第二行选择会计科目"1001 库存现金"，再单击【保存】按钮，如图 9-58 所示。

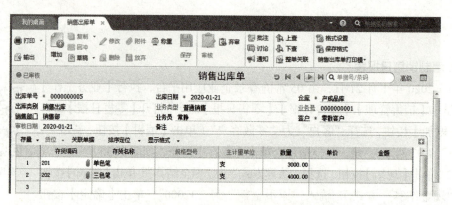

图 9-57 【销售出库单】窗口

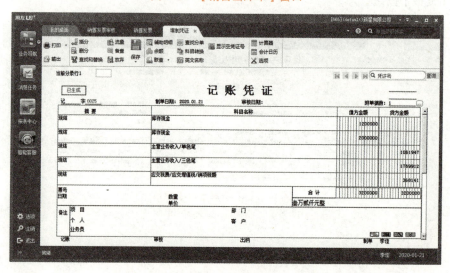

图 9-58 记账凭证

温馨提示

在审核发票前,执行【业务工作】/【财务工作】/【应收款管理】/【设置】/【科目设置】/【结算科目】命令,打开【应收结算科目】窗口,设置"现金结算"方式科目为"1001",这样操作,生成记账凭证后,系统会自动带出"库存现金"科目。

4. 正常单据记账

执行【业务工作】/【供应链】/【存货核算】/【记账】/【正常单据记账】命令,将该笔销售业务记账。

【知识拓展七】销售日报业务流程

销售日报业务
流程(PDF)

任务 9.9　销售退货业务

9.9.1　任务布置

1月，新星有限公司发生以下销售退货业务，请以操作员权限登录企业应用平台，在相应系统中进行业务处理。

22日，发现本月9日向明盛公司销售的单色笔中有2 000支存在质量问题，进行退货处理，无税单价为3.50元，开具红字发票（发票号：2020107）。

9.9.2　任务实施

1. 参照发货单生成退货单

（1）2020年1月22日，由05常静登录企业应用平台，执行【业务工作】/【供应链】/【销售管理】/【销售发货】/【退货单】命令，打开【退货单】窗口。

（2）单击【增加】/【发货单】按钮，打开【查询条件–退货单参照发货单】对话框，选择"退货类型"为"已开票退货"，单击【确定】按钮，打开【参照生单】窗口。

销售退货业务
（微课）

（3）勾选发货单记录"0000000002"，单击【确定】按钮，选择"仓库名称"为"产成品库"，修改"数量"为"–2000"，单击【保存】按钮，单击【审核】按钮，如图9-59所示。

图 9-59　【退货单】窗口

2. 参照退货单生成红字销售发票

（1）执行【业务工作】/【供应链】/【销售管理】/【销售开票】/【红字销售专用发票】命令，打开【红字专用销售发票】窗口，单击【增加】/【发货单】按钮，弹出【查询条件–发票参照发货单】对话框，选择"发货单类型"为"红字记录"，单击【确定】按钮，打开【参照生单】窗口，勾选需要拷贝的退货单记录，单击【确定】按钮。

（2）输入"发票号"为"2020107"，单击【保存】按钮，单击【复核】按钮，如图9-60所示。

3. 参照退货单生成红字销售出库单

2020年1月22日，由06崔斌登录企业应用平台，执行【业务工作】/【供应链】/【库存管理】/【销售出库】/【销售出库单】命令，打开【销售出库单】窗口。单击【增加】/【销售发货单】按钮，单击【确定】按钮，勾选需要拷贝的发货单记录，生成销售出库单，单击【保存】按钮，单击【审核】按钮，如图 9-61 所示。

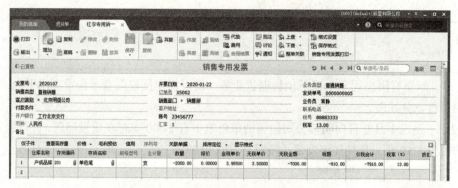

图 9-60　【红字专用销售发票】窗口

图 9-61　【销售出库单】窗口

4. 审核销售发票并生成凭证

2020 年 1 月 22 日，由 02 李佳登录企业应用平台，执行【业务工作】/【财务会计】/【应收款管理】/【应收处理】/【销售发票】/【销售发票审核】命令，单击【查询】按钮，打开【查询条件 - 发票查询】对话框，单击【确定】按钮，审核发票并生成记账凭证，如图 9-62 所示。

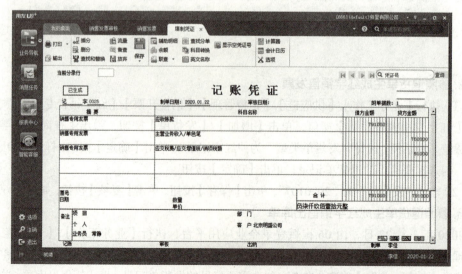

图 9-62　记账凭证

5. 红票对冲

（1）执行【业务工作】/【财务会计】/【应收款管理】/【转账】/【红票对冲】/【手工对冲】命令，弹出【红票对冲条件】对话框，选择"客户"为"02 明盛公司"，单击【确定】按钮，在最后的记录行输入对冲金额，如图 9-63 所示。

（2）单击【确认】按钮。

单据日期	单据类型	单据编号	客户	币种	原币金额	原币余额	对冲金额	部门	业务员	合同名称
2020-01-02	销售专...	2020107	北京明盛公司	人民币	7,910.00	7,910.00	7,910.00	销售部	常静	
合计						7,910.00	7,910.00			

单据日期	单据类型	单据编号	客户	币种	原币金额	原币余额	对冲金额	部门	业务员	合同名称
2019-12-31	销售专...	191202	北京明盛公司	人民币	33,900.00	33,900.00		销售部	常静	
2020-01-10	销售专...	2020101	北京明盛公司	人民币	118,650.00	116,277.00	7,910.00	销售部	常静	
合计					152,550.00	150,177.00	7,910.00			

图 9-63 【手工对冲】窗口

6. 正常单据记账

执行【业务工作】/【供应链】/【存货核算】/【记账】/【正常单据记账】命令，将该笔销售业务记账。

【知识拓展八】销售折让

销售折让（PDF）

【知识拓展九】退货规则

退货规则（PDF）

任务 9.10 期末处理

9.10.1 任务布置

1 月，新星有限公司销售业务均处理完毕，由 05 常静登录企业应用平台，在销售管理系统中进行如下操作。

（1）查询 1 月销售明细表。

（2）月末结账。

9.10.2 任务实施

1. 查询 1 月销售明细表

2020 年 1 月 31 日，由 05 常静登录企业应用平台，执行【业务工作】/【供应链】/【销售管理】/【明细表】/【销售明细表】命令，打开【查询条件－销售明细表】对话框，单击【确定】按钮，打开【销售明细表】窗口，如图 9-64 所示。

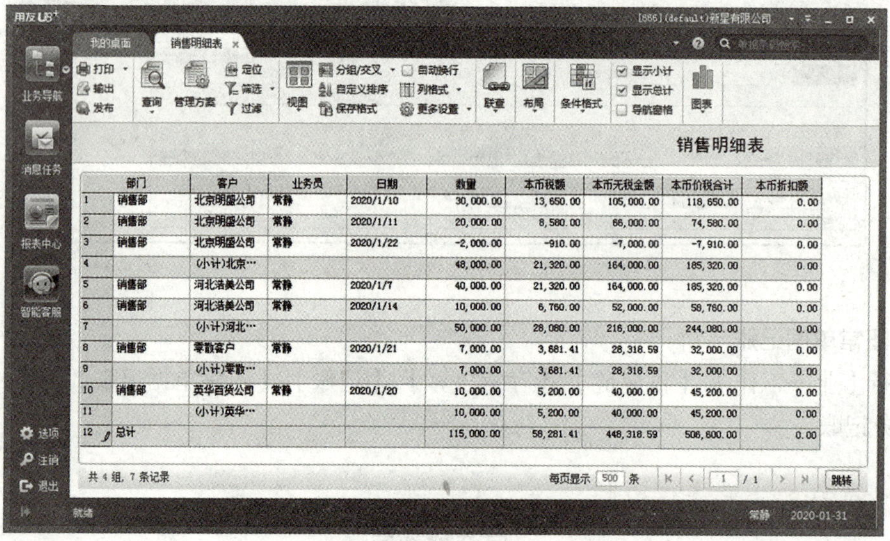
销售明细表

	部门	客户	业务员	日期	数量	本币税额	本币无税金额	本币价税合计	本币折扣额
1	销售部	北京明盛公司	常静	2020/1/10	30,000.00	13,650.00	105,000.00	118,650.00	0.00
2	销售部	北京明盛公司	常静	2020/1/11	20,000.00	8,580.00	66,000.00	74,580.00	0.00
3	销售部	北京明盛公司	常静	2020/1/22	-2,000.00	-910.00	-7,000.00	-7,910.00	0.00
4		(小计)北京…			48,000.00	21,320.00	164,000.00	185,320.00	0.00
5	销售部	河北浩美公司	常静	2020/1/7	40,000.00	21,320.00	164,000.00	185,320.00	0.00
6	销售部	河北浩美公司	常静	2020/1/14	10,000.00	6,760.00	52,000.00	58,760.00	0.00
7		(小计)河北…			50,000.00	28,080.00	216,000.00	244,080.00	0.00
8	销售部	零散客户	常静	2020/1/21	7,000.00	3,681.41	28,318.59	32,000.00	0.00
9		(小计)零散…			7,000.00	3,681.41	28,318.59	32,000.00	0.00
10	销售部	英华百货公司	常静	2020/1/20	10,000.00	5,200.00	40,000.00	45,200.00	0.00
11		(小计)英华…			10,000.00	5,200.00	40,000.00	45,200.00	0.00
12	总计				115,000.00	58,281.41	448,318.59	506,600.00	0.00

共 4 组，7 条记录

图 9-64 【销售明细表】窗口

2. 月末结账

（1）2020 年 1 月 31 日，由 05 常静登录企业应用平台，执行【业务工作】/【供应链】/【销售管理】/【月末结账】/【月末结账】命令，打开【结账】对话框。

（2）单击【结账】按钮，系统弹出【月末结账】提示对话框。

（3）单击【否】按钮，完成结账操作，【结账】对话框第一行“是否结账”显示为“是”。

（4）单击【退出】按钮。

（5）若要取消结账，执行【业务工作】/【供应链】/【销售管理】/【取消结账】/命令，打开【结账】对话框，勾选需要取消结账的月份，单击【取消结账】按钮。

温馨提示

（1）上月未结账，本月单据可以正常操作，不影响日常业务的处理，但本月不能结账。

（2）结账前应检查本会计月工作是否已全部完成，只有在当前会计月所有工作全部完成的前提下，才能进行月末结账，否则会遗漏某些业务。

（3）在月末结账之前，用户一定要进行数据备份，否则数据一旦发生错误，将造成无法挽回的后果。

（4）只能对当前会计月进行结账，即只能对最后一个结账月份的下一个会计月进行结账。

（5）有多个年度时，上年度 12 月份结账后，下年度 1 月份才能结账。如果下年度 1 月份已结账，则上年度 12 月份不允许取消结账。

常见问题分析

问题一：发货单审核后，在库存管理系统中生成出库单时，没有可拷贝的发货单记录。

原因分析及解决办法：这是因为在销售选项中勾选了"销售生成出库单"，勾选该选项后，系统自动生成出库单。在出库单界面，单击翻页按钮，看是否已经生成出库单。根据需要选择是否勾选该选项。

问题二：保存发货单时，系统弹出【库存现存量控制检查 – 以下存货可用量不足】对话框，提示可用量不足，但查询库存管理期初余额，已经录入余额，有足够的存货可以出库。

原因分析及解决办法：这可能是因为在库存管理系统中录入期初数据后没有审核。进入期初余额录入界面，选择仓库进行批审，每个仓库都要批审。

※※※※※※※※※※※※※※※※※※※※※※※※※※※※※※※※※※※※※※※

德育栏目——提高技能

"提高技能"要求会计人员增强提高专业技能的自觉性和紧迫感，勤学苦练，刻苦钻研，不断进取，提高业务水平。会计从业人员必须具备一定的会计知识和技能，才能胜任会计工作。"道"之不存，"德"将焉附。会计之道，就是会计的职业技能和技术。没有娴熟的会计之道，会计之德也就失去了依托。

项目小结

本项目工作任务导图如图 9-65 所示。

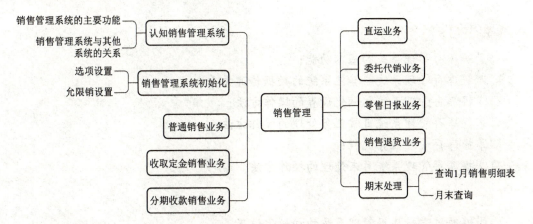

图 9-65 "销售管理"工作任务导图

【实训十】销售管理实训

实训十（PDF）

项目十

库存管理

【知识目标】

◎了解库存管理系统的基本功能；

◎理解库存管理系统与其他系统的数据传递关系；

◎掌握库存管理系统初始化设置的操作方法；

◎掌握库存管理系统日常业务处理的操作方法；

◎掌握库存管理业务流程；

◎掌握库存管理系统月末处理的操作方法。

【能力目标】

◎能够熟练进行库存管理系统的初始化设置；

◎能够熟练处理各种类型的出入库业务。

【素质目标】

◎具有计划组织能力、执行力和计划落实能力；

◎具有细致耐心、吃苦耐劳的品质；

◎具有踏实肯干的工作作风和主动、热情、耐心的服务意识；

◎具有强烈的团队精神和协作精神、较强的应变能力。

任务 10.1　认知库存管理系统

库存管理系统是用友 ERP-U8 供应链管理系统中的重要模块之一，能够满足采购入库、销售出库、产成品入库、材料出库、其他出入库、盘点管理等业务需要，提供仓库货位管理、批次管理、保质期管理、出库跟踪、入库管理、可用量管理、序列号管理等全面的业务应用。库存管理系统适用于各种类型的工商业企业。

10.1.1　库存管理系统的主要功能

库存管理系统具有以下主要功能。

（1）设置：进行系统选项、期初结存、期初不合格品及代管消耗规则的维护工作。

（2）日常业务：进行出入库和库存管理的日常业务操作。

（3）其他业务处理：进行库存预留及释放、批次冻结、失效日期维护、在库品报检、整理现存量等操作。

（4）对账：可以进行库存与存货数据核对，以及仓库与货位数据核对。

（5）月末结账：每月月底进行月末结账操作。

（6）序列号管理：设置序列号编号规则、指定序列号、维护序列号构成、进行期初合格品及不合格品序列号的维护、进行序列号状态的调整。

（7）报表：可以查询各类报表，包括库存账、批次账、货位账、统计表等。

10.1.2　库存管理系统与其他系统的关系

库存管理系统可以单独使用，也可以与采购管理、销售管理、质量管理、存货核算、成本管理、车间管理等系统集成使用。本书主要介绍库存管理系统与采购管理系统、销售管理系统、存货核算系统之间的数据传递关系，如图 10-1 所示。

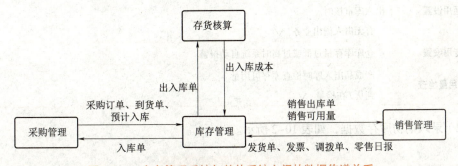

图 10-1　库存管理系统与其他系统之间的数据传递关系

1. 库存管理系统与采购管理系统的关系

（1）库存管理系统可以参照采购管理系统的采购订单、采购到货单生成采购入库单，并将入库情况反馈到采购管理系统。

（2）采购管理系统可以参照库存管理系统的采购入库单生成发票。

（3）采购管理系统根据库存管理系统的采购入库单和采购管理系统的发票进行采购结算。

2. 库存管理系统与销售管理系统的关系

（1）库存管理系统可以参照销售管理系统的发货单、销售发票、销售调拨单、零售日报生成销售出库单，销售出库单也可以在销售管理系统中生成后传递到库存管理系统，库存管理系统再进行审核。

（2）销售管理系统发货签回处理确定责任由企业自担时，非合理损耗部分自动生成红字销售出库单和其他出库单。

（3）库存管理系统为销售管理系统提供可用于销售的存货的可用量。

3. 库存管理系统与存货核算系统的关系

（1）出入库单均由库存管理系统填制，存货核算系统只能填写出入库单的单价、金额，其他项目不能修改。

（2）在存货核算系统中对出入库单记账，登记存货明细账，制单生成凭证。

（3）存货核算系统为库存管理系统提供出入库成本。

（4）库存管理系统的期初结存与存货核算系统的期初结存分别录入，库存和存货的期初数据可相互取数及对账，不要求两边的数据完全一致。

任务 10.2　库存管理系统初始化

10.2.1　任务布置

新星有限公司于 2020 年 1 月 1 日启用供应链管理各子系统，由 06 崔斌登录企业应用平台，进行如下操作。

（1）选项设置，如表 10-1 所示。

表 10-1　库存管理系统选项设置资料

通用设置	修改现存量时点：采购入库审核、材料出库审核、产成品入库审核、销售出库审核、其他出入库审核时。
	有无借入借出业务：√
专用设置	仓库库存量过低或过高时系统自动报警
可用量检查	产成品出入库时检查库存可用量
	到货 / 在检量：√

（2）录入期初库存数据，如表 10-2 所示。

表 10-2　期初库存数据资料

存货编码	存货名称	所属仓库	存货分类	计量单位	税率 /%	数量	单价	金额 / 元
101	笔芯	01	1	个	13	200 000	0.30	60 000.00
102	笔壳	01	1	个	13	125 000	0.16	20 000.00
103	弹簧	01	1	个	13	100 000	0.10	10 000.00
201	单色笔	02	2	支	13	120 000	1.00	120 000.00
202	多色笔	02	2	支	13	100 000	2.00	200 000.00

10.2.2　任务实施

1. 选项设置

（1）执行【业务工作】/【供应链】/【库存管理】/【选项】命令，打开【库存管理选项】对话框，在【通用设置】选项卡中，分别勾选"采购入库单审核时改现存量""销售出库单审核时改现存量""产成品入库审核改现存量""材料出库审核时改现存量""其他出入库审核时改现存量""有无借入借出业务"复选框，如图 10-2 所示。

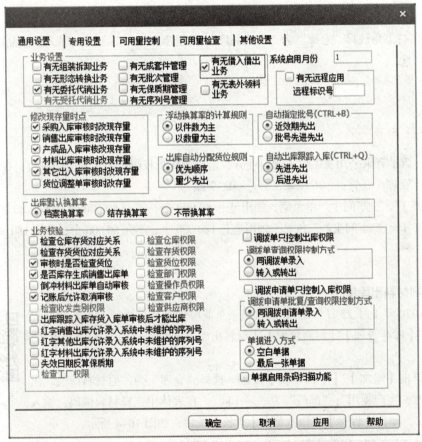

图 10-2　【库存管理选项】对话框【通用设置】选项卡

（2）单击【专用设置】选项卡，勾选"按仓库控制最高最低库存量"复选框。

（3）单击【可用量检查】选项卡，勾选"出入库是否检查可用量"和"到货/在检量"复选框，单击【确定】按钮。

2. 录入期初库存数据

（1）执行【业务工作】/【供应链】/【库存管理】/【设置】/【期初结存】命令，打开【库存期初数据录入】窗口。

（2）单击【修改】按钮，单击第一行，双击"存货编码"，在【库存存货参照】窗口，同时选择笔芯、笔壳和弹簧，单击【确定】按钮，然后输入数量和单价等信息，如图 10-3 所示。

录入期初库存
数据（微课）

图 10-3　【库存期初数】对话框

（3）单击【保存】按钮，单击【批审】按钮。

（4）在右上角选择"仓库"为"产成品库"，重复步骤（2）~（3），录入产成品期初数据。

任务 10.3　生产领料业务

10.3.1　任务布置

1 月，新星有限公司发生以下领料业务，请以操作员权限登录企业应用平台，在相应系统中进行业务处理（仓管员：06 崔斌，会计：02 李佳）。

（1）25 日，一车间生产单色笔，领用笔芯 80 000 个、笔壳 80 000 个、弹簧 80 000 个。

（2）25 日，二车间生产三色笔，领用笔芯 180 000 个、笔壳 60 000 个、弹簧 180 000 个。

10.3.2　任务实施

1. 填制材料出库单

（1）2020 年 1 月 25 日，由 06 崔斌登录企业应用平台，执行【业务工作】/【供应链】/【库存管理】/【材料出库】/【材料出库单】命令，打开【材料出库单】窗口。

（2）单击【增加】/【空白单据】按钮，选择"仓库"为"原材料库"，"出库类别"为"生产领用"，"部门"为"一车间"，在表体中选择材料编码，输入数量等信息，单击【保存】按钮，单击【审核】按钮，如图 10-4 所示。

生产领料业务
（微课）

图 10-4　【材料出库单】窗口（单色笔）

（3）重复步骤（2），填制并审核生产三色笔材料出库单，如图 10-5 所示。

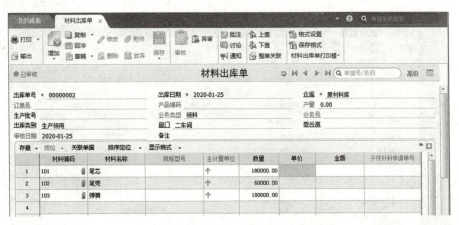

图 10-5 【材料出库单】窗口（三色笔）

2. 正常单据记账并生成凭证

（1）2020 年 1 月 25 日，由 02 李佳登录企业应用平台，执行【业务工作】/【供应链】/【存货核算】/【记账】/【正常单据记账】命令，单击【查询】按钮，打开【查询条件】对话框，单击【确定】按钮，打开【未记账单据一览表】窗口，单击【全选】按钮，如图 10-6 所示，单击【记账】按钮。

图 10-6 【未记账单据一览表】窗口

（2）执行【业务工作】/【供应链】/【存货核算】/【凭证处理】/【生成凭证】命令，打开【生成凭证】窗口。单击【选单】按钮，在【选择单据】窗口，选择一车间材料出库单记录，单击【确定】按钮，打开【生成凭证】窗口。

（3）在"生产成本/直接材料"所在行选择"项目大类"为"00 产品核算"，选择"项目分类编码"为"101 单色笔"，如图 10-7 所示。

图 10-7 【生成凭证】窗口

（4）单击【合并制单】按钮，生成记账凭证，如图 10-8 所示。

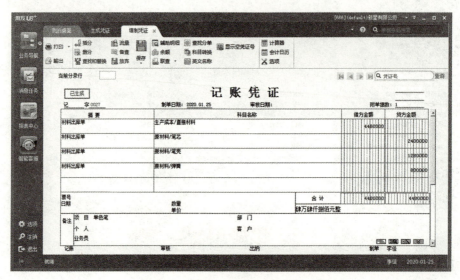

图 10-8　记账凭证（单色笔）

（5）重复（2）～（4）步骤，生成三色笔出库成本记账凭证，如图 10-9 所示。

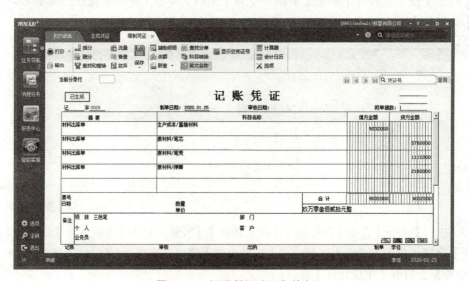

图 10-9　记账凭证（三色笔）

任务 10.4　存货暂估

10.4.1　任务布置

　　1 月，新星有限公司发生以下暂估业务，请以操作员权限登录企业应用平台，在相应系统中进行业务处理（仓管员：06 崔斌，会计：02 李佳）。

　　31 日，从美乐公司购买的笔芯 10 000 个到货并入库，暂估单价为 0.30 元，发票未到。

10.4.2　任务实施

1. 填制采购入库单

（1）2020 年 1 月 31 日，由 06 崔斌登录企业应用平台，执行【业务工作】/【供应链】/【库存管理】/【采购入库】/【采购入库单】命令，打开【采购入库单】窗口。

（2）单击【增加】/【空白单据】按钮，录入表头项目和表体项目信息，如图 10-10 所示。

（3）单击【保存】按钮，单击【审核】按钮。

图 10-10　【采购入库单】窗口

2. 确认暂估成本

2020 年 1 月 31 日，由 02 李佳登录企业应用平台，执行【业务工作】/【供应链】/【存货核算】/【记账】/【暂估成本录入】命令，打开【暂估成本录入】窗口，单击【查询】按钮，打开【查询条件 – 暂估成本录入】对话框，单击【确定】按钮，显示需要录入暂估成本的记录，录入"单价"为"0.30"，单击【保存】按钮，如图 10-11 所示。

存货暂估（微课）

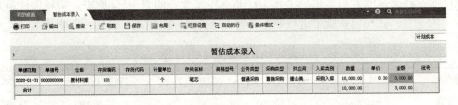

图 10-11　【暂估成本录入】窗口

温馨提示

（1）对于没有成本的采购入库单，在这里进行暂估成本成批录入。

（2）也可以执行【业务工作】/【供应链】/【存货核算】/【入库单】/【采购入库单】命令，找到入库单，单击【修改】按钮，录入单价并保存。如果采购入库单有单价，且需要修改单价，可以通过此功能修改。

（3）也可以在右上角下拉列表中选择成本单价，然后单击【取数】按钮，即可取数，系统提供计划成本、参考成本、上次入库成本、上次出库成本、结存成本供选择。

3. 正常单据记账并生成凭证

（1）执行【业务工作】/【供应链】/【存货核算】/【记账】/【正常单据记账】命令，将该入库单记账。

（2）执行【业务工作】/【供应链】/【存货核算】/【凭证处理】/【生成凭证】命令，打开【生成凭证】窗口，生成记账凭证，如图 10-12 所示。

图 10-12　记账凭证

任务 10.5　产成品入库业务

10.5.1　任务布置

1 月末，新星有限公司发生以下完工产品入库业务，如表 10-3 所示，请以操作员权限登录企业应用平台，在相应系统中进行业务处理（仓管员：06 崔斌，会计：02 李佳）。

表 10-3　产成品成本计算表

产品名称	完工数量/个	直接材料/元	直接人工/元	制造费用/元	总成本/元
单色笔	80 000	44 800.00	15 772.74	12 870.00	73 442.74
三色笔	60 000	90 320.00	16 240.90	15 430.00	121 990.9
合计		135 120.00	32 013.64	28 300.00	195 433.64

10.5.2　任务实施

1. 填制产成品入库单

（1）2020 年 1 月 31 日，由 06 崔斌登录企业应用平台，执行【业务工作】/【供应链】/【库存管理】/【生产入库】/【产成品入库单】命令，打开【产成品入库单】窗口。

（2）单击【增加】/【空白单据】按钮，在表头中输入仓库、入库类别、部门等信息，在表体中选择"产品编码"为"201"，输入"数量"为"80000"，保存并审核，如图 10-13 所示。

产成品入库业务（微课）

图 10-13 【产成品入库单】窗口（单色笔）

（3）重复步骤（2），填制三色笔入库单，保存并审核，如图 10-14 所示。

图 10-14 【产成品入库单】窗口（三色笔）

温馨提示

如果存货核算系统与库存管理系统集成使用，产成品入库单在库存管理系统中输入，存货核算系统接收从库存管理系统传递来的产成品入库单，对其只能修改单价和金额。

2. 产成品成本分配

（1）2020 年 1 月 31 日，由 02 李佳登录企业应用平台，执行【业务工作】/【供应链】/【存货核算】/【记账】/【产成品成本分配】命令，打开【产成品成本分配表】窗口。

（2）单击【查询】按钮，打开【产成品成本分配表查询】窗口，勾选"产成品库"复选框。

（3）单击【确定】按钮，系统将产成品入库单数量汇总后带到产成品成本分配表，输入单色笔金额为"73 442.74"，三色笔金额为"121 990.90"，如图 10-15 所示。

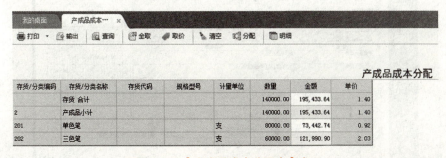

图 10-15 【产成品成本分配表】窗口

（4）单击【分配】按钮，系统提示"分配操作顺利完成！"，单击【确定】按钮。

3.正常单据记账并生成凭证

（1）执行【业务工作】/【供应链】/【存货核算】/【记账】/【正常单据记账】命令，将两张产成品入库单记账。

（2）执行【业务工作】/【供应链】/【存货】/【凭证处理】/【生成凭证】命令，打开【生成凭证】窗口，单击【选单】按钮，选择一车间产成品入库单记录，单击【确定】按钮，在【生成凭证】窗口显示科目等信息，如图10-16所示。

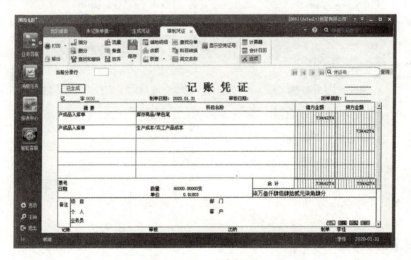

图10-16 【生成凭证】窗口

（3）单击【合并制单】按钮，再单击【保存】按钮，如图10-17所示。

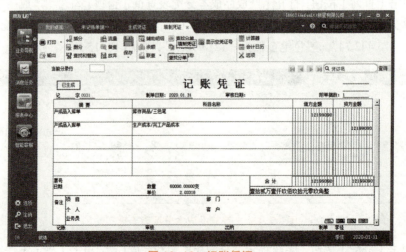

图10-17 记账凭证

（4）重复步骤（2）~（3），将三色笔入库单生成记账凭证，如图10-18所示。

图10-18 记账凭证

温馨提示

（1）产成品成本分配表用于对已入库未记明细账的产成品进行成本分配。可随时对产成品入库单提供批量分配成本，填入入库单。在【产成品成本分配表】窗口，单击【分配】按钮，系统将成本分配给入库单，入库单就会自动有单价和金额。单击【恢复】按钮，即可清除已分配的数据。

（2）如果存货核算系统与成本管理系统集成使用，则在成本管理系统的成本计算完成后，存货核算系统可以通过"产成品成本分配"功能取到成本管理系统中产成品的成本，如果没有启用成本管理系统，则产成品入库单上的入库成本需要用户手工输入或者在【产成品成本分配表】窗口中输入总成本，进行分配。

任务 10.6　盘点业务

10.6.1　任务布置

1月末，新星有限公司对原材料仓库存货进行了盘点，盘点盈亏情况如表 10-4 所示。请以操作员权限登录企业应用平台，在相应系统中进行业务处理（仓管员：06 崔斌，会计：02 李佳）。

表 10-4　存货盘点表

存货名称	账面结存			实际盘存		盘盈		盘亏		盈亏原因
	数量/个	单价/元	金额/元	数量/个	金额/元	数量/个	金额/元	数量/个	金额/元	
笔芯	145 000	0.35	50 750	145 000	50 750					
笔壳	35 000	0.23	8 050	34 500	7 935			500	115	仓管员过失，由其赔偿
弹簧	120 000	0.15	18 000	121 000	18 150	1 000	150			计量错误，冲减管理费用

10.6.2　任务实施

1. 填制盘点单

（1）2020 年 1 月 31 日，由 06 崔斌登录企业应用平台，执行【业务工作】/【供应链】/【库存管理】/【盘点业务】/【盘点单】命令，打开【盘点单】窗口。

（2）单击【增加】/【普通仓库盘点】按钮，输入表头项目信息，注意"入库类别"为"盘盈入库"，"出库类别"为"盘亏出库"，在表体中选择存货编码，输入单价、盘点数量、盈亏原因等信息，如图 10-19 所示。

盘点业务（微课）

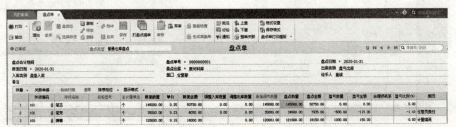

图 10-19 【盘点单】窗口

（3）单击【保存】按钮，单击【审核】按钮。

2. 审核其他入库单和出库单

（1）执行【业务工作】/【供应链】/【库存管理】/【其他入库】/【其他入库单】命令，打开【其他入库单】窗口，单击【末张】按钮，翻页找到盘点单生成的其他入库单，单击【审核】按钮。

（2）执行【业务工作】/【供应链】/【库存管理】/【其他出库】/【其他出库单】命令，打开【其他出库单】窗口，单击【末张】按钮，翻页找到盘点单生成的其他出库单，单击【审核】按钮。

3. 正常单据记账并生成凭证

（1）2020 年 1 月 31 日，由 02 李佳登录企业应用平台，执行【业务工作】/【供应链】/【存货核算】/【记账】/【正常单据记账】命令，勾选其他入库单记录和其他出库单记录，单击【记账】按钮。

（2）执行【业务工作】/【供应链】/【存货核算】/【凭证处理】/【生成凭证】命令，打开【生成凭证】窗口，生成记账凭证，如图 10-20 和图 10-21 所示。

图 10-20　记账凭证（其他入库单）

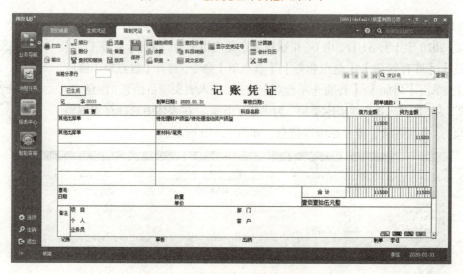

图 10-21　记账凭证（其他出库单）

温馨提示

新增盘点单后，系统在盘点单表体中显示满足条件的存货的账面数量，录入每种存货的单价，调整数量等相关信息，系统自动计算盈亏数量，盈亏数量不为零的记录审核后生成其他出入库单。

4. 盘点结果处理

执行【业务工作】/【财务会计】/【总账】/【凭证】/【填制凭证】命令，打开【填制凭证】窗口，填制两张记账凭证，如图 10-22 和图 10-23 所示。

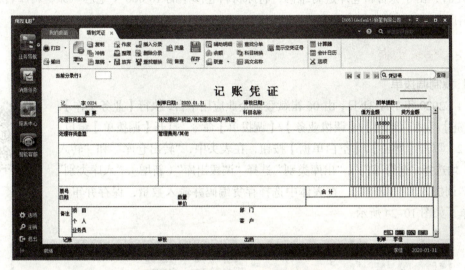

图 10-22　记账凭证（处理存货盘盈）

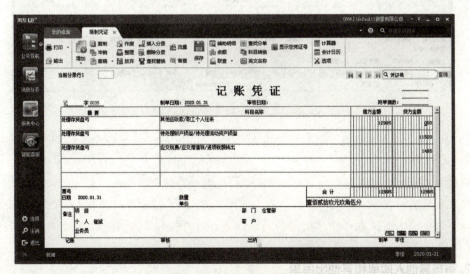

图 10-23　记账凭证（处理存货盘亏）

任务 10.7　调拨业务

10.7.1　任务布置

1月，新星有限公司发生以下调拨业务，请以操作员权限登录企业应用平台，在相应系统中进行业务处理（仓管员：06 崔斌，会计：02 李佳）。

31 日，由于原材料仓库进行维修，将原材料仓库中的 10 000 个笔芯从原材料库转移到周转材料库。

10.7.2　任务实施

1. 填制调拨单

（1）2020 年 1 月 31 日，由 06 崔斌登录企业应用平台，执行【业务工作】/【供应链】/【库存管理】/【调拨业务】/【调拨单】命令，打开【调拨单】窗口。

（2）单击【增加】/【空白单据】按钮，在表头中，"转出仓库"和"转入仓库"均选择"仓管部门"，"出库类别"选择"调拨出库"（新增），"入库类别"选择"调拨入库"（新增），在表体中选择存货编码并输入数量，保存并审核调拨单，如图 10-24 所示。

调拨业务（微课）

图 10-24　【调拨单】窗口

温馨提示

调拨单用于仓库之间存货的转库业务或部门之间的存货调拨业务。同一张调拨单上，如果转出部门和转入部门不同，表示部门之间的调拨业务；如果转出部门和转入部门相同，但转出仓库和转入仓库不同，表示仓库之间的转库业务。只有在启用库存管理系统的情况下才有此功能。

2. 审核其他入库单和其他出库单

（1）执行【业务工作】/【供应链】/【库存管理】/【其他入库】/【其他入库单】命令，打开【其他入库单】窗口，单击【末张】按钮，翻页找到调拨单生成的其他入库单，如图 10-25 所示，单击【审核】按钮。

（2）执行【业务工作】/【供应链】/【库存管理】/【其他出库】/【其他出库单】命令，打开【其他出库单】窗口，单击【末张】按钮，翻页找到调拨单生成的其他出库单，如图 10-26 所示，单击【审核】按钮。

图 10-25 【其他入库单】窗口（调拨入库）

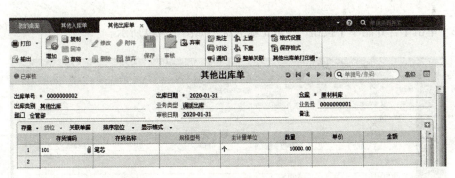

图 10-26 【其他出库单】窗口（调拨出库）

3.特殊单据记账并生成凭证

（1）2020 年 1 月 31 日，由 02 李佳登录企业应用平台，执行【业务工作】/【供应链】/【存货核算】/【记账】/【特殊单据记账】命令，打开【特殊单据记账条件】对话框，选择"单据类型"为"调拨单"。单击【确定】按钮，打开【未记账单据一览表】窗口，勾选记录，如图 10-27 所示，单击【记账】按钮，系统提示"记账成功"。

☑	单据号	单据日期	转入仓库	转出仓库	转入部门	转出部门	经手人	审核人	制单人
☑	0000000001	2020-01-31	周转材料库	原材料库	仓管部	仓管部	崔斌	崔斌	崔斌
小计									

图 10-27 【未记账单据一览表】窗口

温馨提示

（1）存货核算系统对调拨业务进行记账，提供两种记账方式，一种是特殊单据记账，另一种是正常单据记账。按特殊单据记账与按正常单据记账的区别在于前者对调拨单记账，后者对调拨单生成的其他出入库单记账。如果调拨单在"特殊单据记账"功能处已记账，则由其生成的其他出入库单在"正常单据记账"功能处不允许再记账。

（2）全月平均、计划价（或售价）核算的存货，按特殊单据记账时，调拨单生成的其他出入库单按存货上月的平均单价或差异率计算成本，按正常单据记账时，调拨单生成的其他出入库单按存货当月的平均单价或差异率计算成本。

（2）执行【业务工作】/【供应链】/【存货核算】/【凭证处理】/【生成凭证】命令，打开【生成凭证】窗口，单击【选单】按钮，选择其他出库单或其他入库单记录。单击【确定】按钮，在【生成凭证】窗口输入存货科目"140301 笔芯"，如图 10-28 所示。

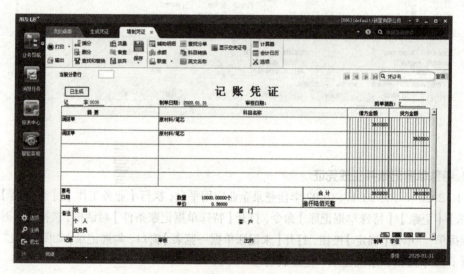

图 10-28　【生成凭证】窗口

（3）单击【合并制单】按钮，生成记账凭证，如图 10-29 所示。

图 10-29　记账凭证

任务 10.8　期末处理

10.8.1　任务布置

本月库存管理系统业务处理完毕，由 06 崔斌登录企业应用平台，在库存管理系统中进行以下操作。

（1）31 日，查询笔芯的库存台账，了解材料的购销存情况。

（2）31 日，对库存管理系统进行月末结账。

10.8.2　任务实施

1.账表查询

（1）2020 年 1 月 31 日，由 06 崔斌登录企业应用平台，执行【业务工作】/【供应链】/【库存管理】/【业务报表】/【库存账】/【库存台账】命令，弹出【输入查询条件】对话框，选择"仓库"为"01"，"存货分类"为"1"，"存货编码"为"101"，如图 10-30 所示。

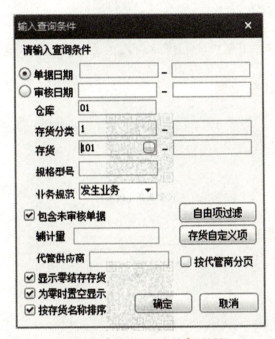

图 10-30　【输入查询条件】对话框

（2）单击【确定】按钮，打开【库存台账】窗口，如图 10-31 所示。

图 10-31　【库存台账】窗口

（3）单击【下张】按钮，还可以查询笔壳、弹簧明细账。

2.月末结账

（1）登录企业应用平台，执行【业务工作】/【供应链】/【库存管理】/【月末处理】/【月末结账】命令，打开【结账】窗口。

（2）单击【结账】按钮，系统弹出"库存启用月份结账后将不能修改期初数据，是否继续结账？"，单击【是】按钮，完成结账。

（3）若取消结账，执行【库存管理】/【月末结账】命令，打开【结账】窗口，单击需要取消结账的月份，再单击【取消结账】按钮即可。

温馨提示

（1）库存管理系统月末处理之前，仔细检查出入库业务是否都处理完毕。

（2）采购管理系统和销售管理系统结账后才能完成库存管理系统的结账工作。

【知识拓展一】代管业务

代管业务（PDF）

【知识拓展二】借出业务

借出业务（PDF）

常见问题分析

问题：保存材料出库单时，系统弹出【系统信息】对话框，提示预计可用数量为负数。

原因分析及解决办法：这可能有两个原因。一是因为在库存管理系统中录入期初数据后没有审核。进入期初余额录入界面，选择仓库进行批审，每个仓库都需要批审。二是采购入库单可能没有审核，在库存管理系统选项中勾选了"采购入库单审核时改现存量"复选框，入库单没有审核，入库单中存货数量不计算在现存量中，这种情况的解决办法是执行【业务工作】/【供应链】/【库存管理】/【采购入库】/【采购入库单】命令，单击【末张】按钮，通过翻页查找是否有未审核的入库单并进行审核。

※※※

德育栏目——参与管理

"参与管理"要求会计人在做好本职工作的同时，努力钻研相关业务，全面熟悉本单位的经营活动和业务流程，主动提出合理化建议，协助领导决策，积极参与管理。

项目小结

本项目工作任务导图如图 10-32 所示。

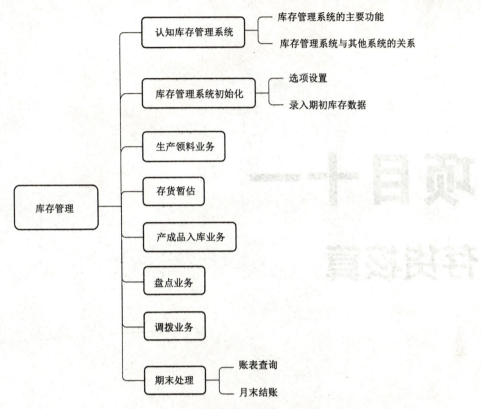

库存管理
- 认知库存管理系统
  - 库存管理系统的主要功能
  - 库存管理系统与其他系统的关系
- 库存管理系统初始化
  - 选项设置
  - 录入期初库存数据
- 生产领料业务
- 存货暂估
- 产成品入库业务
- 盘点业务
- 调拨业务
- 期末处理
  - 账表查询
  - 月末结账

图 10-32　"库存管理"工作任务导图

【实训十一】库存管理实训

实训十一（PDF）

项目十一

存货核算

【知识目标】

◎了解存货核算系统的基本功能；

◎理解存货核算系统与其他系统的数据传递关系；

◎掌握存货核算系统初始化设置的操作方法；

◎掌握存货核算系统日常业务处理的操作方法；

◎掌握存货核算业务流程；

◎掌握存货核算系统月末处理的操作方法。

【能力目标】

◎能够熟练进行存货核算系统的初始化设置；

◎能够熟练进行存货核算系统业务处理；

◎能够结合会计理论知识，准确生成会计凭证。

【素质目标】

◎具有踏实肯干的工作作风和主动、热情、耐心的服务意识；

◎具有良好的心理素质、诚信品格和社会责任感；

◎具有强烈的团队精神和协作精神、较强的应变能力。

任务 11.1　认知存货核算系统

存货核算系统是用友 ERP-U8 供应链管理系统中的重要模块之一,它从资金的角度管理存货的出入库业务,主要用于核算企业的入库成本、出库成本、结余成本,反映和监督存货的收发、领退和保管情况,以及存货资金的占用情况。

11.1.1　存货核算系统的主要功能

(1)为不同的业务类型提供成本核算功能。

存货核算系统可以对普通采购业务、暂估业务、普通销售业务、委托代销业务等各种出入库业务进行成本核算。该系统提供了按仓库、按部门和按存货 3 种成本核算方式,并提供了先进先出法、移动加权平均法、全月平均法等 6 种计价方法,提供了按销售出库单、按销售发票、按发出商品 3 种销售成本核算方式,可满足不同存货管理需要。

(2)可以进行出入库成本调整,处理各种异常。

可利用出入库调整单对本月已记账单据进行修改,并同时修改明细账或差异账/差价账。凡当时不能确定入库单价的,均可以暂估入库,暂估入库后发生出库业务等原因所造成的出库成本不准确或库存数量为零而仍有库存金额的情况时,使用入库调整单或出库调整单进行调整。

(3)形成完整的存货账簿,具有强大的账表查询功能。

存货核算系统提供了存货总账、明细账中出入库汇总表等多种统计表,满足了企业多层次、多角度查询的需要。

(4)制单功能。

用于对本会计月已记账单据生成凭证,并可对已生成的所有凭证进行查询显示,所生成的凭证可在账务系统中显示及生成科目总账。

(5)进行存货跌价准备提取,满足企业管理需要。

11.1.2　存货核算系统与其他系统的关系

存货核算系统可以单独使用,也可以与采购管理、销售管理、成本管理、库存管理、委外管理、应付款管理等系统集成使用。本书主要介绍存货核算系统与采购管理系统、库存管理系统、销售管理系统、应付款管理系统之间的数据传递关系,如图 11-1 所示。

1. 存货核算系统与采购管理系统集成使用

(1)设置存货暂估入库的成本处理方式,包括月初回冲、单到回冲、单到补差。

(2)采购入库单由采购管理系统生成,存货核算系统可修改采购入库单的单价和金额,对采购入库单进行记账。

(3)采购入库时,如果当时没有入库成本,采购管理系统可对所购存货暂估入库,报销时,存货核算系统可根据用户所选暂估处理方式进行不同处理。

2. 存货核算系统与库存管理系统集成使用

(1)期初结存数量、结存金额可从库存管理系统中进行取数,并与库存管理系统进行对账。

(2)采购入库单、销售出库单、产成品入库单、材料出库单、其他入库单、其他出库单由库存管理系统输入,存货核算系统不能生成以上单据,只能修改其单价、金额。

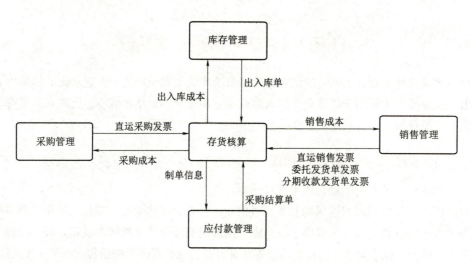

图 11-1　存货核算系统与其他系统之间的数据传递关系

（3）库存管理系统的调拨单、盘点单、组装拆卸单、形态转换单生成的其他出入库单，由存货核算系统填入其存货单价、成本并记账。

3. 存货核算系统与销售管理系统集成使用

（1）从销售管理系统取分期收款发出商品期初数据、委托代销发出商品期初数据。

（2）可对销售管理系统生成的销售发票、发货单进行记账。

4. 存货核算系统与应付款管理系统集成使用

存货核算系统对采购结算单制单时，需要将凭证信息回填到所涉及的采购发票和付款单上，应付款管理系统对于这些单据不进行重复制单；若应付款管理系统先对这些单据制单，则存货核算系统同样不可以进行重复制单。

任务 11.2　存货核算系统初始化

11.2.1　任务布置

新星有限公司于 2020 年 1 月 1 日启用供应链管理各子系统，由 02 李佳登录企业应用平台，进行如下操作。

（1）选项设置。

选择"核算方式"为"按仓库核算"，"暂估方式"为"单到回冲"，"销售成本核算方式"为"销售出库单"，"委托代销成本核算方式"为"按发出商品核算"，其余默认系统提供参数。

（2）录入期初库存数据，如表 11-1 所示。

表 11-1　期初库存数据资料

存货编码	存货名称	所属仓库	存货分类	计量单位	税率 /%	数量	单价	金额 / 元
101	笔芯	01	1	个	13	200 000	0.30	60 000.00
102	笔壳	01	1	个	13	125 000	0.16	20 000.00
103	弹簧	01	1	个	13	100 000	0.10	10 000.00

续表

存货编码	存货名称	所属仓库	存货分类	计量单位	税率 /%	数量	单价	金额 / 元
201	单色笔	02	2	支	13	120 000	1.00	120 000.00
202	多色笔	02	2	支	13	100 000	2.00	200 000.00

（3）设置存货科目，如表 11-2 所示。

表 11-2　存货科目资料

仓库	存货编码	存货科目	分期收款发出商品科目	委托代销发出商品
原材料库	101	笔芯 140301		
	102	笔壳 140302		
	103	弹簧 140303		
产成品库	201	单色笔 140501	1406 发出商品	1406 发出商品
	202	三色笔 140502	1406 发出商品	1406 发出商品

（4）设置存货对方科目，如表 11-3 所示。

表 11-3　存货对方科目资料

收发类别名称	存货名称	对方科目编码及名称	暂估科目编码及名称
采购入库		1402 在途物资	220202 暂估应付款
产成品入库		500109 生产成本 / 完工产品成本	
销售出库、委托代销出库	单色笔	640101 主营业务成本 / 单色笔	
销售出库、委托代销出库	三色笔	640102 主营业务成本 / 三色笔	
盘盈入库、盘亏出库		190101 待处理财产损溢 / 待处理财产流动损溢	
生产领用		500101 生产成本 / 直接材料	

11.2.2　任务实施

1. 选项设置

执行【业务工作】/【供应链】/【存货核算】/【设置】/【选项】/命令，打开【选项查询】对话框，选择"核算方式"为"按仓库核算"，选择"暂估方式"为"单到回冲"，选择"销售成本核算方式"为"按销售出库单核算"，选择"委托代销成本核算方式"为"按发出商品核算"，如图 11-2 所示，单击【确定】按钮。

温馨提示

（1）存货核算方式：选择按仓库核算，存货发出按仓库档案设置的计价方式进行核算，选择按部门核算，存货发出按仓库中所属部门设置的计价方式进行核算，选择按存货核算，存货发出按存货档案中设置的计价方式进行核算。

（2）暂估方式：有月初回冲、单到回冲、单到补差 3 种。月初回冲是指月初时系统自动生成红字回冲单，报销处理时，系统自动根据报销金额生成采购报销入库单；单到回冲是指报销处理时，系统自动生成红字回冲单，并生成采购报销入库单；单到补差是指报销处理时，系统自动生成一笔调整单，调整金额为实际金额与暂估金额的差额。

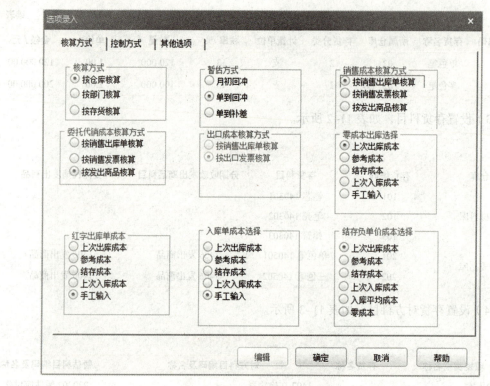

图 11-2 【选项查询】对话框

2. 期初数据录入

（1）执行【业务工作】/【供应链】/【存货核算】/【设置】/【期初余额】命令，打开【期初余额】窗口，选择"仓库"为"原材料库"。

（2）单击【取数】按钮，系统自动取库存管理系统中的原材料库期初数据，如图 11-3 所示。

（3）选择"仓库"为"产成品库"，单击【取数】按钮，系统自动取库存管理系统中的产成品库期初数据。

录入存货核算
系统期初数据
（微课）

（4）执行【业务工作】/【供应链】/【存货核算】/【设置】/【期初分期收款发出商品】命令，打开【期初分期收款发出商品】窗口，单击【取数】按钮，系统提示"取数完毕！"，单击【确定】按钮。

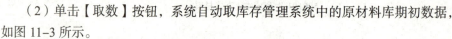

图 11-3 【期初余额】窗口

（5）执行【业务工作】/【供应链】/【存货核算】/【设置】/【期初委托代销发出商品】命令，打开【期初委托代销发出商品】窗口，单击【取数】按钮，系统提示"取数完毕！"，单击【确定】按钮。

（6）回到【期初余额】窗口，单击【记账】按钮，系统提示"期初记账成功！"，单击【确定】按钮。

温馨提示

期初分期收款发出商品和期初委托代销发出商品取数后，期初余额才能记账。

3. 存货科目设置

（1）执行【业务工作】/【供应链】/【存货核算】/【设置】/【存货科目】命令，打开【存货科目】窗口。

（2）单击【增行】按钮，选择"仓库编码"为"01"，"存货编码"为"101"，"存货科目编码"为"140301"。

（3）重复步骤（2），继续选择其他仓库、存货编码、存货科目等，如图11-4所示。

（4）单击【保存】按钮。

存货科目设置
和存货对方科
目设置（微课）

仓库编码	仓库名称	存货分类编码	分类名称	存货编码	存货名称	存货科目编码	存货科目名称	差异科目编码	差异科目名称	分期收款发出商品科目编码	分期收款发出商品科目名称	委托代销发出商品科目编码	委托代销发出商品科目名称
01	原材料库			101	笔芯	140301	笔芯						
01	原材料库			102	笔壳	140302	笔壳						
01	原材料库			103	弹簧	140303	弹簧						
03	产成品库			201	单色笔	140501	单色笔				1406	发出商品	1406	发出商品
03	产成品库			202	三色笔	140502	三色笔				1406	发出商品	1406	发出商品

图 11-4 【存货科目】窗口

4. 存货对方科目设置

（1）执行【业务工作】/【供应链】/【存货核算】/【设置】/【对方科目】命令，打开【对方科目】窗口。

（2）单击【增行】按钮，选择"收发类别编码"为"11"，"对方科目编码"为"1402"，"暂估科目编码"为"220202"。

（3）重复步骤（2），继续选择其他收发类别、存货分类编码、项目大类编码等，如图11-5所示。

（4）单击【保存】按钮。

收发类别编码	收发类别名称	存货分类编码	存货分类名称	存货编码	存货名称	部门编码	部门名称	项目大类编码	项目大类名称	项目编码	项目名称	对方科目编码	对方科目名称	暂估科目编码	暂估科目名称
11	采购入库											1402	在途物资	220202	暂估应付款
12	产成品入库											500109	完工产品成本		
22	销售出库			201	单色笔							640101	单色笔		
22	销售出库			202	三色笔							640102	三色笔		
13	盘盈入库											190101	待处理流动资产		
23	盘亏出库											190101	待处理流动资产		
21	生产领用											500101	直接材料		
24	委托代销出库			201	单色笔							640101	单色笔		
24	委托代销出库			202	三色笔							640102	三色笔		

图 11-5 【对方科目】窗口

任务 11.3　销售业务成本核算

11.3.1　任务布置

1月，新星有限公司发生普通销售业务、分期收款销售业务、委托代销销售业务、直运业务、调拨业务等，月末，由02李佳登录企业应用平台，结转本月已销商品成本。

11.3.2　任务布置

1. 检查产成品入库单和出库单等是否都已记账

（1）执行【业务工作】/【供应链】/【存货核算】/【记账】/【正常单据记账】命令，打开【未记账单据一览表】窗口，单击【查询】按钮，查看是否有入库单和出库单记录，若有记录，则勾选后记账，若无记录，则直接退出。

销售业务成本核算（微课）

（2）执行【业务工作】/【供应链】/【存货核算】/【记账】/【发出商品记账】命令，将未记账的发货单和专用发票（分期收款和委托代销业务生成的）记账。

（3）执行【业务工作】/【供应链】/【存货核算】/【记账】/【直运销售记账】命令，将未记账的直运采购发票和直运销售发票记账。

（4）执行【业务工作】/【供应链】/【存货核算】/【记账】/【特殊单据记账】命令，将调拨业务生成的未记账调拨单记账。

温馨提示

（1）在存货核算系统选项中，"销售成本的核算方式"可以选择销售出库单或销售发票，若记账之前销售出库单或销售发票已有成本，则记账时用户可选择按已有的成本记账，也可由系统根据计价方式重新计算成本并记账。

（2）销售出库单上无金额或对销售发票进行核算时，如果选择先进先出、后进先出、移动平均、个别计价法等计价方式，则在单据记账时系统进行出库成本计算，记入存货明细账。对于采用全月平均、计划价/售价法的存货，在存货核算系统中进行期末处理时，系统进行出库成本的计算。

（3）对已记账的销售出库单或销售发票进行制单，生成凭证。若需要重新记账，则可把凭证删除，恢复记账，即可重新记账。

2. 期末处理

（1）执行【业务工作】/【供应链】/【存货核算】/【记账】/【期末处理】/命令，打开【期末处理–1月】对话框，如图11-6所示。

（2）单击【处理】按钮，打开【月平均单价计算表】窗口，如图11-7所示。

（3）单击【确定】按钮，系统提示"期末处理完毕！"。

（4）单击【确定】按钮，仓库名称从左窗口转到了右窗口，单击【取消】按钮。

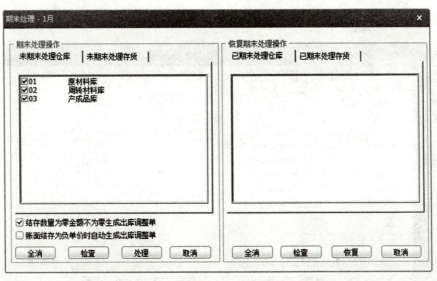

图 11-6 【期末处理 –1 月】对话框

图 11-7 【月平均单价计算表】窗口

温馨提示

（1）期末处理时，系统能自动计算存货的加权平均单位成本和出库成本，以便生成记账凭证。

（2）仓库期末处理前，检查存货入库单和出库单是否都记账，因为期末处理完后不能再记账。

（3）期末处理完后，单击【恢复】按钮，还可以取消"期末处理"，但材料出库单生成凭证后就无法取消"期末处理"，把凭证删除后才能取消"期末处理"。

3. 生成记账凭证

（1）执行【业务工作】/【供应链】/【存货核算】/【凭证处理】/【生成凭证】命令，打开【生成凭证】窗口，单击【选单】按钮，打开【查询条件 – 生成凭证查询条件】对话框，单击【确定】按钮，打开【选择单据】窗口，选择"业务类型"为"普通销售"且"单据类型"为"销售出库单"记录，如图 11-8 所示，单击【确定】按钮。

图 11-8 【选择单据】窗口

（2）单击【合并制单】按钮，生成记账凭证，如图11-9所示。

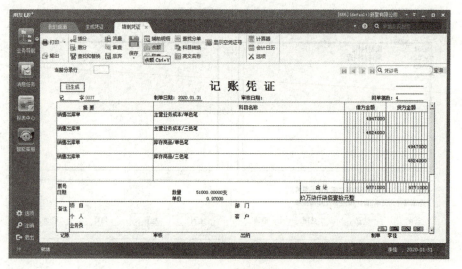

图 11-9　记账凭证

（3）重新选择单据，选择"业务类型"为"分期收款"并且"单据类型"为"发货单"记录，单击【确定】按钮，生成记账凭证，如图11-10所示。

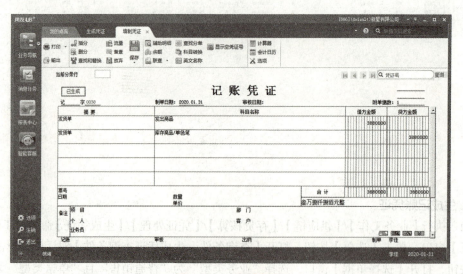

图 11-10　记账凭证

（4）重新选择单据，选择"业务类型"为"分期收款"并且"单据类型"为"专用发票"记录，单击【确定】按钮，生成记账凭证，如图11-11所示。

（5）重新选择单据，选择"业务类型"为"委托代销"并且"单据类型"为"委托代销发货单"记录，生成记账凭证，如图11-12所示。

（6）重新选择单据，选择"业务类型"为"委托"并且"单据类型"为"专用发票"记录，生成记账凭证，如图11-13所示。

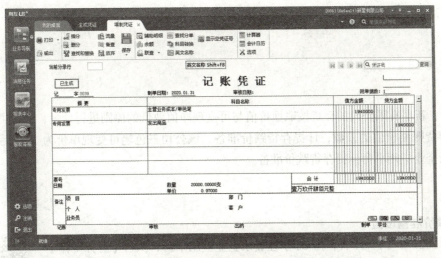

图 11-11　记账凭证

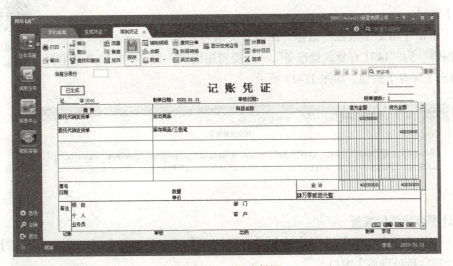

图 11-12　记账凭证

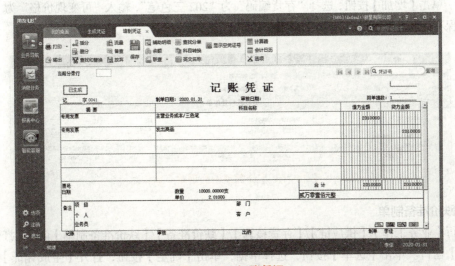

图 11-13　记账凭证

任务 11.4 　计提存货跌价准备

11.4.1 　任务布置

　　1 月，新星有限公司的存货按账面价值与可变现净值孰低的原则进行计量，对于可变现净值低于存货账面价值的差额，计提存货跌价准备，该公司三色笔可变现单价为 1.80 元，由 02 李佳登录企业应用平台计提存货跌价准备。

11.4.2 　任务实施

1. 跌价准备设置

　　（1）2020 年 1 月 31 日，由 02 李佳登录企业应用平台，执行【业务工作】/【供应链】/【存货核算】/【跌价准备】/【跌价准备设置】命令，打开【跌价准备设置】窗口。

计提存货跌价
准备（微课）

　　（2）单击【增加】按钮，选择"存货分类编码"为"2 产成品"，"跌价准备科目编码"为"1471 存货跌价准备"，"计提费用编码"为"6701 资产减值损失"，单击【保存】按钮，如图 11-14 所示。

图 11-14 　【跌价准备设置】窗口

2. 计提存货跌价准备

　　（1）执行【业务工作】/【供应链】/【存货核算】/【跌价准备】/【计提跌价准备】命令，打开【计提跌价处理单】窗口。

　　（2）单击【增加】按钮，选择"存货编码"为"202 三色笔"，输入"可变现价格"为"1.8"，单击【保存】按钮，单击【审核】按钮，如图 11-15 所示。

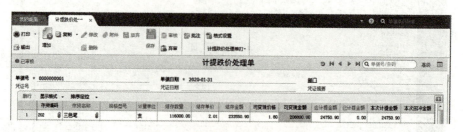

图 11-15 　【计提跌价处理单】窗口

3. 跌价准备制单

　　执行【业务工作】/【供应链】/【存货核算】/【跌价准备】/【跌价准备制单】命令，打开【生成凭证】窗口。单击【选单】按钮，选择单据，单击【确定】按钮，打开【生成凭证】窗口，如图 11-16 所示。单击【合并制单】按钮，生成记账凭证，如图 11-17 所示。

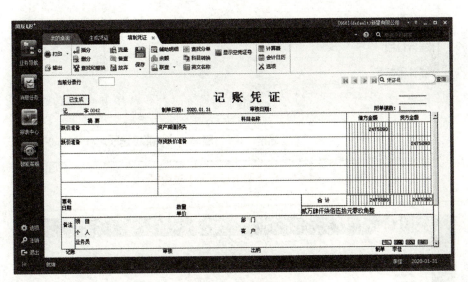

图 11-16 【生成凭证】窗口

图 11-17 记账凭证

任务 11.5 期末处理

11.5.1 任务布置

由 02 李佳登录企业应用平台，在存货核算系统中进行如下操作。

（1）1 月 31 日，查询单色笔明细账，了解存货的购销存情况。

（2）1 月 31 日，在存货核算系统中进行月末结账。

11.5.2 任务实施

1.账表查询

（1）2020 年 1 月 31 日，由 02 李佳登录企业应用平台，执行【业务工作】/【供应链】/【存货核算】/【账簿】/【明细账】命令，打开【明细账】对话框，单击【查询】按钮，打开【明细账查询】对话框，选择"仓库"为"产成品库"，"存货分类"为"产成品"，"存货编码"为"201 单色笔"，如图 11-18 所示。

（2）单击【确定】按钮，显示单色笔明细账，如图 11-19 所示。

（3）单击【后一页】按钮，还可以查询三色笔明细账。

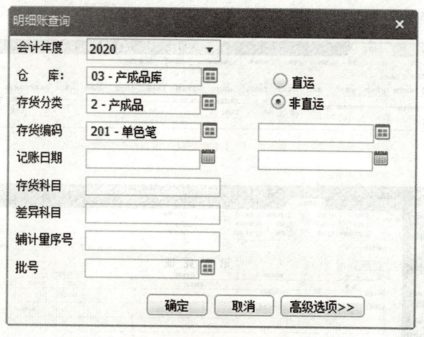

图 11-18 【明细账查询】对话框

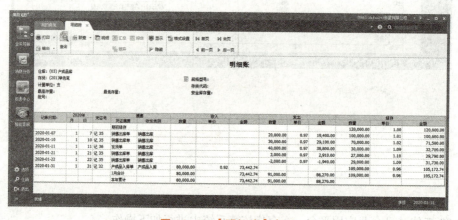

图 11-19 【明细账】窗口

2. 月末结账

（1）2020 年 1 月 31 日，由 02 李佳登录企业应用平台，执行【业务工作】/【供应链】/【存货核算】/【记账】/【月末结账】命令，打开【结账】对话框。

（2）单击【结账】按钮，系统提示完成结账，单击【确定】按钮。

（3）若取消结账，以"2020-02-01"日期登录企业应用平台，执行【业务工作】/【供应链】/【存货核算】/【记账】/【月末结账】命令，打开【结账】窗口，选择需要取消结账的月份，单击【取消结账】按钮即可。

温馨提示

采购管理、销售管理、库存管理等系统都结账后，存货核算系统才能结账。

【知识拓展】受托代销业务

受托代销业务
（PDF）

常见问题分析

问题一：系统生成入库单或出库单后，执行【记账】命令，在【未记账单据一览表】窗口查询不到需要记账的入库单或出库单记录。

原因分析及解决办法：这可能是因为进行了期末处理，遇到这种情况时，需要执行【业务工作】/【供应链】/【存货核算】/【记账】/【期末处理】命令，打开【期末处理－1月】窗口，如果仓库名称显示在右侧窗口，单击【恢复】按钮即可。

问题二：在存货核算系统中查询凭证时，在【查询条件－查询凭证过滤条件】对话框中选择会计年度"2020"后，单击【确定】按钮，不能查询记账凭证。

原因分析及解决办法：可以设置查询方案进行查询，在【查询条件－查询凭证过滤条件】对话框中单击【查询方案】/【管理方案】按钮来增加公共方案或个人方案。单击【增加公共方案】按钮，输入方案名称，勾选"缺省方案"复选框，单击【确定】按钮，双击"会计年度"所在行，打开【条件属性】对话框，输入默认值为"2020"，单击【确定】按钮，查询时选择该方案即可查询凭证。

※※※

德育栏目——强化服务

"强化服务"要求会计人员树立服务意识，提高服务质量，努力维护和提升会计职业的良好社会形象。会计人员要树立强烈的服务意识，不论是为经济主体服务，还是为社会公众服务，都要摆正自己的工作位置。服务不仅要文明，还要讲质量，更要不断创新，利用会计数据、会计信息，满足不同对象的需要。

✓ 项目小结

本项目工作任务导图如图 11-20 所示。

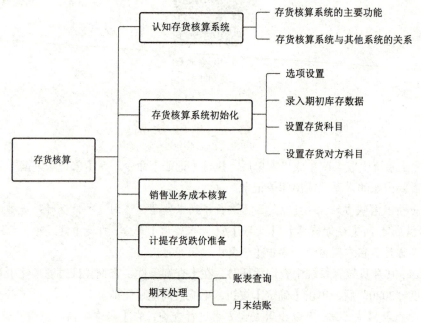

图 11-20 "存货核算"工作任务导图

【实训十二】存货核算实训

实训十二（PDF）

参考文献

［1］孙艳华，刘秀艳. 会计电算化实务［M］. 北京：北京大学出版社，2012.

［2］刘秀艳，孙艳华. 会计电算化［M］. 北京：北京理工大学出版社，2016.

［3］新道科技股份有限公司. 业财一体信息化应用（初级）［M］. 北京：高等教育出版社，2020.

［4］新道科技股份有限公司. 业财一体信息化应用（中级）［M］. 北京：高等教育出版社，2020.

［5］王新玲，汪刚. 会计信息系统实验教程［M］. 北京：清华大学出版社，2013.

［6］王珠强. 会计电算化——用友 ERP-U8V10.1 版［M］. 北京：人民邮电出版社，2015.

［7］狄建红. 会计电算化实务——用友 ERP-U8V10.1（财务链、供应链）［M］. 北京：人民邮电出版社，2015.

［8］黄正瑞. 新编会计电算化［M］. 广州：中山大学出版社，2014.

［9］王珠强. 会计电算化与 ERP 应用［M］. 北京：人民邮电出版社，2013.

［10］宋红尔，赵越，冉祥梅. 用友 ERP 供应链管理系统应用教程（版本 U8V10.1）（第二版）［M］. 大连：东北财经大学出版社，2019.

［11］宋红尔. 会计信息化（用友 ERP-U8V10.1 版）［M］. 大连：东北财经大学出版社，2020.

［12］宋红尔. 会计信息化（用友 ERP-U8V10.1 版）［M］. 大连：东北财经大学出版社，2020.

［13］贺旭红，何万能. ERP 供应链管理系统（用友 U8V10.1 版）［M］. 北京：高等教育出版社，2017.

［14］庄蝴蝶，刘玥. 会计信息化（用友 ERP-U8V10.1 版）［M］. 北京：高等教育出版社，2017.